Geleitwort.

Die schweren Opfer, die unser Daseinskampf im Weltkrieg gefordert, die großen Umwälzungen, die uns die Revolution im Anschluß daran gebracht und die ungeheuerlichen Lasten, die der Frieden von Versailles daraufhin dem betörten Vaterland auferlegen konnte, haben unser ganzes Wirtschaftsleben auf Jahrzehnte hinaus bis in seine Grundfesten zerstört, ja zum Teil völlig lebensunfähig gemacht. Wie überall, so ist namentlich auch auf dem Gebiet des Bauens eine Teuerung eingetreten, die eine Herstellung von Bauten ohne entsprechende finanzielle Unterstützung wirtschaftlich kaum noch zuläßt.

Wie sollen und wie können diese Hemmungen, die sich täglich durch die Folgeerscheinungen der Revolution und des Schmachfriedens noch steigern, behoben werden? Wie können die während des Krieges zurückgestellten, dringenden Ersatzbauten und die für unsere aus den geraubten deutschen Landesteilen, aus unseren Kolonien und aus den feindlichen Ländern vertriebenen Volksgenossen, die bei uns Zuflucht suchen mußten, noch dringenderen Bauten, die Wohnstätten, wo eine Wiedergesundung vaterländischer Gesinnung und die Arbeitsstätten, wo ein Wiederaufbau unserer Wirtschaft denkbar und möglich ist, auf wirtschaftlicher Grundlage geschaffen werden?

Der auf allen technischen Gebieten, namentlich in Zeiten der Not, wo es gilt, Neues zu schaffen und Neuem die Wege zu ebnen, stets rührige Verein Deutscher Ingenieure hat im Frühjahr 1919 auf Anregung und unter Leitung des Oberingenieurs Kersten die dankbare Aufgabe übernommen, in einer Reihe von „Bautechnischen Vorträgen" alle während der Kriegs- und Nachkriegszeit auf dem hochbautechnischen Gebiet gemachten Erfindungen, die geeignet erscheinen, das Bauen zu verbilligen oder die jetzt fehlenden Baustoffe zu ersetzen, namentlich aber auch an den jetzt für uns so wertvollen Kohlen zu sparen, vorzuführen, beziehungsweise die Firmen, die die verschiedenen Bauweisen zur Einführung gebracht hatten, zu zu Worte kommen zu lassen.

In welcher eingehenden und in jeder Hinsicht lehrreichen Weise dies geschehen ist, zeigen die hier vorliegenden Zusammenstellungen eines Teils dieser Vorträge und zwar die auf dem Gebiet der „Freitragenden Holzbauten". Ein Gebiet, auf welchem zwar schon vor Beginn des Krieges, namentlich bei der Herstellung von Flugzeugschuppen und Luftschiffhallen, sowie auch bei den Bauten der Kaliindustrie recht nennenswerte Ausführungen zu verzeichnen waren, das sich aber erst im Laufe des Krieges, nach dem immer mehr zutage getretenen Eisen- und Kohlenmangel, durch einen scharfen Wettbewerb zu seiner jetzigen Achtung gebietenden Höhe emporschwingen konnte. Eine große Zahl von Konstrukteuren hat sich dabei bemüht, die Gesamtlösungen und die Einzelverbindungen ingenieurmäßig durchzubilden und das Holz zu einem dem Eisen nahezu gleichwertigen Baustoff zu entwickeln. Die vorliegenden Vorträge, die das Hauptsächlichste all dieser Konstruktionen bis in die neueste Zeit zusammenfassen, bringen demgemäß eine seltene Fülle von Aufklärungen und Anregungen, einen Überblick über das gesamte Gebiet, wie er in keinem von all den bisher erschienenen Lehrbüchern über Holzkonstruktionen zu finden ist.

Zwar sind, wie der Herausgeber selbst hervorhebt, hinsichtlich der patentrechtlich geschützten Knotenpunkte noch manche Klärungen nötig; dieselben werden sich aber an der Hand der vorliegenden erschöpfenden Zusammenfassung, durch weitere Untersuchungen und rechnerische Ermittelungen unschwer finden lassen, dies um so sicherer, als sich im Anschluß an die Vorträge, gleichfalls auf Anregung des Oberingenieurs Kersten, der Deutsche Holzbauverein gebildet hat, der sich, ähnlich wie der Deutsche Betonverein, auf dem Gebiet des Eisenbetons, hinsichtlich der Holzbauweisen der weiteren Ergründung aller Unklarheiten angenommen und der in einer neuen, gleichzeitig ins Leben gerufenen Zeitschrift „Der Holzbau“ — eine Beilage zur Deutschen Bauzeitung — mit den theoretischen Auseinandersetzungen bereits begonnen hat.

Das Ziel, das seiner Zeit mit den „Bautechnischen Vorträgen“ angestrebt wurde, dem Deutschen Baugewerbe die Wege zu zeigen, die trotz aller jetzt bestehenden Schwierigkeiten und Hemmungen zu einem Endsieg des Deutschen Geistes und des Deutschen Fleißes führen müssen, dürfte hier auf diesem Einzelgebiet, auf dem Gebiet der „Freitragenden Holzbauten“ durch all die zuvor erörterten, wohl durchdachten Maßnahmen zweifelsohne gesichert sein. Möge dieses Ziel bald erreicht werden. Möge namentlich auch die vorliegende Arbeit, die unter den schwierigsten Zeitverhältnissen geschaffen wurde — ein Teil der Vorträge wurde seiner Zeit bei Verkehrssperren und Wirren aller Art abgehalten —, unseren Volksgenossen die Gewißheit bringen, daß es für die Geistesarbeiter, namentlich die technischen, keinen Stillstand und keinen Achtstundentag gibt, sondern nur das einzige Streben, dem so schmählich betörten Vaterland durch rastlose Tätigkeit wieder zum Aufstieg zu verhelfen und ihm seinen gebührenden Platz an der Sonne zu sichern. Und möge schließlich dieses hier so klar zum Ausdruck gekommene Streben Nachahmung bei den Schichten unseres Volkes auslösen.

Charlottenburg, Februar 1921.

Dr. Ing. Weiß.

Einleitung und Vorwort.

Die Verwendungsmöglichkeiten des Holzes im modernen Bauwesen sind heute zahlreicher denn je, und verschiedene Gründe, die bisher die Verwendung dieses Baustoffes beschränkten, sind gegenstandslos geworden. Zweifelsohne spielt im Augenblick die Wirtschaftsfrage eine Hauptrolle. Ebenso steht es außer Zweifel, daß der Bau neuzeitlicher, freitragender Holzkonstruktionen durch die Not der Kriegsjahre und die noch größere wirtschaftliche Not der jetzigen Tage einen außergewöhnlich starken Aufschwung erhalten hat, begünstigt vor allem durch das Fehlen des Eisens und des Zements auf dem Baumarkt. Der Krieg mit seinen überaus hohen Anforderungen hat sehr befruchtend und anregend auf die Holzbauindustrie eingewirkt; erinnert sei nur an die ungezählten Fliegerschuppen und Ballonhallen, die im Laufe der drei letzten Kriegsjahre in Holz errichtet worden sind (vgl. z. B. die Seiten 63, 82, 108, 110, 117, 131, 169). Man hat es hier mit einer großen und bedeutenden Industrie zu tun; sind doch bereits mit freitragenden Holzbindern neuzeitlicher Art an 5 Millionen qm überbauter Fläche zur Ausführung gelangt.

Keineswegs ist die Möglichkeit, große Räume in Holz zu überdecken, weitgespannte Hallen ingenieurmäßig in Holz zu erbauen, ausschließlich Sache der Neuzeit. Verschiedene dieser Bauarten, die natürlicherweise inzwischen mancherlei Verbesserungen erfahren haben, sind schon vor 15 und mehr Jahren mit gutem Erfolge zur Anwendung gekommen. Im übrigen sei auf den G e i ß l e r schen Vortrag (V) über die Entwicklung des Holzbaues für größere Dach- und Ingenieur-Konstruktionen verwiesen. Es ist jedenfalls eine bekannte Tatsache, daß so manche Dachkonstruktionen jahrhundertealter Kirchen und Schlösser noch jetzt ihren Zweck durchaus erfüllen und die Notwendigkeit, Holzbauwerke wegen tatsächlicher Altersschwäche abreißen zu müssen, kommt nur in den seltensten Fällen in Frage. Im Zentralblatt der Bauverwaltung (1907, S. 418) ist eines rund 100 Jahre in Gebrauch befindlichen, in Holz überdeckten Exerzierhauses des Alexander-Regiments in Berlin in einem längeren Aufsatz Erwähnung getan. In gleicher Zeitschrift befindet sich an anderer Stelle eine ausführliche Beschreibung einer ebenfalls 100 Jahre alten Dachkonstruktion aus der Goetheschen Zeit im Theater zu Lauchstädt. Hingewiesen sei außerdem auf die Holzkonstruktionen des Lehrter Bahnhofes in Berlin und der Hamburger Bahnhöfe, die sich alle bestens bewährt haben; es ist nicht einmal bekannt geworden, daß sich infolge Funkenflug oder Raucheinwirkung irgendwelche Schädigungen an den Holzteilen gezeigt haben. Bekannt sind weiterhin Holzdachkonstruktionen für Gießereigebäude, die ohne besondere Schutzmaßnahmen seit über 40 Jahren ihrer Bestimmung in ausgezeichneter Weise dienen. Kurzum: B e d e n k e n b e z ü g l i c h d e r L e b e n s d a u e r d e r H o l z k o n s t r u k t i o n e n, w i e s o l c h e j e t z t h ä u f i g l a u t w e r d e n, s i n d k e i n e s w e g s a m P l a t z e.

In manchen Fällen, z. B. bei Färbereien, in den Betrieben der Kaliindustrie usw. (vgl. Seite 81, 184), gibt man schon seit langem im Hinblick auf die Rostgefahr dem Holz den Vorzug gegenüber dem Eisen. Denn nichts ist dem Eisen so schädlich, als die dauernde Einwirkung von Salzen und Laugen, von Gasen und Dünsten, wie solche der Betrieb der Färbereien und chemischen Fabriken mit sich bringt. Gerade hier hat sich der Holzbau, genügende Lüftung vorausgesetzt, ganz vorzüglich bewährt. Selbst den so schädlichen Rauchgasen gegenüber hat sich das Holz als durchaus widerstandsfähig erwiesen, weshalb man keinen Anstand nahm, das Holz auch in allerneuester Zeit für den Bau von Lokomotivschuppen und Bahnhofshallen zu verwenden (vgl. S. 64, 72, 75, 77, 97, 114). Schon im Herbst 1912, also vor dem Kriege, empfahl die Generaldirektion der schweizerischen Bundesbahnen durch Runderlaß ihren unterstellten Direktionen eine häufigere Verwendung des Holzbaues bei den verschiedenen Bahnsteig- und Hallendächern, natürlich nicht ohne zuvor eingehende Versuche vorgenommen und einwandfrei gute Erfahrungen gesammelt zu haben. Auch in Deutschland sind in neuester Zeit verschiedene Lokomotivschuppen in moderner Holzbauweise errichtet worden, ein Umstand, der um so größere Beachtung verdient, als immer wieder Bedenken bezüglich der Feuersicherheit des Holzes im Vergleich zu anderen Bauweisen laut werden. Holz brennt freilich, namentlich dann, wenn es dem Feuer sehr viele Angriffspunkte in Form von Zangen, Kopfbändern u. dgl. bietet. Wichtig ist aber der Umstand, daß das Bauholz erst bei hohen Wärmegraden in Brand gerät, nur langsam brennt und bei rechtzeitiger Bekämpfung des Brandes zumeist nur ankohlt. Außerdem werden in dem heiß gewordenen Holz keine gefahrbringenden Spannungen und Dehnungen wachgerufen, wie das bekanntlich beim Eisen der Fall ist, Dehnungen, die unter Umständen die Mauern herausdrücken und zum teilweisen Einsturz bringen können. Die Tragfähigkeit des Holzes nimmt beim Brande nur langsam ab, langsamer jedenfalls als beim Eisen, das schon bei etwa 500° C mehr als die Hälfte seiner Festigkeit verliert. Bei gänzlicher Verkohlung zerfallen die einzelnen Balken in kleinere Stücke, deren geringes Gewicht weitere Zerstörungen, insbesondere das Durchschlagen der Unterkonstruktionen so gut wie unmöglich macht. Die Aufräumungsarbeiten gehen deshalb auch schneller vonstatten, als bei einer in sich zusammenstürzenden Eisenkonstruktion (vgl. S. 57). Im übrigen gibt es immer noch zwei sehr brauchbare Mittel zur Erzielung einer besonderen Feuerfestigkeit: Einmal ein geeigneter Anstrich des Holzes, bzw. ein Imprägnieren durch Einpressen von Salzen unter Vakuum und zweitens die Verwendung von schützenden Rabitzdecken, die z. B. sehr gut in der Ebene vorhandener Zugstangen angebracht werden können. Oft genügt auch schon eine geeignete Ummantelung der Ständer auf 3 bis 4 m Höhe (vgl. S. 73, Abb. 9). Alles in allem: es entspricht nicht den Tatsachen, wenn man dem ungeschützten Eisen gegenüber beim Holz von einem ungünstigeren Verhalten im Feuer spricht.

Daß das Eisen, ungeachtet aller wirtschaftlichen Schwierigkeiten, seine Bedeutung für den Ingenieurbau, insbesondere für den Bau großer Strombrücken, beweglicher Brücken und fahrbarer Förderbrücken, sowie für den Bau von Großhallen, Hochhäusern, Krananlagen usw. behalten wird, ist selbstverständlich. Man soll aber — schon der Kohlenersparnis wegen — dem neuzeitlichen Holzbau diejenigen Rechte vorurteils- und neidlos einräumen, die ihm zukommen, um immer genügende Eisenmengen für all die vielen und wichtigen Großbauten genannter Art zu behalten, für die auch der ingenieurmäßig betriebene Holzbau wohl nie in Frage kommen wird.

Die neuzeitlichen Holzbauwerke stellen Konstruktionen dar, die auch den Forderungen der modernen Baustatik entsprechen. Es handelt sich hier um wissenschaftliche Ingenieurbaukunst; mit Faustformeln und veralteten Zimmermannsregeln, so gut manche von ihnen auch sein mögen, kann bei Rahmen- und Bogenformen bis zu 50, ja 60 m Spannweite nicht gearbeitet werden. Nicht der Architekt und Baugewerksmeister hat bei der Planung das entscheidende Wort zu sprechen, sondern der statisch geschulte Ingenieur. Die Berechnung der Holzquerschnitte allein genügt nicht; wichtig ist vor allem die sachgemäße Verbindung der einzelnen Fachwerkstäbe oder der richtige Verband dünnwandiger Einzelstücke zum Vollwandbinder. In jedem Falle soll an teuerem Baustoff gespart werden. So trägt man den verschiedenen Beanspruchungen im Vollwandbinder durch Veränderung der Querschnittshöhe bei gleichbleibendem Gurtungsquerschnitt Rechnung. Und bei den Fachwerksbindern tritt mehr und mehr das Bestreben zutage, die Knotenpunktsausbildung statisch und konstruktiv klar und einwandfrei zu lösen, bei möglichst geringer Stabverschwächung.

Die hier in Frage kommenden Binderformen sind leicht und wirtschaftlich günstig. Man spart an eisernen Verbindungsteilen, vermeidet unnützen Verschnitt und bietet die Vorteile einer schnellen Aufstellung und einer Verminderung der Frachtkosten durch Erzielung eines geringen Eigengewichtes. Eine solche Holzhalle kann viel schneller aufgestellt und dem Betriebe übergeben werden, als eine Halle anderer Bauart. Das Eisen bedingt lange Lieferfristen und der Eisenbeton benötigt erhebliche Zeit für die Aufstellung der umfangreichen Schaleinrüstung, sowie für das Erhärten des Betons. Befestigungen von Oberlichtern, Kranträgern, Transmissionen u. dgl. bereiten keinerlei Schwierigkeiten. Nötigenfalls müssen Kranträger besonderer Formgebung Verwendung finden (Abb. 9 der S. 73). An- und Umbauten, die ja im Industriebau recht häufig sind, können leicht ausgeführt, ganze Bauteile abgetragen und mit geringen Kosten an anderer Stelle wieder aufgebaut werden (vgl. S. 73, 145).

Die neuzeitlichen Holzbauweisen für freitragende Konstruktionen sind keinesfalls als Ersatz- oder Behelfsbauweisen anzusehen. Wenn auch ihre Verwendung aus technischen und wirtschaftlichen Gründen eine in gewissem Sinne beschränkte ist, so sind sie doch sehr wohl geeignet, auch für lange Zeiten den an sie gestellten Anforderungen vollauf zu genügen. Sie ermöglichen vor allem ein verhältnismäßig billiges Konstruieren, sowie ein schnelles Bereitstellen der Baustoffe, zwei Umstände, die gerade jetzt von ausschlaggebender Bedeutung sind. Von besonderer Wichtigkeit ist schließlich auch der Umstand, daß Baustoffgewinnung und Bauausführung so gut wie gar keine Kohle benötigen. Das deutsche Baugewerbe ist in dieser Beziehung zum Umlernen gezwungen gewesen; der Mangel an Rohstoffen und an Kohle machte es erforderlich, alte Bauweisen über Bord zu werfen und Baustoffe zu bevorzugen, die zu ihrer Gewinnung und Verarbeitung möglichst wenig Kohle benötigen. Die Zementindustrie verbrauchte im Frieden monatlich 300000 t Kohle; Mitte 1920 erhielt sie monatlich etwa 65000 t, darunter recht geringwertige Sorten. Die aufgerechneten Zahlen für die Kalkindustrie waren 250000 und 70000 t. An Ziegeleien hatten wir vor dem Kriege 18000 in Betrieb; Mitte 1920 konnten infolge Kohlenmangels nur etwa 1200 arbeiten. Die Beispiele mögen genügen, um darzutun, daß infolge des großen Mangels an Baustoffen, deren Erzeugung die Verwendung von Kohle bedingt, das Holz in größerem Umfange als bisher für die Errichtung von Ingenieurkonstruktionen und zur Behebung der Wohnungsnot herangezogen werden muß.

Mit ähnlichen Worten eröffnete der Unterzeichnete eine Reihe von Erörterungsabenden, die im Hause des Vereins Deutscher Ingenieure in Berlin am 24. bis 28. Nov. 1919 innerhalb der vom Unterzeichneten eingeführten und geleiteten „Bautechnischen Vorträge und Übungen" stattfanden. Erstmalig wurde durch Vorträge und Aussprachen, sowie durch Darbietung einer außerordentlich großen Zahl von Lichtbildern neuzeitlicher Bauausführungen der Fachwelt und den Behörden gezeigt, was Praxis und Theorie im Holz-Ingenieurbau bereits an Neuwerten geschaffen haben. Im Anschluß an diese Vorträge erfolgte auf unmittelbare Anregung des Unterzeichneten hin die Gründung des „Verbandes für freitragende Holzkonstruktionen E. V." und des „Deutschen Holzbau-Vereins", sowie die Schaffung einer besonderen Beilage der Deutschen Bauzeitung, des „Holzbaues", als Fachorgan.

Die Vorträge fanden viel Beifall und ließen den Wunsch nach einer gemeinschaftlichen Veröffentlichung aufkommen. So ist das vorliegende Werk entstanden; es soll den Beweis erbringen, in welch hervorragendem Maße sich in den letzten Jahren die Technik der ingenieurmäßig entworfenen Holzbauten entwickelt hat; es soll Vorurteile beseitigen helfen und Zeugnis ablegen von deutscher Arbeitsfähigkeit, von der Fähigkeit der deutschen Bauindustrie, sich neuen Verhältnissen wirtschaftlich und praktisch schnell anzupassen. Keineswegs kann das vorliegende Buch als ein Lehrbuch im eigentlichen Sinne des Wortes angesehen werden; denn von den zumeist patentrechtlich geschützten Einzelheiten der Knotenpunktsverbindungen ist in den Vorträgen — bedauerlicher-, aber auch begreiflicherweise — nicht allzuviel Positives gesprochen worden. In diesen Fragen bedarf es noch mancher Klärungen und es ist eine erfreuliche Tatsache, daß mit solchen theoretischen Auseinandersetzungen in dem obengenannten „Holzbau" bereits begonnen worden ist. Nichts ist einer neuen Bauweise gefährlicher, als wenig und schlecht gekannt zu sein, oder in gar zu subjektivem Sinne beurteilt zu werden. Derjenige unterdrückt von vornherein den Fortschritt, welcher die Eigenart eines Systems nicht kennt, oder seine tatsächlichen Entwicklungsmöglichkeiten verkennt. Es führen zweifellos mehrere Wege nach Rom; welcher Weg der zweckmäßigste ist, kann erst die Zukunft lehren. Es sollte Herausgeber und Verlag von Herzen freuen, wenn eine Neuauflage dieses Buches gründlicheren und ergiebigeren Stoff zur Klärung und objektiven Beurteilung der theoretischen Grundlagen aller zur Besprechung gelangten Bauweisen bieten würde. Den Fortschritt, von dem eben die Rede war, bringt nur der Wettbewerb; will man dem Fortschritt, ohne selbst Interessent für eine bestimmte Bauweise zu sein, mit aller Gründlichkeit und Gewissenhaftigkeit folgen, so ist zunächst ein ausreichendes Tatsachenmaterial notwendig und dieses soll das vorliegende Werk vermitteln helfen. Nur wenige Beispiele der zur Besprechung gelangten Bauten sind in der Fachliteratur verstreut enthalten, sind aber in keinem Falle geeignet, ein tatsächlich umfassendes und überzeugendes Bild von der Entwicklung der neuzeitlichen Holzbauweisen abzugeben.

Es bedarf eigentlich keines besonderen Hinweises, daß die einzelnen Vortragenden für den Inhalt ihrer Vorträge selbst die Verantwortung übernehmen. Der Unterzeichnete gibt die Vorträge heraus, ohne sich den Vortragenden in irgendeiner Weise sachlich zu verpflichten. Der Umstand, daß viele der Vorträge — auf Wunsch des Unterzeichneten — bei der endgültigen Fassung noch zweckdienliche Ergänzungen auf Grund neuerer Erfahrungen in der Praxis erfuhren, soll nicht unerwähnt bleiben. Anderseits war es nicht möglich, alles das mit aufzunehmen, was die zum Teil recht bemerkenswerten Aussprachen nach den einzelnen Vorträgen zeitigten.

Die Vorträge sind in einer zum Teil etwas willkürlich erscheinenden Reihenfolge geboten. Keinesfalls bestand die Absicht, der einen Bauweise den Vorrang vor einer anderen zu geben. Man war auch in der Reihenfolge mehr oder weniger von dem Zeitpunkt der Fertigstellung so außerordentlich vieler Bildstöcke abhängig, ein Umstand, der auch die späte Herausgabe des Buches — von beruflicher Überlastung des Unterzeichneten abgesehen — erklärlich macht. Die jetzigen Zeiten sind zudem der Herausgabe technischer Werke recht wenig günstig gestimmt.

Von den im Anhang veranschaulichten Bauausführungen verdienen die Hetzerschen Bauten der schweizerischen Ingenieure Terner und Chopard, Zürich, besondere Beachtung. Nicht allen zu jener Holzwoche im Herbst 1919 geladenen Bauunternehmungen war es möglich, Vortragende zu entsenden. So sollten wenigstens einige derselben im Anhang kurze Berücksichtigung finden.

Erwähnt sei weiterhin, daß von einem sehr großen Teile der Abbildungen dieses Buches Lehrdiapositive für Unterrichts- und Vortragszwecke durch die bekannte Leipziger Lichtbildanstalt E. A. Seemann (Sternwartenstraße 42) hergestellt worden sind, die käuflich erworben werden können. Der Unterzeichnete glaubte auf solche Weise der Sache der neuen Industrie in unterrichtstechnischer und werbetätiger Beziehung einen kleinen Dienst zu erweisen. Aus gleichem Grunde sei auf einige der bisherigen Veröffentlichungen verwiesen, die für eine weitere Vertiefung in die neue Materie besonders geeignet erscheinen: Die Bücher von Lang (S. 10, Anm. 1), Laskus (Hölzerne Brücken), Troschel (Handbuch der Holzkonservierung), Böhm (Anhang, S. 212), Gesteschi (S. 171, Anm. 1), Sonntag (S. 147, Anm. 1), die Arbeiten des Großlichterfelder Materialprüfungsamtes (Abschnitt III), die Untersuchungen von Prof. Baumann, Stuttgart (Forschungsarbeit des Vereins Deutscher Ingenieure), Aufsätze von Geißler (Die Knotenpunkte hölzerner Fachwerke, Sitzungsberichte des Reichsverbandes zur Förderung sparsamer Bauweise, 1919, S. 98), Sonntag (Erfahrungen mit Holzkonstruktionen, Der Bauingenieur 1920, S. 509, 531), sowie die Veröffentlichungen im „Holzbau" (Beilage der Deutschen Bauzeitung).

Die Verlagsbuchhandlung hat in dankenswertem Entgegenkommen alles getan, was durch innere Anordnung, äußere Form und Ausstattung zur Übersichtlichkeit des Ganzen beitragen kann. Ihr sowie den einzelnen Vortragenden und Firmen sagt der Unterzeichnete verbindlichsten Dank für alle Mühewaltung. Wenn er nun auch als Herausgeber des Buches mit auf dem Titelblatt genannt ist, so weiß er sehr wohl, daß der wesentlichste Teil der Arbeit an diesem Buche Arbeit und geistiges Eigentum der einzelnen Verfasser ist. Der Umstand, daß der Unterzeichnete mancherlei Ergänzungen und — zum Teil ziemlich umfangreiche — Abänderungen der eingereichten Manuskripte in Vorschlag brachte, ändert wenig an der Sache.

Möge das Buch eine freundliche Aufnahme und wohlwollende Beurteilung finden. Der Unterzeichnete ist sich wohl bewußt, daß bei dem Umfang des behandelten Gebietes und der Eigenart der Stoffbearbeitung das Buch nicht frei von Lücken und einseitigen Urteilen sein kann. Diese zu beseitigen und nur das Beste und Charakteristischste der verschiedenartigen Ausführungsmöglichkeiten zu bringen, wird die vornehmste Aufgabe weiterer Bearbeitungen sein.

Berlin W 35, Januar 1921.

C. Kersten, Oberingenieur.

Inhaltsangabe.

I. Die wirtschaftliche Lage des Holzmarktes.[1]

Von

Kommerzienrat S. Michalski.

Meine Herren! Dem Rufe des Vereins Deutscher Ingenieure, vor Ihnen, sehr geehrte Herren, zur Einführung Ihrer Arbeit hier über die wirtschaftliche Lage des Holzmarktes zu sprechen, bin ich um so lieber gefolgt, als mir bewußt ist daß Sie, meine Herren Zuhörer, mehr oder minder durch Ihren Beruf und Ihre Bestrebungen alles Interesse daran haben, von einem Fachmann die heutige Lage dieses Gewerbezweiges geschildert zu sehen.

In allen ihren wirtschaftlichen Anschauungen und Ideen haften die Männer der Wirtschaft oft noch an dem seit Jahren Gewohnten und Herkömmlichen, und es fällt ihnen vielfach schwer, die ungeheure Umordnung aller Verhältnisse, die Unfreiheit unseres Handelns, die wirtschaftliche Abhängigkeit von unseren ehemaligen Feinden, wie sie uns durch diesen furchtbaren Frieden zuwachsen werden, in ihrer vollen Kraßheit zu erfassen.

Diese Umordnung der Verhältnisse an einer bestimmten Industrie, an einem bestimmten Gewerbe zu zeigen, läßt uns erst recht all dies Furchtbare in seinen unmittelbaren Wirkungen und deren weiteren Folgen erkennen, läßt uns erst den Blick vom allgemeinen Ganzen auf das spezielle Gebiet, das wir bearbeiten, lenken, läßt uns erst erfassen, warum plötzlich und merkbar sich so viel in den einzelnen Wirtschaftsgebieten geändert hat.

Allen Gewerbezweigen des Vaterlandes sind eine Anzahl Folgeerscheinungen des verlorenen Krieges und der Revolution gemeinsam, die Arbeitsunlust, die Mutlosigkeit, die Unzufriedenheit, und die aus allem diesem und aus der großen Teuerung sich ergebenden Lohnsteigerungen, die ungewöhnlichen Erhöhungen der Frachttarife, das Emporschnellen aller persönlichen und sachlichen Unkosten.

Das aber ist nicht das Wesentliche, das ich Ihnen zu sagen habe, ich habe Ihnen zu zeigen, in welchen Bahnen Holzwirtschaft und Holzverbrauch in den Zeiten des Friedens vor diesem Kriege sich bewegt haben, welche Wege diesen jetzt noch offen stehen und welche Wirtschaftsschlüsse sich hieraus ergeben.

Hieran darf mich auch die Erkenntnis nicht hindern, daß Sie, meine Herren Zuhörer, nur mittelbar mit der allgemeinen Holzwirtschaft verbunden sind und vielfach vielleicht, als Holzverarbeiter, nicht geneigt sind, aus Vergangenem und Gegenwärtigem die Folgen sich entwickeln zu sehen, die zu einer ungeheuren Verteuerung des Holzes und Knappheit bestimmter Holzsortimente zwingend führen.

[1]) Der Vortrag wurde am 24. November 1919 gehalten.

Meine Herren! In jenen glücklichen Vorkriegszeiten unseres Vaterlandes hatten wir eine einheimische Waldproduktion von fast 29 Millionen Festmeter Nutzholz, dazu hatten wir einen Einfuhrüberschuß von 15 Millionen Festmeter Nutzholz; unsere planvoll geordnete Forstwirtschaft hat im regelmäßigen Umtriebe durch Sägeindustrie und Holzhandel dem Holzverbrauch Hölzer aller Art und aller Stärken zugeführt; die Einfuhr von Holz aus dem Auslande vollzog sich in jahrelanger internationaler Geschäftsfreundschaft stetig und regelmäßig, sie betrug dem Werte nach schon 500 Millionen Mark pro Jahr, eine stattliche Wertsumme der damaligen Zeit, des niedrigen Preisniveaus und der Unkenntnis von Milliardenbegriffen. Über 50 % unserer Holzeinfuhr kam aus dem zaristischen Rußland, 27 % aus der ehemaligen österreichisch-ungarischen Monarchie, je 6 % aus Schweden und Finnland und 7 % aus den Vereinigten Staaten; über die Hälfte unserer Holzeinfuhr aus Rußland bestand aus Rohholz (Rundholz); es gelangte meist auf dem billigen Floßwege zu uns und wurde auf deutschen Sägewerken mit deutschen Arbeitskräften weiter verschnitten. Holz selbst wurde nur wenig ins Ausland von uns ausgeführt (kaum $^3/_4$ Millionen Festmeter); aber an fertigen Holzprodukten wuchs unsere Friedensausfuhr ständig. Unsere Möbel und unsere Klaviere, unsere Fässer und unser Zellstoff, unser Export an Goldleisten nach allen Ländern der Welt legen dafür Zeugnis ab.

Wir waren vor dem Kriege ein Holzeinfuhrland im vollen Sinne des Wortes, wir hatten billige Löhne, niedrige Frachten und wohlfeile Holzpreise; wir hatten — man kann zurückblickend es jetzt so nennen — eine Überproduktion an Holz; überall im Lande fanden wir reiche, trockene Holzlagerbestände jeder Art und Dimension; nirgends konnten die holzverarbeitenden Gewerbe das für ihre besonderen Zwecke jeweils nötige Material schneller und billiger erhalten, wie bei uns in Deutschland.

Eigene Holzproduktion und der große Zustrom des Imports ergänzten sich, jeder von ihnen gab seinen Teil zur Versorgung unserer Heimat und zur Aufspeicherung für späteren Bedarf; die Holzarten, die in Deutschland nicht genügend vorhanden waren, wurden mit verhältnismäßig geringen Mühen aus den waldreichen Nachbarländern bezogen, von unserem eigenen Grubenholzbedarf von $5^1/_2$ Millionen Festmetern importierten wir drei Fünftel, von unserem Friedensbedarf an Zellstoffholz von 6 Millionen Festmetern führten wir beinahe 4 Millionen Festmeter ein, von unserem Schwellenbedarf, der in den letzten Friedensjahren allein für die Versorgung der deutschen Bahnen 6600000 Stück betrug, bezogen wir die knappe Hälfte vom Ausland; und im Schatten dieser Holzeinfuhr wurden unsere heimischen Forsten und namentlich unsere Staatsforsten echt konservativ verwaltet, das Vorratskapital wurde pfleglich behandelt, die so glückliche Vergangenheit traf Vorsorge für die ungewisse Zukunft.

Und unsere Holzverbraucher, sie schöpften aus dem Vollen, Holz und Eisen, Zement und Ziegel, Arbeitskräfte und billiges Leihkapital standen zur Verfügung, für Bautätigkeit, Holzverarbeitung zu allen Zwecken; gespart und eingespart wurde bei Holz nicht, seine Abmessungen beim Bauen wurden groß gewählt, der Sicherheitskoeffizient verlangte bei uns Holzmaße, die das Ausland für die gleichen Zwecke nicht kannte, Holz war eben billig und nicht knapp.

Und dann kam dieser Krieg; dieser Krieg, der an die Lieferung von Holz infolge des ungeheueren Bedarfes der Westfront die allergrößten Anforderungen stellte, Anforderungen, die unter Führung zielbewußter, auf die Möglichkeiten, die sich in Forst- und Holzwirtschaft boten, wohlbedachter Behördenvertreter voll gelöst werden konnten.

Es handelte sich damals um außerordentlich umfangreiche militärische Anforderungen, die ohne Rücksicht auf die Jahreszeit in monatlich gleichbleibenden

Mengen, oft 5 bis 600000 Festmeter in einem Monat, zur Verfügung zu stellen waren; daneben hieß es noch die Bedürfnisse der Heimat und der gewaltigen Kriegsindustrie an Holz aller Art zu erfüllen. Das war, führte ich neulich in einem Vortrage gelegentlich der Hauptversammlung des Vereins Ostdeutscher Holzhändler und Holzindustrieller aus, die große Generalprobe auf Leistungsfähigkeit und Organisationsfähigkeit der Forst- und der Holzwirtschaft.

Damals im Kriege wurde allen Wirtschaftlern klar, eine wie große Bedeutung der Rohstoff Holz neben Kohle und Eisen in unserem Vaterlande beanspruchen muß, wie sehr bei allen Anordnungen und Dispositionen seiner gedacht werden muß, und wie sehr er, als Ausgangspunkt und Hilfsstoff von Kohle und Eisen, ich erinnere an das unentbehrliche Grubenholz, von Wohn- und Werkstattbau, von Papier, Möbel und Werkzeug aller Art nachhaltig beeinflußt werden muß, wenn die uns früher stets zur Verfügung stehenden Mengen aus eigenem Waldbesitz und aus der Einfuhr Minderung erfahren sollten.

Und nach dem verlorenen Kriege kam dieser Friede. Es wird eine der traurigsten Erinnerungen meines Berufslebens bleiben, jener Augenblick, als ich, in Versailles als Sachverständiger anwesend, aus der dem Friedensentwurf angehefteten Karte ersah, welche stolzen Provinzen, welch herrliche Waldbestände dem Vaterlande verloren gehen sollen, welch noch schönere Provinzen, enthaltend die Kornkammern des Holzhandels, von einer Abstimmung bedroht wurden.

Einer der besten Kenner der forstwirtschaftlichen Verhältnisse Deutschlands, der Geheime Regierungsrat Professor Dr. Schwappach von der Forstakademie zu Eberswalde, hat vor kurzen Tagen gelegentlich der schon erwähnten Hauptversammlung des Vereins Ostdeutscher Holzhändler und Holzindustrieller die traurige Forstbilanz auf Grund des Friedensvertrages gezogen.

Neben dem Waldbestand Elsaß-Lothringens und des Saargebiets verlieren wir 895000 ha wohlgepflegten Waldes in Posen und Westpreußen, dazu kommt noch der drohende Waldverlust in den Abstimmungsgebieten Marienwerder, Rosenberg, Allenstein, in Oberschlesien und Schleswig. In Westpreußen verlieren wir 75 % des gesamten Waldbestandes dieser meiner Heimatprovinz. Die Provinz Posen verliert 79 % ihres gesamten Waldes. In Westpreußen ist der preußische Staat mit 72 % seines Besitzes, in Posen mit 41 % seines Besitzes an diesem Verlust beteiligt.

Geht uns der Regierungsbezirk Oppeln verloren, so sind wir um 382000 ha Wald ärmer, wobei der preußische Staat mit 20 % beteiligt ist, geht uns gar noch der Regierungsbezirk Allenstein mit seinen herrlichen Altholzbeständen verlustig, so haben wir wiederum weitere 260000 ha verloren, bei denen Preußen mit nicht weniger als 90 % beteiligt ist.

Nach Holzarten getrennt, dürften die gesamten Holzverluste 10 % Laubholz und 90 % Nadelholz umfassen, und fast 20 % der gesamten Nadelholzbestände Deutschlands stehen auf dem Spiel.

Habe ich diesen nackten, erschreckenden Zahlen vor Ihnen, meine Herren, die Sie in Ihren Betrieben Holz verbrauchen und verarbeiten, noch viel hinzuzufügen?

Jeder von Ihnen mache sich klar, aus welchen Provinzen wohl das Holz stammte, das er bisher verbraucht hat. Und jeder wird erkennen, daß wir vor einer Zertrümmerung der bisherigen wirtschaftlichen Struktur unserer Holzwirtschaft stehen.

Aber erwähnte ich nicht vorher, daß Deutschland stets ein Holzeinfuhrland gewesen ist, sagte ich nicht, daß wir 15 Millionen Festmeter Nutzholz im regelmäßigen Lauf der Dinge einführen konnten aus dem alten Rußland, aus Österreich-Ungarn, aus Schweden, Finnland und Amerika?

Ja, meine Herren, das ehemals zaristische Rußland, zerteilt in eine Menge von Randstaaten, ist uns verschlossen, Österreich-Ungarn mit seinem Holzreichtum zerstückelt und zerfleischt, der sinkende Kurs der Papiermark, die Knappheit und die Teuernis des Schiffsraumes lassen uns die anderweitige Einfuhr von Holz, wo nicht ganz unmöglich, so doch nur zu Bedingungen bewerkstelligen, die zu einer schier unerträglichen Preislage führen würden.

Gewiß, meine Herren, kann keine Rede davon sein, daß angesichts unserer innerpolitischen Verhältnisse der allgemeine Eigenverbrauch an Holz in Deutschland sich auch nur annähernd bis zu den Mengen des Friedensbedarfs bewegt, das brauche ich in diesem Kreise von Fachleuten nicht begründen, und nicht erst darauf hinweisen, wie jener große Nährvater des gewerblichen Lebens, die allgemeine Bautätigkeit, zur Untätigkeit verdammt ist. Mußten wir uns doch daran gewöhnen, daß Zement- und Ziegelherstellung aus Kohlenmangel in ihrer Arbeit gestört sind, erleben wir es doch täglich schaudernd, wie aus gleichem Grunde immer weitere Industrien der Stillegung verfallen, wie der elektrische Strom für Kraft und Licht unseren Gewerben scharf rationiert wird, wie Streiklust und Transportnot alle Betriebe nur zu häufig zur Ruhe verurteilen.

Jene furchtbare Brennstoffknappheit hat aber noch dazu geführt, daß der uns nach dem Friedensvertrage noch verbliebene deutsche Wald in geradezu ungeheuerlicher Weise zur Brennholzbeschaffung herangezogen wird und manches Stück heute wertvollen Langholzes, das bei unserer Knappheit an Nutzholz im ordnungsmäßigen Lauf der Dinge ein Balken oder Kantholzstück oder ein Grubenholzstück abgegeben hätte, wird jetzt sorglos in Brennkloben geschnitten.

Ich bin der Meinung, es gibt nichts Unwirtschaftlicheres, als unsere heutige Brennholzwirtschaft, dieses unmäßige Schlagen von frischem, grünem Holze mit seiner so geringen Heizkraft, dieses unwirtschaftliche Ausnutzen der so knappen Transportmittel, dieses unüberlegte Überschätzen des Bedarfes an Brennholz, das vielfach erst aus den Waldungen zur Abfuhr gelangen kann, wenn der Winter vorüber ist. Wir haben alle Ursache, meine Herren, mit unserer Holzausnutzung pfleglich umzugehen, und jedes Teilstück, das irgendwie dazu geeignet ist, des jetzt so wertvollen Baumes dem Nutzholzverbrauch zuzuführen; denn, meine Herren, wir müssen es bekennen, auch in unserer Holzwirtschaft haben die Verhältnisse uns dazu geführt, daß wir es nicht mehr, gleich anderen Wirtschaftszweigen, zu überschüssigen Mengen bringen werden.

Jeder, der die Verhältnisse der Brennholzbewirtschaftung kennt, muß wünschen, es möge sich dort eine starke, verantwortungsfreudige Hand finden, damit auf diesem Tummelplatz der Spekulation, um nicht mehr zu sagen, planvolles Anordnen Platz greift, damit endlich dieses Zehren am Walde durch eine derartige Betätigung Platz macht der ruhigen, kaufmännisch geordneten Handlungsweise.

Denn, meine Herren Zuhörer, vergessen wir nicht, daß wir abgeschnitten von einer ins Gewicht fallenden Holzzufuhr aus dem Auslande, mit unserem so traurig geminderten Waldbestand neben allem anderen zum mindesten Ersatz zu schaffen haben für bisher vom Ausland bezogene ca. $3^1/_2$ Millionen Festmeter Grubenholz, für 3 bis 4 Millionen Festmeter Zellstoffholz und für ungefähr 3 Millionen Stück Schwellen.

Mit Recht hat daher das Forstpolitische Referat des Reichswirtschaftsministeriums dem Ressortminister eine gesetzliche Anordnung auf Erhöhung des Einschlages in den deutschen Forsten um ein Drittel vorgeschlagen, und der Volkswirtschaftliche Ausschuß der Nationalversammlung hat in seiner Sitzung vom 21. dieses Monats mit den Stimmen der Demokraten, des Zentrums und der Sozialdemokraten diesem, bereits vom Reichsrat gutgeheißenen Entwurf, scheinbar unter Widerspruch des Privatforstbesitzes, zugestimmt.

Diese „Verordnung über Erhöhung der Holzeinschläge zur Linderung des Mangels an Nutz- und Brennholz“, so ist ihr Titel, gibt den Landeszentralbehörden und den von ihnen beauftragten Behörden die Befugnis, den vom Reichswirtschaftsminister festgesetzten Mindesteinschlag an Derbholz bei den dazu Verpflichteten tatsächlich auch durchzusetzen; die Verordnung selbst hat Geltung für die Zeit vom 1. Oktober 1919 bis 30. September 1920 und mit Zustimmung des Reichsrates noch für ein weiteres Jahr.

Hoffen wir und verlangen wir, daß diese aus bitterer Not geborene Verordnung nicht auf dem Papier stehen bleibt und daß ihr, wie es der Staatsforstbesitz bereits angeordnet hat, auch die Privat- und Gemeindeforsten mit allen Kräften in wirtschaftlicher Erkenntnis ihrer Notwendigkeit genügen. Denn kaum jemals wird es nötiger sein, vom gehegten und gepflegten Waldvorratskapital Zuschuß zu fordern, Verpflichtungen der schwergeprüften Gegenwart abzubürden auf die Schultern der Zukunft, als jetzt, wo über den Inlandsbedarf an Holz hinaus uns die Erfordernisse zur Lebensmittelzufuhr und zur Rohstoffbeschaffung, wo die von uns im Friedensvertrage übernommene Verpflichtung des Wiederaufbaues von Nordfrankreich und Belgien uns zwingen, uns auf die Abgabe beträchtlicher Holzmengen nach dem Auslande einzurichten.

Wird Frankreich unsere eigene Beteiligung am Wiederaufbau tatsächlich zulassen, so werden in freier Organisationsform Mittel und Wege gefunden werden müssen, um das hierfür benötigte Holzmaterial zu beschaffen. Werden wir — was bisher nicht der Fall ist — Notbauten und Baracken dorthin in großer Anzahl liefern dürfen, so wird auch hierfür das erforderliche Holz zur Verfügung zu stellen sein.

Aber ich sagte soeben, daß auch Holz ausgeführt werden muß zur Devisenbeschaffung für einzuführende Lebensmittel und Rohstoffe, und ich höre, daß diese Holzausfuhr vielfach zu Unrecht als überflüssig, schädlich und die Preise verteuernd angegriffen wird.

Der Krieg ist vorüber, meine Herren, die abgeschlossene Wirtschaft hat ihr Ende erreicht, wir hoffen endlich Anschluß an die Weltbetätigung zu finden, von der wir mit allen unseren Wirtschaftshandlungen, mögen wir es wollen, oder nicht, abhängen; wir sind nun wieder, wenn auch nur ein schwacher Teil des Weltmarktes und müssen, falls wir von ihm Ware, wie Lebensmittel und Rohstoffe, beziehen wollen, uns nach ihm richten. Unsere Handelsbilanz ist vorläufig erschreckend passiv; hierbei dürfte es auch vor der Hand noch bleiben, bis wir unsere Ernährungsvorräte aufgebessert, unsere Rohstofflager zur Weiterverarbeitung im Lande aufgefüllt haben; unsere Papiermark, deren zweifelhafter Besitz niemand glücklich macht, gilt, wie wir wissen, im Auslande herzlich wenig (am Sonnabend, 21. November, mußte man für 100 Gulden 1661 Papiermark anlegen, um 100 schwedische Kronen 974 Mark, und um 100 Schweizer Franken 784 Mark in Papiergeld einzahlen), wir rechnen noch mit unseren Geldmitteln, die Umwelt aber rechnet nur und leitet alles nur ab von der Goldmark.

Ich schätze, daß wir im vergangenen Monat für 2 Milliarden Mark mehr Ware eingeführt haben, als wir ausführen konnten; durch die offene Grenze im Westen werden wir, zum Schaden unserer Währung, überschüttet mit entbehrlicher Luxuseinfuhr, zum Schaden unseres gesamten Wirtschaftslebens strömen über den Linksrhein Waren aller Art unkontrolliert und unbehindert nach dem Auslande, und unter diesen Ausfuhrgütern finden wir auch gewaltige Mengen Holz aller Art; gekauft vom Rheinland für den Inlandsbedarf, rübergesandt nach Linksrhein, finden sie ihren Auslandsweg trotz des bestehenden Holzausfuhrverbots, sie entblößen vielfach unseren Inlandsmarkt von Hölzern, die, auf den ordnungsmäßigen Kontrollweg der Holzausfuhrstelle gewiesen, in den meisten Fällen der heimischen

Wirtschaft nicht entzogen worden wären. Solange es aber unserer Regierung nicht gelingt, das Loch im Westen zu verstopfen, dort ordnungsmäßige Zollgrenzen zu errichten, unseren Gesetzen und unseren Vorschriften auch dort Geltung zu verschaffen, wird Linksrhein, begünstigt durch den beispiellosen Tiefstand unserer Währung, immer weiteren Anstoß für die Verschärfung unserer inländischen Holzpreise uns bringen.

Das, was an Holz ins Ausland auf ordnungsmäßigem Wege zur Devisenbeschaffung für Lebensmittel und Rohstoffe nach Prüfung durch die Zentralstelle für die Ausfuhrbewilligungen in der Holzindustrie freigegeben wird, muß zur Verhütung einer Entblößung des inländischen Marktes durch Holz folgenden Bedingungen entsprechen: Die Rund- (Roh-) Holzausfuhr ist fast grundsätzlich verboten; an Schnittholz wird nur bis höchstens 20 bis 25% des jeweiligen Lagers des Antragstellers zur Ausfuhr genehmigt, wenn die Verkaufspreise unseren Valutastand voll berücksichtigen, so daß wichtige Teile des Nationalvermögens nicht der Auslandsverschleuderung unterliegen können. Überdies erhebt das Reich von jeder Holzausfuhr, die genehmigt wird, 10% Reichsabgabe.

Es ist begreiflich, und es liegt durchaus in der Natur der Wirtschaftsdinge, daß die so sich ergebenden Holzausfuhrpreise aber, meine Herren, die Inlandspreise — besonders veranlaßt durch die wilde Ausfuhr im Westen — nach sich ziehen, auf die Waldpreise des Rohholzes übergreifen und langsam, aber sicher, den Inlandspreis für Holz auf der ganzen Linie dem Weltmarktpreise nähern. Diese Erscheinung, meine Herren, mögen wir beklagen, sie zu verhindern werden wir ebensowenig, wie bei anderen deutschen Artikeln, auch bei Holz nicht in der Lage sein, zum mindesten so lange nicht, bis wir selbst genügend Lebensmittel und Rohstoffe im Inlande besitzen, so lange nicht, wie unsere Währung so tief steht, mit der wir zu teuren Weltmarktpreisen vom Auslande einkaufen müssen, so lange sicher nicht, bis bei uns in unserem armen Vaterlande die Erkenntnis der Pflicht zu rastloser Arbeit gereift ist, Streiks und Unruhen verschwinden, und dadurch volles Vertrauen der Umwelt in die Stetigkeit unseres Wirtschaftslebens sich einstellt.

Meine verehrten Herren! Ich habe Ihnen wehmütig die Bahnen gezeigt, in denen zu den Zeiten des Friedens vor diesem Kriege die deutsche Holzwirtschaft sich bewegt hat, ich habe vor Ihnen das so traurige Bild der Änderung aller Verhältnisse jetzt bei Friedensschluß bloßgelegt und will mit Ihnen nun die Schlüsse ziehen, die zwingend aus dem Dargelegten sich für uns ergeben:

Holz hat entsprechend dem so enorm verringerten Waldbesitz Knappheit erfahren, der Stand unserer Papiermark und die Teuerung des Schiffsraumes, wie die politische Annäherung der Oststaaten an unsere ehemaligen Feinde, und die bisher noch nicht zur Tat gewordene wirtschaftliche Annäherung an Polen läßt uns die gewohnte und notwendige Holzeinfuhr vorerst nicht ermöglichen; wir sind im großen ganzen auf Befriedigung unseres Holzbedarfs aus unserer einst so stolzen eigenen Waldwirtschaft angewiesen, deren Bestandskapital wir zu Lasten der Zukunft schweren Herzens angreifen müssen.

Neben der Deckung des sparsam einzurichtenden Inlandsbedarfs müssen wir vorsichtig gewisse, im Augenblick entbehrliche Holzüberschüsse an Schnittholz exportieren, wir müssen endlich uns darauf einrichten, beim Wiederaufbau Nordfrankreichs, der für Deutschlands Rechnung ausgeführt wird, möglichst viel der dort erforderlichen ungeheuren Mengen von Holz aus Eigenem zu liefern.

Ich wiederhole, es zeigt sich klar, daß wir vor einer vollständigen Zertrümmerung des bisherigen wirtschaftlichen Aufbaues der deutschen Holzwirtschaft stehen, daß die Zeiten der Wohlfeilheit und der reichlichen Bestände vorüber sind und Industrie, Handel, Verbrauch und Verarbeitung den neuen, ach so ganz anders gearteten Verhältnissen sich schnell, kraftvoll und zielbewußt anpassen müssen.

Wir von der Sägeindustrie und dem Holzhandel können es nicht billigen, daß die sogenannte Typisierung, die für alles andere vorteilhafter sein mag als für Holz, angewandt wird auf Einzelbauten und Baracken.

Holz ist ein Naturprodukt; kein Baum gleicht in Stärke, Länge, Gradheit und Wuchs dem anderen, und es heißt, so scheint es uns, das Wesentliche verkennen, wenn nunmehr, wie es vielfach geschieht, der Bau gleich großer Häuser und Notbauten die Regel wird. Tausende Stück einer Länge und einer Stärke sollen dann schnell geliefert werden, die größten Läger sind hierzu nicht imstande, es entsteht der falsche Eindruck, daß Holz überhaupt nicht mehr zu erhalten ist, die Ware wird durch derartige, unsachgemäße Anforderungen verteuert, und all die vielen Längen und Stärken, die in die Type nicht hineinfallen, verbleiben ungenutzt auf den Holzplätzen; 4 bis 5 Projekte verschiedener Abart entsprechen der Eigenart des lebenden Baumes, den Verhältnissen der überall noch vorhandenen Läger und dem Zwange, vielleicht Praktisches und Bequemes aufzugeben zur vollen Ausnutzung des Vorhandenen. Ich bin auch der Auffassung, daß auch jetzt noch die Tragfähigkeitsberechnung der früheren sorglosen Tage für Holz (und im übrigen auch für Eisen) einer weiteren Revision unterzogen werden müßte, die baulichen, noch immer überstrengen Vorschriften auf Astbeschaffenheit und scharfkantige, wie vollkantige Bearbeitung, den heutigen Verhältnissen unserer Holzvorräte nicht mehr entsprechen, und schleunigst, in Wahrnehmung wahrhaft nationaler Erfordernisse, auf das äußerste Maß der Erleichterung zurückgeführt werden sollten; endlich sollte die vielfach noch vorkommende unnötige Anordnung von Hölzern in großen Längen auf Kosten der Bequemlichkeit und des besonders guten Aussehens immer noch mehr dort, wo es sich irgend ermöglichen läßt, auf das kleinste Maß reduziert werden, und die vielfach viel zu groß von den Bauleitungen verfügten Bretterstärken der Fußböden und der Schalung auf das gerade notwendige, geringste Maß abgestellt werden. Mögen doch alle am Holzverkehr Beteiligten immer wieder nach dieser Richtung zur gemeinsamen Betätigung sich zusammenfinden und mögen wir doch in dieser Beziehung vom Auslande lernen, das in Sparsamkeit und Materialausnutzung in Holz angesichts der Holzarmut der Weststaaten uns als Beispiel dienen kann.

Das wahre Wort des Unterstaatssekretärs Scheidt gebe allen Beteiligten zu denken, das er erst unlängst in der Nationalversammlung sprach, das Wort: „Die Holzbauten stellen sich zu teuer, als daß wir sie weiter in großer Anzahl ausführen können.“

Glauben können wir aber nicht, meine Herren, daß wir durch Einsparen und Materialausnutzung allein den Holzpreis gesunden werden; seine Teuernis ist nicht allein ein Ding an sich, sie hängt zusammen und ist verquickt mit all dem Traurigen und Fürchterlichen, das uns der Friedensvertrag gebracht hat und damit, daß unser Volk, erschöpft und entmutigt nach den Jahren schwerer Kämpfe und bitterer Entbehrung schier unheilbare Wunden sich immer und immer wieder selber schlägt; nur wenn Arbeitslust und Arbeitsfreude unser Volk in der neuen Staatsform wieder beseelt, gleich den früheren Zeiten, wenn Selbstvertrauen mit Ruhe und Ordnungssinn sich paren, dann wird auch von der Umwelt uns wieder Vertrauen und Kredit entgegengebracht werden, die sichtlich ihren Ausdruck finden in der Steigerung unserer Valuta.

Wird dann dieser Zustand ein bleibender, dann muß die Zeit kommen, wo auch die Holzwirtschaft zu gesunden Preisverhältnissen gelangt und die Decke unseres Bedarfs weniger dünn sich zeigt als heute.

Öffnen sich dann noch wieder die Tore der Holzeinfuhr, steigert sich in der Welt und damit auch bei uns das Angebot an Schiffsraum, geht damit der Weltmarktpreis in Holz zurück, dann stellt auch im Holzgewerbe der Preisabstieg sich ein und wir gelangen, so hoffe ich, zu halbwegs normalen Verhältnissen.

Arbeiten wir alle daran, mit der ganzen Stärke unseres Verstandes, aus wahrhaftem Mitgefühl zu unserem bettelarmen, aus tausend Wunden blutenden Vaterlande, und mit der ganzen Energie unserer Berufsfreude!

Möge doch hierzu in jedem Herzen, in jedem Büro und Arbeitsraum sich einstellen die Erinnerung an die Inschrift, die uns vom First des alten hanseatischen Handelskammergebäudes zu Bremen grüßt:

Buten und Binnen, — Wagen und Winnen.

In der dem Vortrag anschließenden Aussprache machte Herr Architekt Alfons Anker, technischer Direktor im Reichsverband zur Förderung sparsamer Bauweise, darauf aufmerksam, daß die angeführte Äußerung über die Anwendung der Typisierung[1]) in direktem Widerspruch stehe zu den heutigen Anschauungen der Technik. Die Baukosten seien in solchem Maße gestiegen und die Baustoffe so schwer zu beschaffen, daß derartige auf Ersparnis abzielende Mittel weitgehendst herangezogen werden müßten, falls man überhaupt noch bauen wolle. Herr Anker bat den Redner um Aufschluß über diesen grundsätzlichen, zwischen Hersteller und Verbraucher bestehenden Unterschied in den Auffassungen.

Kommerzienrat Michalski erteilte darauf folgende bemerkenswerte Begründung, die für alle Fachleute von Interesse sein muß:

> Auf den Holzplätzen guter Firmen lagern die Holzsorten bekanntlich nach Stärken und Längen getrennt, sorgfältig geordnet. Falls nun ein Besteller die Holzhandlung zur Lieferung großer Mengen ein und desselben Profils und gleicher Länge zwingt, so wird jedes Lager — auch das reichste — naturgemäß sehr bald versagen; es wird genötigt sein, durch Anfuhr der verlangten Hölzer aus allen Gegenden Deutschlands den Bedarf zu befriedigen. Durch eine derartige Anfuhr entstehen große, vom Verbraucher zu tragende Kosten und vermeidbarer Kohlenverbrauch. Aus dieser Überlegung heraus sei es zu verstehen, daß die Holzhändler die Typisierung im Holzbau nicht als wünschenswert erachten.

Herr Architekt Alfons Anker entgegnete etwa folgendes: Es ist zu bemerken, daß bei dem heutigen Holzbedarf für eine einzige größere Siedlungsanlage die Bestände eines einzelnen Lagers für bestimmte Längen und Stärken meist nicht ausreichen dürften. Eine Auffüllung der Lager wird sich daher schon in diesem Falle als notwendig erweisen. Bei Gelegenheit der für den Wiederaufbau in Nordfrankreich in Aussicht genommenen Beschaffung einer großen Zahl von Holzhäusern ist darauf hingewiesen worden, welche ungeheuren, in viele Millionen gehenden Ersparnisse durch vorteilhafte Typisierung des Hausgrundrisses dem deutschen Volke erhalten werden können. Bei derart großen Aufgaben, die zweifellos doch jeden Tag an den Holzhandel herantreten können, kommen die Bestände eines einzelnen Lagers überhaupt nicht in Betracht.

In allen solchen Fällen gesteigerten Bedarfs dürften zwei Bedingungen im Interesse unserer Volkswirtschaft mit aller wünschenswerten Beschleunigung durchzuführen sein:

1. Alle durch die Technik dargebotenen Hilfsmittel zur Herabsetzung der Baukosten sind auch für den Holzbau heranzuziehen, soweit sie sich mit den Grundsätzen solider Bauausführung vereinbaren lassen, also auch Normung, Typisierung usw.
2. Die den Holzhändlern aus den durch Kommerzienrat Michalski dargelegten Gründen unratsam erscheinende Typisierung der Hausformen ist durch verstärkte Normalisierung der Längen und Querschnitte weitgehendst zu unterstützen.

Inwieweit es möglich ist, diesen Forderungen der Technik zu entsprechen, inwieweit die Anzahl der Normalprofile und Längen sich auf Mindestmaße beschränken läßt, das mögen unsere Holzsachverständigen entscheiden. Zugegeben, daß wir beim Holz in dieser Hinsicht nicht so frei sind, wie beim Eisen, das sich in unzähligen Formen walzen, gießen, pressen und stampfen läßt; es dürfte aber letzten Endes auch für den Holzhandel von größtem Vorteil sein, wenn er nur mit wenigen Profilen zu rechnen brauchte. Der entwerfende Architekt wird sich dann sehr bald auf die festgestellten Normalmaße der Hölzer einzurichten lernen und durch ihre Anwendung dem Bauvorhaben große Ersparnisse sichern.

Die „Normung" ist auf dem Marsche; sie wird bei den heutigen Wirtschaftsnöten im Baufach nicht vor den Schwierigkeiten haltmachen, die sich ihr infolge des Ursprungs des Holzes — als eines organischen Bestandteiles der Natur — entgegenstellen.

---

[1]) Vgl. Seite 7.

Herr Architekt Westedt äußerte sich dann noch wie folgt:

Wenn die Sägeindustrie und der Holzhandel die immer mehr um sich greifende Normen und Typenbewegung nicht billigt, so ist dieses vom Standpunkt des Händlers, der an jede Neuerung voll Vorurteil herangeht, die scheinbar sein Geschäft erschwert, zu verstehen.

Im Interesse unserer Bauwirtschaft liegt es jedoch, so weitgehend wie irgend möglich zu normen. Es unterliegt keinem Zweifel, daß einzelne Bauteile, wie Fenster, Türen, Treppen usw., um nur einige aus Holz verfertigte hervorzuheben, zu Hunderten fabrikmäßig hergestellt, weitaus niedriger im Preise werden, wie Einzelanfertigungen in wechselnden Abmessungen. Die Maschine ist und bleibt unser billigster Arbeitsformer. Sie auch für die Produktion im Baugewerbe weitmöglichst einzuspannen, ist unter den heutigen Verhältnissen eine Zeitforderung, die wichtiger ist, als alle Handelsfragen. Die Maschine aber bedingt die Norm. Das fertige Bauwerk ist ein Produkt, bei dem Material und Arbeitsleistung etwa gleichgroße Faktoren bilden. Ist es möglich, durch Maschinenarbeit und organisierten Fabrikbetrieb den Faktor Arbeit zu erniedrigen, so wird zweifelsohne auch der Preis des Endproduktes, nämlich des Hauses, ein wohlfeilerer sein.

Was nun den Typ, d. h. die Summe von Normen angeht, so wird meines Wissens nach schon lange nach den von der Sägeindustrie geäußerten Wünschen verfahren. Fast jede neuartige Siedlung weist 4 oder 5 verschiedene Bauformen mit veränderten Grundrissen und Größenabmessungen auf. Es ist aber unmöglich, selbst bei den heute grundlegend veränderten Verhältnissen ein großzügiges Bauvorhaben auf den Vorrat eines oder mehrerer bestimmter Holzlagerplätze einzustellen. Dies hieße eine sekundäre Frage vor eine primäre schalten. Jede weitsichtige Bauleitung wird den Zeitforderungen Rechnung tragen. Der Typ darf nicht zur starren Form werden. Er muß elastisch sein, d. h. die angewandten Einzelheiten müssen, wenn auch immer Normen, wechseln können. Die Normenblätter des Normenausschusses der deutschen Industrie, Abteilung Hochbau, zeigen z. B. bei den Normen für Balkendecken für Zimmertiefen von 3,00—6,00 m nicht weniger als **10** verschiedene Balkenquerschnitte, die sämtlich für ein und denselben Typ anwendbar sind. Das gleiche wird auch bei den Normenblättern für Dachstühle, Sparren, Pfetten u. dgl., die demnächst erscheinen, der Fall sein. Das bedeutet den weitesten Spielraum für die Verwendung verschiedener Holzstärken bei Zugrundelegung ein und desselben Typengrundrisses. Die Sägeindustrie und der Holzhandel werden also durch die Normung kaum beeinträchtigt. Meines Erachtens nach ist eine andere Gefahr, die nichts mit der Sägeindustrie und dem Holzhandel zu tun hat und daher hier auch nur ganz kurz gestreift werden soll, in der Typenbewegung von viel ausschlaggebender Bedeutung: das ist die Gefahr der Unterschätzung der Volkspsyche, d. h. des Innenlebens des Volkes. Es ist eine Frage, ob nicht gerade die vollkommene Ignorierung der Individualität des Einzelnen, die Überorganisation, den Zusammenbruch Deutschlands nach $4^1/_2$ Jahren äußerster Anspannung aller physischen Kräfte herbeigeführt hat. Es ist stets ein sehr gefährliches Experiment, die differenzierten Einzelteile einer Gesamtheit auf eine gleiche Basis oder auch nur eine Reihe von Gleichheiten festzulegen. Die weitgehende Verwendung von Grundrißtypen bedeutet eine solche Fesselung in der Wohnfrage. Diese ist aber nicht zuletzt eine der wichtigsten kulturellen, also auch psychischen Momente für die Entwickelung eines Volkes. Die alt überlieferten Bauern- und Bürgerhaustypen sind hierfür kaum Gegenbeweise. Die fortschreitenden Verhältnisse und die andersartigen Lebensbedingungen haben einen großen Teil der Masse in ihren, zum Teil noch unbewußten, seelischen Forderungen weitaus differenzierter gemacht, als dies vor Jahrhunderten der Fall war. Hier liegt meiner Ansicht nach einer der Kernpunkte der Typenfrage. Der Notstand, die Übergangszeiten nach 5 Jahren nutzloser, einseitig auf die Kriegsforderungen eingestellter Produktion zwingen uns zu äußerster Ökonomie, die zweifelsohne im Typ und in der Norm liegt. Ob aber in Jahrzehnten, bei normalen Verhältnissen, wo diese Gesichtspunkte allein nicht mehr ausschlaggebend sind, der gleiche Weg noch zu verfolgen ist, scheint mir mehr wie zweifelhaft. Die Zeit wird es lehren.

II. Der anatomische Aufbau des Holzes und die dadurch bedingten zulässigen Beanspruchungen in den einzelnen Faserrichtungen.

Von

Regierungsbaumeister Dr.-Ing. A. Jackson, Stuttgart.

Unter Holz versteht man den von Bast und Rinde, Ästen und Wurzeln befreiten Teil eines Baumstammes. Die Form dieses Stammes hängt von der Belastung des Baumes ab. So sind im allgemeinen die Stämme, die isoliert stehen, in ihrem Aufbau kegelförmig, während diejenigen im gesammelten Bestand zylindrische Form haben. — Die Form läßt sich annähernd nach den Regeln der Statik und Festigkeit und nach der Belastung des Stammes durch Winddruck und Eigengewicht berechnen.

In der Forstwissenschaft haben die Forstwarte Metzger und Schwarz eingehende Versuche an Fichten und Föhren durchgeführt und befriedigende Übereinstimmung zwischen Theorie und Praxis erhalten. Sie haben die Untersuchung unter der Annahme durchgeführt, daß der Längenschnitt durch die Baumkrone ein gleichschenkliges Dreieck und der Winddruck proportional derjenigen Fläche sei, die sich in die Ebene senkrecht zur Windrichtung projiziert (Abb. 1).

Auf Grund der Festigkeitslehre erkennen wir, daß bei den einzelnen Belastungsarten des Baumes bei der unseren klimatischen Verhältnissen festliegenden Westostwindrichtung die einzelnen Fasern auf der Westseite nur Zug, auf der Ostseite nur Druck erhalten, wobei der Baum als freiauskragender, mit den Wurzeln in die Erde eingespannter Träger anzusprechen ist.

Auf die durch diese Einwirkung von Druck besonders geformten Zellen auf der Ostseite und die dadurch bedingte Erzeugung von Rotholz werde ich später zurückgreifen. (Abb. 2, S. 12.)

Der innere Aufbau des Holzes wird am besten auf Grund der beigefügten Abb. 3, S. 12 durch die drei rechtwinklig aufeinandergeführten Schnitte,

1. senkrecht auf die Längsachse,
2. durch die Längsachse zwischen zwei Markstrahlen,
3. parallel zur Längsachse durch die Achse und einen Hauptmarkstrahl klar ersichtlich. Der erste Schnitt heißt Querschnitt oder Hirnschnitt, der zweite ist der Radialschnitt, Spiegel- oder Spaltschnitt, der dritte der Sehnen- oder Tangentialschnitt.

Professor Lang führt in seinem Werk[1]) noch zwei weitere Schnitte auf mit der Bezeichnung:

---

[1]) G. Lang, „Das Holz als Baustoff.“ Wiesbaden, C. W. Kreidels Verlag. 1915.

Fladenschnitt, ein schwach gekrümmter Längenschnitt annähernd in Richtung der Jahresringe,

Sehnenschnitt, ein ebener Längsschnitt, der die Jahresringe schräg schneidet, also außerhalb der Achse des Stammes liegt.

In der Mitte des Baumes steht das Mark, welches weicher sein kann als das Holz. Vom Mark zur Rinde laufen die Markstrahlen oder Spiegel. Bei dem Querschnitt

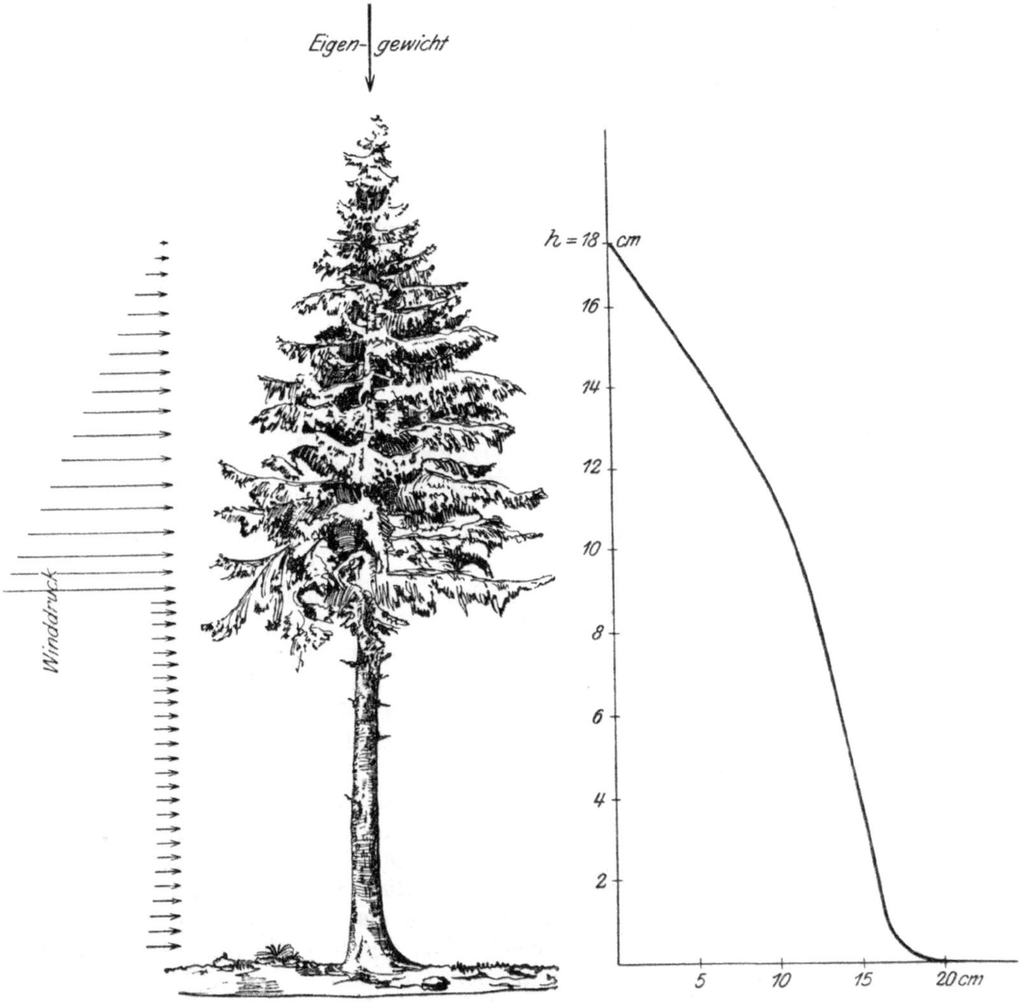

Abb. 1.

oder Hirnschnitt erscheinen die Markstrahlen als feine Linien; bei dem Radialschnitt sehen wir dieselben als Bänder, welche meist glänzen oder spiegeln. Zwischen Mark und Rinde finden wir die dem Alter des Baumes entsprechende Anzahl von Jahresringen. Ihr Bau ist sehr verschieden; auf dessen Kenntnis beruht die Unterscheidung der Holzarten. Die Hauptmasse der Holzringe besteht aus Fasern, welche nach der Länge des Baumes verlaufen, im Innern hohl sind und je nach dem Verhältnis ihrer Haut und ihres Hohlraumes größere oder geringere Festigkeit zeigen.

Bei jeder der angeführten Schnittrichtungen zeigt das Holz ein anderes, für die Holzart charakteristisches Aussehen. Die zur Herbstzeit (eigentlich Sommerzeit) gebildeten dunkleren Teile der Jahresringe heben sich von den während des Frühjahrs gebildeten Teilen sichtbar ab.

Abb. 2. Kiefer mit einseitigem Wuchs (*W* = vorherrschende Windrichtung).

Je größer der Abstand zwischen Herbst- und Frühjahrsholz ist, desto deutlicher erscheint die Zeichnung des Holzes. — Neben den Holzfasern findet man bei einem Teil der Nadelhölzer gegen den Umfang, einzeln oder zu wenigen zerstreut stehend, harzführende Poren, die sogenannten Harzporen. Das Wachstum erfolgt von innen nach außen, und nicht, wie man häufig hört, umgekehrt.

Abb. 3. Keilausschnitt aus einem vierjährigen Kiefernstamm.

Die jüngsten Holzringe sind die lebenstätigsten und saftreichsten und heißen Splint. Irrtum ist, zu glauben, der Splint verwandle sich durch Holzablagerung allmählich in Kern. Wenn das Kernholz schwerer ist als der Splint, so hatte diese Eigenschaft schon der junge Baum, solange er noch aus lauter Splint bestand.

Bezüglich der Breite der Jahresringe führt Nördlinger folgendes an:

Bei den ringporigen Laubholzarten steht innerhalb einer gewissen Grenze die Güte des Holzes häufig im Verhältnis zur Breite der Holzringe, weil an breiteren Ringen das festere Sommerholz größere Entwicklung nimmt. Bei Nadelhölzern haben die breiteren Ringe, sofern sie nicht vom freien Stand herrühren, vorzugsweise schwammiges Frühlingsholz; deshalb nimmt bei ihnen mit dem Schmälerwerden der Ringe nach außen hin der Wert des Holzes zu.

Das Holz baut sich aus zahllosen kleinen Zellen auf, die man zum richtigen Verständnis des Holzes kennen lernen muß.

Die Zellen des Holzes bilden drei Gruppen. Die Ordnung des Zellenaufbaues ist eine streng geregelte; sie gliedert sich in drei Hauptaufgaben,

1. in die Aufgabe der Wasserleitung,
2. in die Aufgabe der Stützung und Aussteifung des Stammes, und
3. in die Aufgabe der Ernährung des ganzen Baumes.

Der Querschnitt der meisten Zellen ist so klein, daß er mit dem bloßen Auge gar nicht und mit der Lupe nur wenig zu erkennen ist.

Die Länge der Zellen ist manchmal so groß, daß sie wenigstens als Rillen oder Ritzen im Längenschnitt mit bloßem Auge wahrnehmbar sind. Jede Zelle ist äußerlich umgrenzt durch die Zellhaut, die aus mehreren Schichten besteht; im Innern enthalten die Zellen entweder nur Luft, oder Luft und Wasser oder nur Zellsaft, oder alle drei. Der Zellsaft ist eine wäßrige klare Flüssigkeit, in der anorganische, besonders aber organische Stoffe gelöst sind.

Man unterscheidet:

1. Leitzellen und Gefäße (Abb. 4 und 5), auch Wasserzellen genannt
2. Stützzellen oder Holzfasern,
3. Nährzellen (Abb. 4).

Die Leitzellen dienen als Leitbahn für das aus den Wurzeln nach den Zweigen und Blättern aufsteigende Wasser und die in ihm gelösten anorganischen Nährsalze, Farbstoffe, sowie den so wichtigen Stickstoff, den die Pflanzen nicht unmittelbar aus der Luft, sondern nur aus dem Boden aufnehmen können.

1. Die Leitzellen (Abb. 4 und 5) liegen in der Richtung der Stämme, Äste und Zweige. Wagerechte Richtung zeigen nur die Markstrahlen des Stammes, sowie die Leitzellen der Äste mancher Nadelhölzer.

Die Verbindung untereinander erfolgt durch die in den Seitenwänden der Leitzellen liegenden Tüpfel, die genau aufeinander passen und mit Membran versehen sind. — Die Enden dieser Zellen sind mehr oder weniger abgeschrägt (Abb. 6), so daß sie in gutem Verband übereinandergreifen und bei den Nadelhölzern die Stützzellen zu ersetzen vermögen.

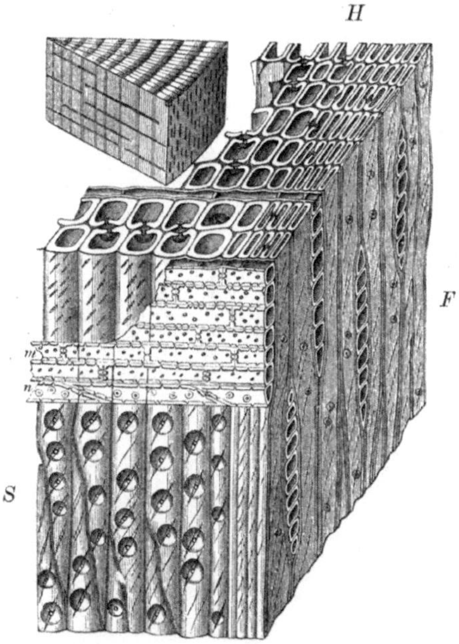

Abb. 4. Fichte (*H* = Hirnschnitt, *F* = Fladenschnitt, *S* = Spiegelschnitt).

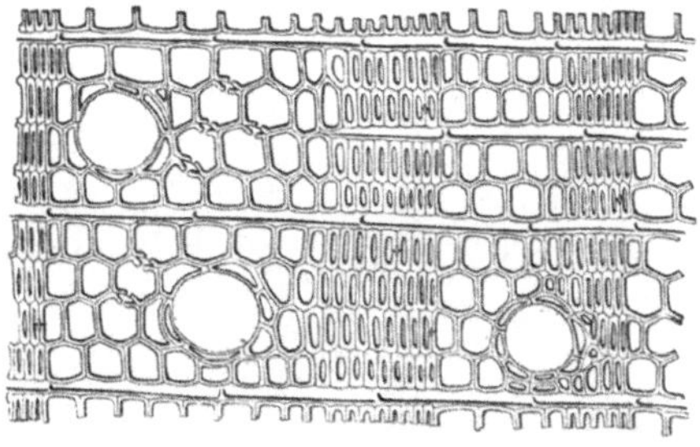

Abb. 5. Fichten-Hirnschnitt.

Für den Wasserbedarf der Nadelhölzer sind die ihren Hauptbestandteil bildenden Leitzellen ausreichend, für die Laubhölzer mit ihrer starken Verdunstung durch die Blätter aber nicht; deshalb ist bei letzteren die Anzahl der Leitzellen eingeschränkt, bzw. ein Teil derselben durch Gefäße ersetzt, die, mit Auflösung und Durchbrechung der oberen und unteren Enden, durcheinanderwachsen.

Die eigentlichen Leitzellen sind dünnwandig, hauptsächlich im Frühholz der Nadelhölzer; sie heißen dort Rundfasern.

Nachdem der Bedarf für die Wasserleitung gedeckt ist, werden sie immer

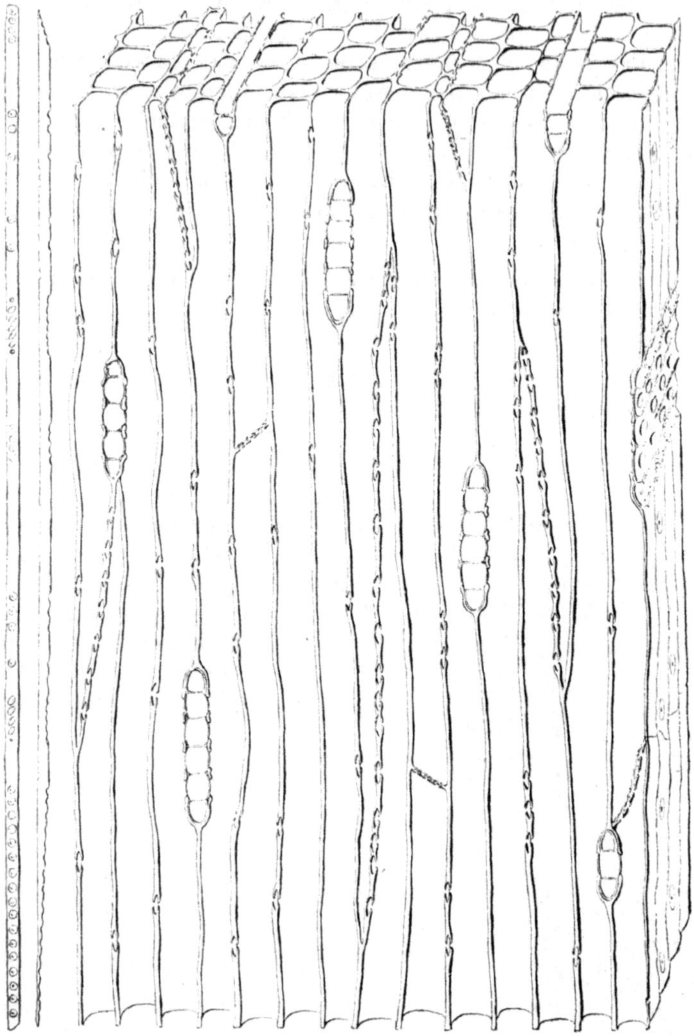

Abb. 6.

dickwandiger, flacher und enger, so daß sie als Ersatz der Stützzellen dienen und dann Breitfasern heißen.

Bei Laubhölzern ist diese Verdickung der Breitfasern wegen des größeren Wasserbedarfes nicht erforderlich; im Frühholz sind aber deren Gefäße weiter als im Spätholz.

2. Stützzellen oder Holzfasern sind schmale, dickwandige, langgestreckte und zugespitzte Zellen mit engem, leerem Hohlraum und dienen zur Aussteifung des Baumes. Ihre Enden stehen in gutem Verband untereinander, um den Stamm

zug-, druck- und biegungsfest zu machen. — Im Jahresring der Laubbäume sind sie gleichmäßig verteilt, bei Nadelhölzern fehlen sie vollkommen.

3. Nährzellen oder Speicherzellen enthalten die Stoffe zur Ernährung der übrigen Zellen und dienen zur Regelung des Stoffwechsels und zur Aufspeicherung der Nährstoffe während der Winterruhe (Abb. 6).

Im Kernholz ist der Inhalt dieser Zellen abgestorben. Die Wände der Nährzellen sind im Gegensatz zu den Gefäßen und Leitzellen stets einfach getüpfelt. Man unterscheidet je nach ihrer Form und Lage kurze, im Längenschnitt meist rechteckige, wie ein Mauerverband nebeneinanderliegende Nährzellen (Abb. 4), die in den schmalen Markstrahlen liegen.

Die äußeren Kennzeichen guten Holzes, die sich mit dem Auge, Ohr, Geruch und Gefühl wahrnehmen lassen, sind im allgemeinen, wenn auch nicht ausreichend, bekannt, und man ist vor Irrtümern nur dann geschützt, wenn man diese Prüfungen etwas gründlicher handhabt.

Die Prüfung mit dem Auge unterliegt den praktischen Kenntnissen; bei dem Gehör, das eine wichtige Ergänzung der Prüfung durch das Auge bildet, beruht die Prüfung auf der physischen Eigenschaft des Holzes als Schalleiter.

Das Gefühl kann den Ungeübten leicht irreführen. Die Härte des Holzes ist an einzelnen Stellen so außerordentlich verschieden, daß eine einheitliche Prüfung durch Kugeldruckprüfer, wie das bei Metall, Mineralien, Steinen usw. üblich ist, bei Holz nur nützt, wenn man sie an vielen Stellen anwendet.

Ich glaube, daß der Einblick in den anatomischen Aufbau des Holzes für das Wesen und die Bedeutung der nachstehenden Festigkeitszahlen in den verschiedenen Faserrichtungen guten Aufschluß gibt.

Zur Berechnung von Baukonstruktionen ist es vor allem wichtig, neben den Festigkeitszahlen die spezifischen Gewichte der Hölzer, sowie die dem Holz eigentümlichen Schwind- und Quellmasse kennen zu lernen. Aus den Tabellen A, B und C mit den spezifischen Gewichten, die dem Werk von Winkler, „Hölzerne Brücken", entnommen sind, ist ersichtlich, daß das spezifische Gewicht des grünen Holzes z. B. bei Kiefern mit einem Mittelwert von 0,786 gegenüber dem luft-

Tabellen A bis C: Spezifische Gewichte der Hölzer.

A. Grünes Holz (rd. 45% Wasser).

Holzart	Grenzwerte in t f. d. cbm	Mittelwert nach Karmarsch	Mittelwert nach Nördlinger, König und Monke
Ahorn	0,83—1,05	0,94	0,922
Birke	0,80—1,09	0,94	0,939
Edelkastanie	0,99—1,20	1,09	—
Eiche	0,87—1,28	1,08	1,082
Erle	0,61—1,01	0,69	0,690
Esche	0,70—1,14	0,92	0,901
Fichte	0,40—1,07	0,74	0,628
Kiefer	0,38—1,03	0,70	0,786
Lärche	0,52—1,00	0,76	0,808
Linde	0,58—0,78	0,73	0,749
Pappel	0,61—1,07	0,84	—
Pitschpine	0,65—1,00	0,82	—
Robinie	0,75—1,00	0,87	—
Rotbuche	0,85—1,12	0,99	—
Ulme	0,73—1,18	0,95	0,935
Weißbuche	0,92—1,25	1,08	0,988
Weißtanne	0,77—1,23	1,00	1,000

B. Trockenes Holz (rd. 10—15% Wasser).

Holzart	Grenzwert t f. d. cbm	Mittelwert
Ahorn	0,61—0,74	0,67
Birke	0,51—0,77	0,64
Eiche	0,69—1,03	0,86
Erle	0,42—0,64	0,53
Esche	0,57—0,94	0,75
Fichte	0,35—0,60	0,47
Kiefer	0,31—0,74	0,52
Lärche	0,44—0,80	0,62
Linde	0,32—0,60	0,46
Pappel	0,39—0,52	0,45
Pitschpine	0,50—0,90	0,70
Redpine	—	0,48
Robinie	0,58—0,85	0,71
Roßkastanie	0,52—0,63	0,57
Rotbuche	0,66—0,83	0,74
Ulme	0,56—0,82	0,69
Weißbuche	0,62—0,82	0,72
Weißtanne	0,37—0,60	0,48

C. Gedarrtes Holz (110° C).

Holzart	Grenzwert t f. d cbm	Mittelwert
Ahorn	0,60—0,66	0,63
Birke	0,59—0,63	0,61
Eiche (Stiel)	0,63—0,70	0,66
Eiche (Trauben)	0,66—0,70	0,68
Erle	0,42—0,45	0,43
Esche	0,61—0,64	0,62
Fichte	0,42—0,47	0,44
Kiefer	0,47—0,55	0,51
Lärche	0,44—0,48	0,46
Linde	0,41—0,43	0,42
Pappel	0,35—0,39	0,37
Rotbuche	0,55—0,59	0,57
Ulme	0,50—0,55	0,52
Weißbuche	0,68—0,77	0,72
Weißtanne	0,48—0,50	0,49

trockenen Holz mit 0,52 und dem gedarrten Holz mit 0,51 um ca. 50% höhere Werte aufweist. Ähnliche Unterschiede zeigen sich bei den anderen aufgeführten Hölzern.

Die Unterschiede der spezifischen Gewichte des lufttrockenen und gedarrten Holzes sind jedoch so gering, daß für die Praxis der Mittelwert des lufttrockenen Holzes zur Feststellung der Eigengewichte übernommen werden kann.

Eine Eigenart des Holzes, deren Kenntnis für Bauverbände wichtig ist, ist das Schwinden und Quellen. Mit dem Verluste seiner Feuchtigkeit zieht sich das Holz räumlich etwas zusammen, während es sich bei Aufnahme von Wasser etwas ausdehnt.

Die Schwindmaße sind bei den einzelnen Hölzern sehr verschieden, was von deren Zellenaufbau und den etwa vorhandenen Zellfüllstoffen abhängt. Für unsere einheimischen Bauhölzer ist das Schwindmaß in der Längsrichtung im Durchschnitt 0,1%, in der Spiegelrichtung 3—5%, in der Umfangrichtung 6—10%.

Zur Berechnung des Schwindmaßes ist es noch wichtig, zu wissen, daß grünes Holz ca. 35—50% Wassergehalt, lufttrockenes Holz nur 10—20% enthält.

Es erklärt sich daraus, daß bei der geringen Zugfestigkeit quer zum Spiegel, über die nachher noch gesprochen werden soll, beim raschen Austrocknen nasser Hölzer ein Aufreißen in der Spiegelrichtung eintreten muß.

Für trockengelagerte und dann erst verarbeitete Hölzer sind die Schwindmaße beträchtlich kleiner, aber nach der Erfahrung immer noch groß genug, um ein Lockern der Verbände herbeizuführen.

Ein solches Lockern wird bei Bolzenverbindungen durch Einlegen von Federringen mit rechteckigem Querschnitt zwischen Mutter und Unterlagsscheiben des Bolzens ausgeschaltet.

Da das Holz anatomisch ungleich gebaut ist, und die inneren und äußeren Zellen verschiedene Feuchtigkeiten enthalten, wird sich beim Austrocknen des Holzes ein Reißen des äußeren Teiles, der sich stärker zusammenzieht als der innere, zeigen. Im Anfang wird sich nämlich die Feuchtigkeit hauptsächlich aus den offenstehenden Holzporen verflüchten, ehe die feineren, festeren Holzgewebe anfangen, infolge der Austrocknung sich zusammenzuziehen.

Zum Verfolg dieser eigentümlichen Schwinderscheinungen sei als erstes Beispiel (Abb. 7) das halbe Holz eines in zwei Teile gesägten Baumes herangezogen.

Bleiben diese Halbhölzer in der Rinde liegen, und kann ein Austrocknen nur durch den Sägeschnitt erfolgen, so wird sich beim Zusammenziehen der Fasern der Sägeschnitt, wie aus der Abbildung ersichtlich ist, wölben.

Das Viertelholz wird, wenn ihm auf der Splintseite die Rinde bleibt, beim Austrocknen ein ähnliches Verhalten, wie vorgeschildert, durch Wölben der Sägschnitte aufweisen.

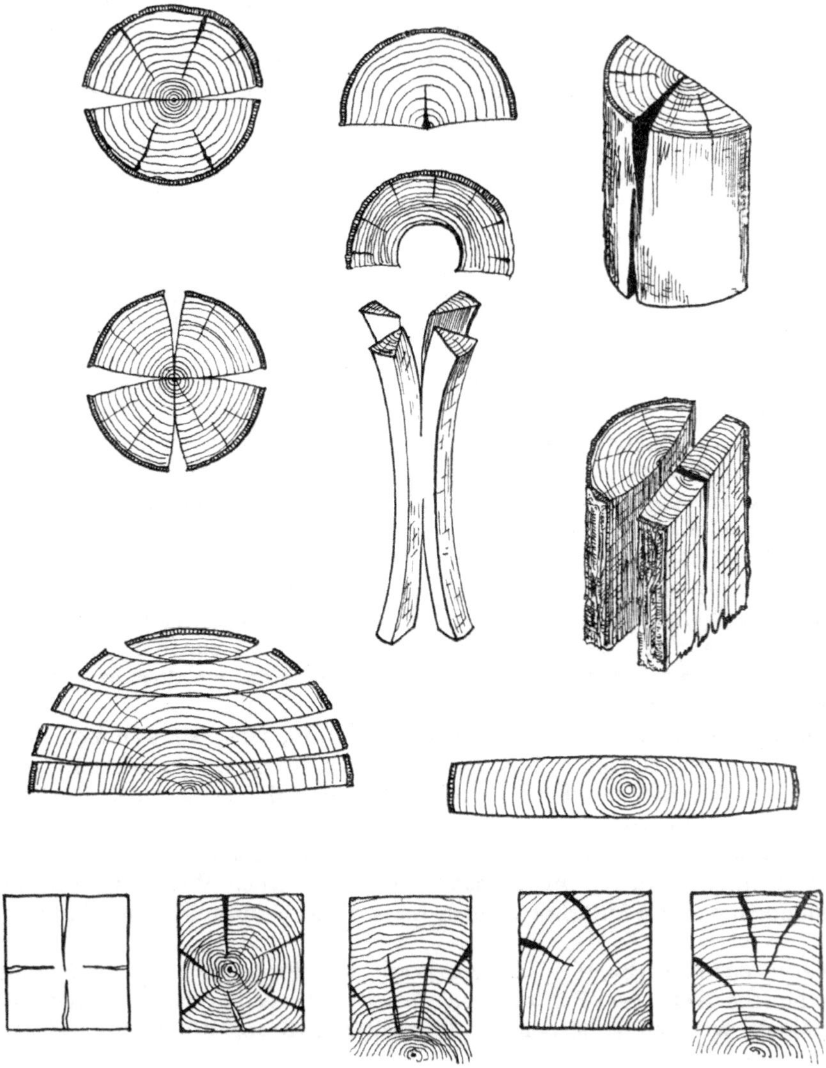

Abb. 7.

Wird der Kern eines Rundholzes ausgebohrt, so werden beim Schwinden die äußeren Teile vielleicht nur auf der Oberfläche kleinere Risse aufweisen, da das aus dem Innern herausgenommene Holz die äußeren Fasern nicht mehr hindert, sich gegen den Mittelpunkt zusammenzuziehen (Abb. 7). — Auf ähnliche Weise läßt sich bei unserem gesägten scharfkantigen Bauholz das Reißen infolge Schwindens festlegen.

In sehr interessanter Weise erfolgt das Schwinden bei den Brettern, die aus einem Stamm herausgesägt werden. So wird sich z. B. das Mittelbrett mit dem

Herz des Stammes gegen die Außenkanten hin infolge Schwindens verjüngen (Abb. 7). Wird der Sägeschnitt direkt durch die Stammachse geführt, so werden sich schon die beiden anstoßenden Bretter infolge des früher beschriebenen Schwindmaßes, das entlang dem Umfang gegenüber dem Durchmesser weit größer ist, nach oben wölben.

Der Unterschied des vorgenannten Schwindmaßes ist darin zu suchen, daß sich wegen des Überhandnehmens von jungem, stärker schwindendem Holz gegen außen die Kernseite, also die dem Mittelpunkt des Stammes zugekehrte Seite der Bretter, gegen den Umfang des Stammes stärker wölbt.

Über die Mittel gegen Schwinden, Werfen und Reißen, sowie über die Methoden zur Festlegung der Größe der Schwindmaße soll an einer andern Stelle berichtet werden.

Das Schwinden und Quellen bei dem Druckholz, d. h. bei denjenigen Fasern, die bei dem Baum als Druckfasern in der Natur in Tätigkeit treten, ist gegenüber dem Quellen bei den allgemeinen Fasern vollkommen verschieden. Das Druckholz, von Dr. Hartig „Rotholz" genannt, hat die Eigenschaft, in der Richtung der Längsachse auffallend stark zu schwinden, und zwar um 1,287 % der Länge; die Längsquellung dieser Druckfaserstäbe (oder nach Hartig „Rotholzstäbe") betrug bei Versuchen 1,357 %, während die Fasern beim Quellen der Zugholzstäbe einen negativen Wert von 0,04 % aufweisen, d. h. sich dabei um dieses Maß verkürzen. So erklärt sich auch die merkwürdige Erscheinung, daß sich tote Äste beim Trocknen nach unten, beim Quellen nach oben umbiegen, nicht aus der Quellung des Holzes im ganzen, sondern durch die Eigenschaft, daß die Längsschwindung und Quellung eine auffällig große, die Schwindung des Zugholzes eine außerordentlich kleine, die Quellung sogar eine negative ist.

Alle diese merkwürdigen Daten sind nicht Zufälligkeiten, sondern in dem organischen Aufbau der Druckfasern, resp. den Fasern des Rotholzes zu suchen. (Weitere Einzelheiten siehe Holzuntersuchungen von Dr. Hartig, Seite 69—72.)

Die vorgenannten, den allgemeinen Bestimmungen zur Berechnung der Bauglieder in Holz zugrunde liegenden Festigkeitszahlen wurden bereits schon im letzten Jahrhundert zusammengestellt.

Was das Elastizitätsmaß des Holzes anbetrifft, so stimmen die früher gemachten Untersuchungen vollkommen mit den heutigen überein. Der Grund ist darin zu suchen, daß der Feuchtigkeitsgehalt der Hölzer auf das Elastizitätsmaß von keinem Einfluß ist.

Die nachstehende Tabelle D, die Daten von Tetmajer, Bauschinger, Karmarsch, Rankine, Janka angibt, hat Winkler in seinem Werk „Hölzerne Brücken" aufgenommen und als Mittelwert einen Elastizitätskoeffizienten von 110 t/qcm festgelegt.

Die neuen Versuche, die in dem Werk von Professor Lang aufgeführt sind, zeigen ähnliche Werte. — Für die den statischen Berechnungen zugrunde liegenden Daten wurde von den Behörden ein Elastizitätsmaß von 100 t/qcm festgesetzt.

Die Festigkeit des Holzes ist infolge des vorbeschriebenen verwickelten Zellenaufbaues nach den einzelnen Faserrichtungen außerordentlich verschieden. Es darf deshalb keine Holzkonstruktion auf der Grundlage der Festigkeitslehre für isotrope Körper berechnet werden.

Die allgemeine Elastizitätslehre setzt isotrope Baustoffe für das Hookesche Gesetz voraus und ermittelt hieraus Richtung und Größe der gefährlichsten Spannungen.

Daß das Holz kein isotroper Körper ist, zeigt schon das Zellgefüge, das sich für den Aufwuchs des Baumes so wunderbar zweckmäßig erweist, jedoch niemals

Tabelle D: Elastizitätszahlen der Hölzer.

Mittelwerte in Tonnen f. d. qcm.

Verfasser	Kiefer	Fichte	Tanne	Eiche	Buche
Tetmajer, Zug	120	129	102	108	180
„ Biegung	86	90	85	100	126
Bauschinger, Zug	123	114	—	—	—
„ Druck	100	91	—	—	—
„ Biegung	105	99	—	—	—
Rankine	118	112	—	104	95
Hagen	120	133	120	105	148
Winkler	125	—	—	—	—
Rebhann	129	121	129	121	—
Leslie	145	—	127	105	92
Morin	150	—	—	120	93
Chevandier u. Wertheim	—	54	111	195	98
Buchanan	—	81	—	—	—
Jenny, Zug	—	113	116	—	122
„ Druck	—	120	99	—	83
Barlow	—	129	77	93	96
Ebbels u. Tredgold	—	132	115	109	—
Scheffler	—	144	—	123	—
Lamarle	—	155	136	81	—
Gerstner	—	165	171	102	—
Karmarsch	—	—	—	—	—
Ardant	—	—	94	118	—
Redtenbacher	—	—	100	120	93
Paccinotti u. Peri	—	—	105	140	107
Dupin	—	—	110	188	125
Rondelet	—	—	143	137	—
Duhamel	—	—	—	105	—
Minard u. Desormes	—	—	—	134	—
Mittelwert aus sämtlichen Versuchen	Elastizitätsmodul $E = 110$ t/qcm				

bei Verwendung der gefällten Stämme zu Bauzwecken den jeweiligen Wünschen der Baumeister genügt und deshalb besondere Kenntnisse der Festigkeiten nach den verschiedenen Richtungen verlangt. Die Verbände selbst müssen auf Grund dieser Festigkeitsdaten aufgebaut werden.

Eingehende Tabellen über Druck- und Zugversuche hat Winkler in seinem Werk aufgenommen. Des Interesses wegen habe ich jeweils bei den nachfolgenden Tabellen E und F die Mittelwerte für die einzelnen Hölzer herausgezogen. Leider wurde bei der Aufstellung der Tabellen von Winkler seinerzeit nicht mit aufgenommen, welchen Feuchtigkeitsgrad die Hölzer besaßen. Die Festigkeitszahlen ändern sich bekanntlich mit dem Feuchtigkeitsgehalt der Hölzer. Für den Bautechniker ist es meines Erachtens notwendig, einwandfreie Daten für lufttrockene Hölzer mit 10—20% Feuchtigkeitsgehalt festzulegen.

Die aus den beigefügten Tabellen E, F ersichtlichen Größen sind zeitenweise so verschieden, daß wohl mit Recht davon gesprochen werden kann, daß bei den einzelnen Untersuchungen infolge Lagerung der Stäbe oder Einspannung derselben noch Zusatzspannungen auftraten, die die wirklichen Zug- und Druckfestigkeiten verminderten.

Bei Berechnung von Baugliedern in Holz ist infolge Auftretens von Schwindrissen in der Längsachse, sowie der geringen Haftfestigkeiten der Zellen untereinander von einer Zugbeanspruchung senkrecht zur Faser abzusehen.

Des weiteren sind die Druckbeanspruchungen senkrecht zur Faser mit einem verminderten Wert, wie aus der Tabelle G von Professor Lang ersichtlich, einzusetzen. Professor Lang hat die Wichtigkeit der Druckbeanspruchungen

Tabelle E: Druckfestigkeit.

Mittelwerte in Kilogramm f. d. qcm.

Verfasser	Kiefer	Fichte	Tanne	Eiche	Buche
Tetmajer	246	277	283	343	320
Bauschinger	300	243	—	—	—
Rankine	407	—	—	622	656
Moseley	460	400	—	526	640
Rebhann	525	404	480	538	—
Rennie	—	113	136	241	—
Jenny	—	396	385	—	417
Hodgkinson	—	410	470	380	553
Vose	—	422	—	418	—
Scheffler	—	547	—	684	—
Rondelet	—	—	505	424	—
Pressel	—	—	520	—	—
Fowke	—	—	—	340	—
Lamande	—	—	—	410	—
Mittelwert aus sämtlichen Versuchen	305	293	339	393	446

Tabelle F: Zugfestigkeit.

Mittelwerte in Kilogramm f. d. qcm.

Verfasser	Kiefer	Fichte	Tanne	Eiche	Buche
Bauschinger	693	715	—	—	—
Tetmajer	720	602	534	914	1340
Moseley	877	877	—	804	877
Rankine	914	872	—	1046	808
Muschenbroek	1000	705	826	1292	1447
Rebhann	1050	807	968	807	—
Laves	1140	—	—	1090	1168
Eytelwein	1382	1053	741	1460	1530
Karmarsch-Hartig	—	806	—	—	—
Jenny	—	490	570	—	810
Rondelet	—	517	—	976	—
Chevandier u. Wertheim	—	550	503	570	550
Scheffler	—	752	—	752	—
Vose	—	773	—	844	—
Bevan	—	970	—	972	—
Morin	—	—	850	700	800
Barlow	—	—	858	730	806
Pressel	—	—	900	—	—
Minard u. Desormes	—	—	—	603	—
Mittelwert aus sämtlichen Versuchen	954	618	575	744	721

senkrecht zur Faserrichtung erkannt und dementsprechende Versuche vorgenommen.

Er hat für Bauzwecke eine Tabelle (siehe Seite 121) über die von ihm als zulässig erachteten Beanspruchungen zusammengestellt und vor allem auf die Beanspruchungen senkrecht zur Faser aufmerksam gemacht.

Die Tabelle kann für die Berechnung von Ausführungen übernommen werden; jedoch muß man sich bei der Ausführung einer Holzkonstruktion davon überzeugen, ob die gelieferten Hölzer den festgelegten Anforderungen entsprechen. So wird man bei leichtem Nadelholz mit breiten Frühjahrsringen, bei starker Astigkeit und bei Drehwuchs entsprechend verminderte Beanspruchungsziffern in Rechnung setzen. Ähnlich liegt der Fall bei Hölzern, die sehr feucht sind. Bei solchen Hölzern sind

Tabelle G: Einpressungen am Lehrgerüst bei Druckübertragung durch Hartholz auf Tannenholz oder Buchenholz
(nach Prof. Mörsch).

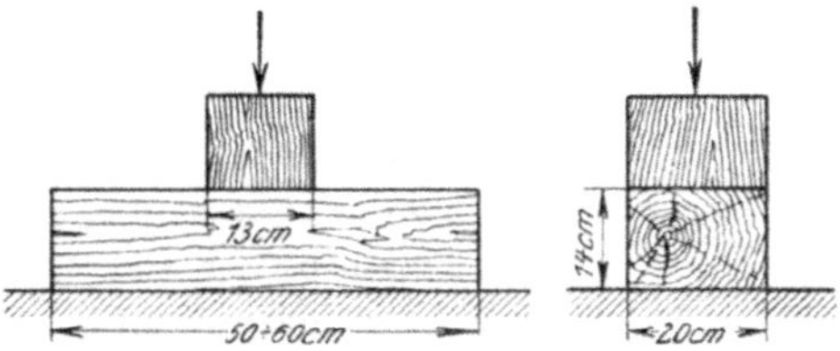

I. Tannenholz

Druck 10 kg/qcm	Einpressung 0 mm
„ 13 „	„ 0 „
„ 20 „	„ 0,5 „
„ 30 „	„ 2,0 „
„ 40 „	„ 3,5 „ Abreißen der Faser
„ 50 „	vollständiger Bruch

II. Buchenholz

Druck 20 kg/qcm	Einpressung 0 mm
„ 30 „	„ 0,2 „
„ 40 „	„ 0,5 „
„ 50 „	„ 0,7 „
„ 60 „	„ 1,0 „
„ 70 „	„ 1,75 „ Beginn des Abscherens
„ 80 „	„ 3,0 „
„ 90 „	„ 5,2 „
„ 100 „	„ 8,7 „ Zerstörung

die Werte von Lang um ca. 10—30%, bei Wasserbauten bis 40% zu verkleinern; bei lufttrockenem Kiefern- und Forchenholz können die Werte bei völliger Astreinheit um ca. 20% vergrößert werden.

Abb. 8.

Es wurden nun vorstehend die allgemeinen Festigkeitszahlen für das gewöhnliche Holz aufgeführt. Für das früher besprochene Druck- bzw. Rotholz gelten jedoch andere Festigkeitsdaten, die hier, um Verwechselungen zu vermeiden, nicht weiter aufgenommen werden sollen.

Des weiteren hat Professor Dr.-Ing. h. c. Mörsch bei Herstellung des Lehrgerüstes für die Isarbrücke bei Grünwald eingehende Versuche zur Festlegung der Druckbeanspruchungen senkrecht zur Faserrichtung vorgenommen.

Diese Versuche (Tab. G) sind in der Schweizer. Bauzeitung 1910, Heft 23 u. 24 enthalten; Professor Mörsch legte der Berechnung seines Lehrgerüstes eine zulässige Druckbeanspruchung senkrecht zur Faser von 13—15 kg/qcm zugrunde.

Weitere eingehende Versuche zur Festlegung der zulässigen Beanspruchungen des Holzes senkrecht zur Faser hat Dr.-Ing. Trauer in der Zeitschrift „Eisenbau“ 1919, Heft 7, veröffentlicht.

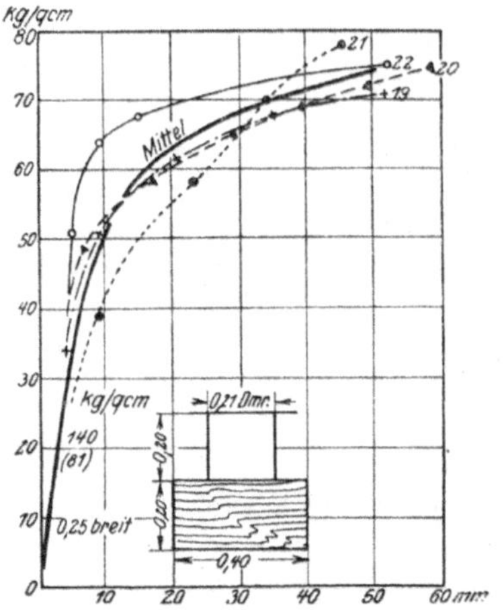

Abb. 9. Kiefer auf Kiefer; a) 19 und 20 ohne, b) 21 und 22 mit 2 mm starkem Zwischenblech.

Die diesem Aussatz entnommenen Abb. 8 (S. 21) und 9 zeigen neben dem aufgezeichneten Verlauf der Pressungen und Einsenkungen die Anordnung der getroffenen Versuche.

Leider wurden die vorgenannten Versuche zur Bestimmung der Druckbeanspruchung senkrecht zur Faser ohne weitere Berücksichtigung der Stellung der Jahresringe ermittelt.

Ich habe zu diesem Zweck in der folgenden Abb. 10 die verschiedenartigsten Lagen der bei den Untersuchungen zu berücksichtigenden Jahresringe der Hölzer zusammengestellt. So dürften meines Erachtens Versuche, die unter der Jahresringstellung *A* vorgenommen werden, infolge direkter Belastung der festeren Zellen der Herbstringe weit größere Werte aufweisen, als diejenigen der Stellungen *B* und *C*, die wohl ziemlich die gleichen Werte ergeben werden.

D wird ebenfalls wieder andere Werte aufweisen, da bei diesem Holz der Kern noch vorhanden ist, während *E* bei Anordnung der Jahresringrichtung unter 45⁰ durch Abscheren resp. Abgleiten die ge-

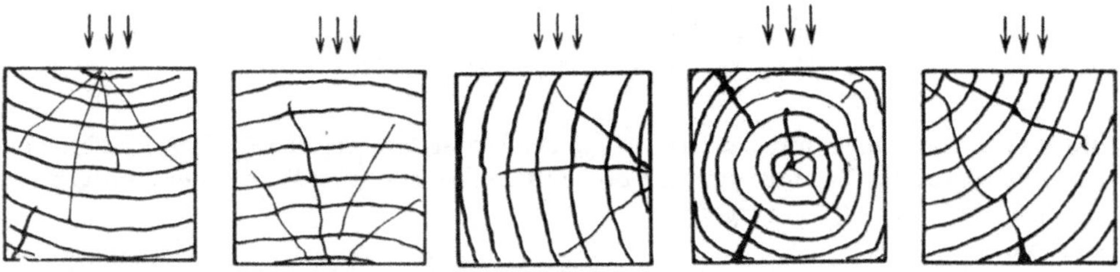

A *B* *C* *D* *E*

Abb. 10.

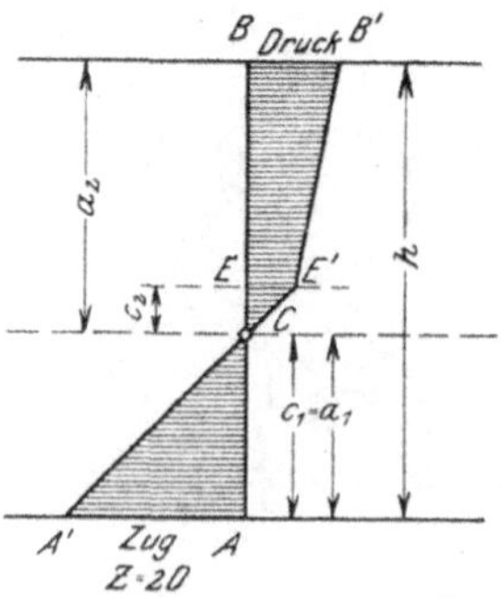

$a_1 = 0{,}4h$ $a_2 = 0{,}6h$ $c_1 = a_1 = 0{,}4h$ $c_2 = \frac{1}{6} a_2 = 0{,}1h$

Abb. 11.

ringsten Werte aufweisen wird. — Wir sehen also auch aus diesem Fall, wie unendlich wichtig es ist, die Lage der Jahresringe bei den Holzverbänden zu berücksichtigen.

Sämtliche vorstehenden Versuche wurden nur zur Beurteilung der Druckspannungen senkrecht zur Faser ermittelt, während Versuche zur Festlegung der Beanspruchungen unter verschiedenen Winkelrichtungen zu den Fasern bis heute nicht durchgeführt wurden.

Ich habe mir seinerzeit zur Bestimmung der verschiedenen Spannungsgrößen in den einzelnen Schnittrichtungen eine Ellipse, die auf der Grundlage einer durch den Zellenaufbau bedingten röhrenförmigen Struktur des Holzes festgelegt und in Abb. 1 Seite 122 wiedergegeben ist, konstruiert. Über die Anwendung dieser Spannungsellipse sei auf S. 122 verwiesen.

Über die Biegungsfestigkeiten hat Winkler ebenfalls in seinem Werk „Hölzerne Brücken“ für die einzelnen Hölzer eine Tabelle (H) zusammengestellt, die im folgenden wiedergegeben ist.

Tabelle H: Biegungsfestigkeit.

Mittelwerte in Kilogramm/qcm.

Autor	Kiefer	Fichte	Tanne	Eiche	Buche
Tetmajer	460	434	439	600	670
Bauschinger	462	380	—	—	—
Nördlinger	535	—	—	1149	—
Muschenbroek	548	—	—	680	—
Rankine	590	780	—	—	738
Winkler	940	—	—	—	—
Burg	1286	—	592	1129	767
Fowke	—	410	337	453	—
Buchanan	—	420	—	—	—
Vose	—	506	—	675	—
Barlow	—	577	436	643	669
Peake u. Bavailler	—	608	469	—	—
Tredgold u. Ebbels	—	834	722	866	859
Chevandier u. Wertheim	—	—	476	600	—
Ardant	—	—	564	—	—
Redtenbacher	—	—	600	700	710
Rondelet	—	—	1247	923	—
Buffon	—	—	—	634	—
Bizo	—	—	—	658	—
Belidor	—	—	—	740	—
Mittelwert aus sämtlichen Versuchen	597	488	492	673	719

In vorgenanntem Werk führt Winkler an, daß der Spannungsverlauf in dem Querschnitt nicht nach einer Geraden, sondern nach einer den jeweiligen Festigkeitsdaten der Druck- und Zugfasern entsprechenden Kurve verlaufen muß (Abb. 11).

Bis heute wird noch allgemein angenommen, daß bei der Berechnung von Holzbalken auf Biegung die neutrale Achse mit der Mittellinie des Balkens zusammenfällt. Wir sehen schon aus den Verhältniszahlen von Zug und Druck, daß die von Winkler festgelegte Verteilung, die ebenfalls von Professor Lang in seinem Werk aufgenommen ist, der Wirklichkeit besser entspricht, was auch durch die neuesten Versuche bewiesen ist.

Bei dem nicht homogenen Material Holz und den ungleich großen Festigkeiten von Zug und Druck der einzelnen Fasern wird aus diesem Grunde die neutrale Achse bei einem auf Biegung beanspruchten Balken sich gegen die Zugseite verschieben.

Außer den Zug-, Druck- und Biegungsfestigkeiten ist es für jeden Holzverband wichtig, die Schubfestigkeit des Holzgefüges zu kennen. Auch hierüber hat bereits Winkler eingehende Daten zusammengestellt, die uns ebenfalls Professor Lang wiedergibt und die sich jeweils auf die Schubfestigkeit in der Längsrichtung, sowie in der Querrichtung beziehen (Tabelle J, S. 24).

Zur Beurteilung der bis heute in Materialprüfungen durchgeführten Versuche möchte ich zum Schluß noch einen kurzen Blick auf die Vornahme der Versuche werfen[1]).

[1]) Vgl. auch S. 26 u. f.

Tabelle J: Schubfestigkeit.

Mittelwert in Kilogramm/qcm.

Autor	Parallel zu den Fasern					Senkrecht zu den Fasern				
	Kiefer	Fichte	Tanne	Eiche	Buche	Kiefer	Fichte	Tanne	Eiche	Buche
Mikolaschek	31	51	31	81	81	214	259	273	270	391
Rankine	46	42	—	162	—	—	—	—	—	—
Bauschinger	49	48	—	—	—	—	219	—	—	—
Tetmajer	60	67	63	75	85	—	—	—	—	—
Jenny	—	41	40	—	72	—	—	—	—	—
Barlow	—	—	42	—	—	—	—	—	—	—
Karmarsch	—	—	45	80	67	—	—	68	91	95
Vose	—	—	52	162	—	—	—	—	281	—
Bevan	—	—	—	—	—	—	—	—	148	—
Mittelwert aus sämtlichen Versuchen	50	47	54	87	79	214	219	74	198	243

Die ersten Versuche, die in Werken aufgenommen wurden, sind Zugversuche. Prof. Lang hat mit den verschiedenartigsten Hölzern zur Beurteilung der Zugfestigkeit Versuche vorgenommen, die Bild 79 seines Buches veranschaulicht.

Abb. 12.

Das Versuchsstück (Abb. 12) zur Festlegung der Druckspannung in Faserrichtung, zeigt das dem Holz eigentümliche Ausknicken der stärkeren Herbst- in die weicheren Frühjahrsringe.

Der zur Festlegung der Druckbeanspruchung senkrecht zur Faser benützte Würfel (Bild 75b im „Lang") zeigt bei Zusammendrückung der weicheren Frühjahrszellen ein Ausweichen der zwischen den Auflagerflächen liegenden Zellen. Die zur Festlegung der Biegungsfestigkeit vorgenommenen Versuche (Abb. 13)[1]) zeigen ein Loslösen der unteren Zugfasern beim Zerreißen derselben infolge Über-

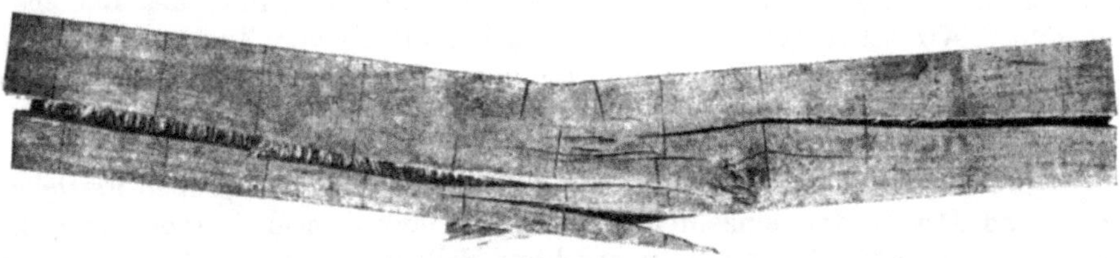

Abb. 13.

windung der inneren Haftfestigkeit, worauf Staatsrat Professor v. Bach in seinem Werk „Elastizität und Festigkeit" bereits aufmerksam macht.

Zur weiteren Beurteilung der bei Holzbauweisen verwendeten Einlagestücke in Eisen und des dadurch erzeugten Lochleibungsdruckes wurden von der Firma Karl Kübler eingehende Versuche in den Materialprüfungsämtern Dresden und Stuttgart vorgenommen. Die Versuchsstaffel für Knoten 1 zeigt bei dem verwendeten Verbindungsmittel (S. 123) bis zum Wert von ca. 3200 kg in dem Spannungsdiagramm einen linearen Verlauf, während von dieser Stelle an eine

[1]) Vgl. auch Abb. 83 in Lang, „Das Holz als Baustoff".

Zerstörung des Materials wahrzunehmen ist. Für den Knoten 2 (S. 124) bei doppelter Bolzenstaffel zeigt sich eine gleichmäßigere Inanspruchnahme des Holzes und eine stetigere Zerstörung der Holzfasern.

Wir sehen jedenfalls aus allen Versuchen, wie unendlich wichtig es ist, bei Festlegung von Bauverbänden das Wesen des Holzes genau zu kennen.

Leider fehlen bis heute noch verschiedene Versuche zur Beurteilung der Festigkeitsdaten, die jedoch, soviel mir bekannt ist, von Professor Baumann im Stuttgarter Materialprüfungsamt während des Krieges durchgeführt wurden und bald zur Veröffentlichung gelangen sollen.

Durch den vorgeschilderten anatomischen Aufbau des Holzes und die damit eng zusammenhängende zulässige Beanspruchung in den einzelnen Faserrichtungen muß jeder Bautechniker zu der Erkenntnis kommen, daß das Holz niemals als isotroper Körper zur Festlegung von Baukonstruktionen übernommen werden darf, wie es leider bis heute der Fall war.

III. Die mechanische Prüfung des Holzes.

Von

Ingenieur Johs. Stamer, ständ. Assistenten am staatl. Materialprüfungsamt zu Berlin-Lichterfelde.

In der Holzliteratur und im Verkehr mit der holzverbrauchenden Industrie begegnet man häufig Klagen darüber, daß die für die Festigkeitseigenschaften der einzelnen und zum Teil der gebräuchlichsten Holzarten sich findenden Angaben so wenig Übereinstimmung aufweisen; die zu verschiedenen Zeiten und an verschiedenen Beobachtungsstellen gewonnenen Werte schwankten in derartig weiten Grenzen, daß ihre Verwendung ziemlich illusorisch sei. Die Berechtigung solcher Klagen läßt sich leider nicht von der Hand weisen. Denn einerseits wurden auch in neueren technischen Sammelwerken häufig Prüfungsergebnisse mitangeführt aus einer Zeit, in der man bei der Prüfung den besonderen Eigentümlichkeiten des Baustoffes Holz nicht gerecht zu werden verstand, oder die Kraftmessung aus Mangel an verläßlichen Materialprüfungsmaschinen noch im argen lag, andererseits scheinen die zahlreichen neueren Veröffentlichungen berufener Stellen nicht die wünschenswerte Verbreitung gefunden zu haben.

Die einzelnen Faktoren, die die technischen Eigenschaften des Holzes beeinflussen, sind so bekannt, daß ich sie nur kurz zusammenzufassen brauche. Während der Wuchsperiode des Baumes sind es die geologischen, klimatischen und Standortsverhältnisse, während der Zurichtung die Fällzeit, der Trockenvorgang und die Lagerdauer und bei der Prüfung der jeweilige Feuchtigkeitsgehalt, die Lage der Fasern zur Kraftrichtung und die Geschwindigkeit, mit der die Kraft gesteigert wird. Aber selbst in demselben Stamm wechseln die gefundenen Festigkeitswerte meistens mit der Lage der Proben im Stammquerschnitt und mit der Höhenlage im Stamm, ganz abgesehen von den durch Äste, Risse und Fehlstellen bedingten Beeinträchtigungen des Prüfungsergebnisses.

Bei Berücksichtigung aller dieser Umstände erscheint es erklärlich, daß die Festigkeitsermittelungen der verschiedenen Untersuchungsstellen weit voneinander abweichen, zumal auch von den einzelnen Forschern häufig verschiedene Prüfungsverfahren und Probenformen verwendet wurden.

Einen großen Schritt vorwärts für die Erforschung des Baustoffes „Holz" bildet daher die Annahme der von Rudeloff aufgestellten einheitlichen Prüfungsmethoden für Holz auf dem internationalen Verband für die Materialprüfungen der Technik auf dem Brüsseler Kongreß 1906[1]).

[1]) Mitteilungen aus dem Materialprüfungsamt in Berlin-Lichterfelde, 1907, Heft 1.

Das Arbeiten nach ihnen ermöglichte es, die an verschiedenen Untersuchungsstellen gewonnenen Ergebnisse miteinander zu vergleichen.

Entsprechend der vorhin erwähnten Bedeutung der Vorgeschichte des Probenmaterials werden in ihnen Angaben über die Ursprungsverhältnisse gefordert, welche Aufschluß geben über die Güte des Standortes, die Art des Bestandes, Alter, Fällungszeit und Art der Lagerung, ferner die Festlegung der äußeren Merkmale, die sich beziehen auf den Verlauf der Fasern, Anzahl und Anordnung der Aststummel, Jahrringbreite, Anordnung der Holzringe und Verhältnis der Herbstholzzonen zu den Frühjahrsschichten bei den Nadelhölzern.

Leider wird sich die Erfüllung dieser Forderungen, namentlich die Klarlegung der Ursprungsverhältnisse nur selten erreichen lassen und im allgemeinen nur bei systematischer Untersuchung nach Wuchsgebieten möglich sein. Grundsätzlich ist es indessen nur zu begrüßen, daß in den Vorschriften der Wert der Zusammenarbeit von Forstmann und Ingenieur beim Studium des Wesens des Baustoffes Holz durch die Betonung des Wertes der Kenntnis der Wachstumsverhältnisse hervorgehoben wird.

Grundsätzlich wird zu den Versuchen astfreies Holz ausgewählt, zum mindesten sind die Ergebnisse für astiges und astfreies Holz zu trennen. Dazu ist zu bemerken, daß zur Bewertung eines Baustoffes es in erster Linie erforderlich ist, die diesem Stoffe spezifischen Eigenschaften zu ergründen. Infolgedessen ist es nötig, zunächst von den durch Äste bedingten Zufälligkeiten abzusehen; das schließt nicht aus, daß namentlich für besondere Zwecke astige Proben untersucht werden müssen. Große Biegeproben beispielsweise werden selten ohne Äste entnommen werden können, jedoch wird man auch dann darauf Bedacht nehmen, daß die Äste möglichst weit vom gefährlichen Querschnitt entfernt bleiben, sofern nicht gerade der Einfluß der Astigkeit festgestellt werden soll. Die Ergebnisse der Prüfungen astigen Holzes sind von der zufälligen Größe, Lage und Verteilung der Astknoten abhängig und bieten zu einer Schlußfolgerung auf das Verhalten eines Versuchsstückes oder Baugliedes mit anderer Anordnung der Äste nur geringe Möglichkeit.

Um sich bei den Festigkeitsversuchen von dem Einfluß der Zeit freizumachen, ist eine Laststeigerung von 20 kg/qcm in der Minute vorgeschrieben.

Dem Einfluß des Feuchtigkeitsgehaltes suchen die Vorschriften dadurch zu begegnen, daß sie lufttrockene Proben empfehlen und die Umrechnung auf einen Normalfeuchtigkeitsgehalt von 15 % ins Auge fassen. Leider ist die Beziehung zwischen Festigkeit und Feuchtigkeitsgehalt noch nicht derart geklärt, daß allgemein gültige Formeln an die Hand gegeben werden können. Am günstigsten liegen die Verhältnisse beim Druckversuch, der überhaupt die übereinstimmendsten Ergebnisse liefert. Indessen bedarf es auch hier nach den Untersuchungen von Janka[1]), der in außerordentlich zahlreichen Versuchen für Fichte und Lärche einen mathematischen Ausdruck zu finden bemüht war, für jede Holzart und innerhalb einer Holzart für jede Qualität einer besonderen Formel für die Beziehung zwischen Feuchtigkeitsgehalt und Druckfestigkeit. Diese Formel wäre also in den meisten Fällen erst neu zu ermitteln, bzw. es wäre nachzuprüfen, ob sich für jede Holzart eine allgemeine Formel für den Einfluß der Feuchtigkeit mit annehmbarer Fehlergröße finden läßt.

Zur Ermittelung der Druckfestigkeit werden Würfel (Probeformen s. Abb. 1) verwendet, und zwar, wenn die durchschnittliche Festigkeit von Stämmen bestimmt

---

[1]) Hadek und G. Janka, Die Fichte Südtirols, Wien 1900. G. Janka, Die Fichte von Nordtirol, vom Wienerwald und Erzgebirge, Wien 1904. Ders., Lärche aus dem Wienerwald usw., Wien 1913. Ders., Lärche aus Krain usw., Wien 1918.

werden soll, derart entnommene, daß der Halbmesser des Stammes eine Diagonale der Druckfläche bildet, oder bei Sonderuntersuchungen derart, daß zwei Seiten möglichst tangential zu den Holzringen laufen. Splint und Kern sind am besten getrennt zu untersuchen. Die Würfelform wählte man, um einen Vergleich mit anderen Baustoffen, die auch in Würfelform geprüft werden, zu ermöglichen. Einige Forscher verwenden auch Platten, die dann größere Druckfestigkeiten ergeben.

Will man elastische Eigenschaften ermitteln, so verwendet man Prismen mit quadratischer Grundfläche und einer Höhe gleich der dreifachen Querschnittskante; man mißt an ihnen die Verkürzungen für das mittlere Drittel des Körpers getrennt für Spiegel- und Wölbfläche mittels Feinmeßapparaten.

Die Prüfung erfolgt zwischen ebenen eisernen Druckplatten, von denen die obere mit Kugellagerung versehen ist, um ungleichmäßige Lastverteilung bei etwaiger geringer Neigung der oberen Probenfläche hintanzuhalten. Die Kraft läßt man in der Faserrichtung wirken, drückt also auf Hirnfläche. Von der Bestimmung der Druckfestigkeit quer zur Faser hat man Abstand genommen, wohl weil dieser Versuch keine charakteristische Wertziffer liefert. Die so beanspruchten Proben erleiden oberhalb einer meist nicht scharf ausgeprägten Belastung, die man analog dem Vorgang beim Druckversuch mit Metallen auch als Quetschgrenze bezeichnet, eine starke Zusammendrückung, ohne daß man vielfach anzugeben vermag, wann der Bruch beginnt. Indessen ist, zumal im Bauwesen, die Kenntnis der zulässigen Druckbeanspruchung quer zur Faser erforderlich, und der Mangel an Prüfungsergebnissen dieser Art wurde schon früher[1]) und gerade in neuester Zeit[2]) störend empfunden. Das Materialprüfungsamt Lichterfelde hat sich auf mehrfache Anfrage interessierter Kreise, leider vergeblich, zur systematischen Untersuchung des Verhaltens der wichtigsten Bauhölzer bei Querbelastung um die Bereitstellung öffentlicher Mittel zu einschlägigen Versuchen bemüht. Unter der großen Zahl von Holzuntersuchungen, die das Amt in privatem und öffentlichem Auftrag ausführen durfte, sind allerdings einige Versuchsreihen auf Druckfestigkeit quer zur Faser enthalten, auf die ich angesichts des Interesses, das dieser speziellen Frage geschenkt wird, in nächster Zeit a. O. zurückzukommen hoffe.

Der Druckversuch hat den Vorteil des geringen Materialbedarfes und reicht in vielen Fällen aus zur Beurteilung der Güte eines Holzes, zumal die verschiedenen Festigkeiten wenigstens für die lufttrockenen Proben in ziemlich bestimmten Beziehungen zueinander zu stehen scheinen[3]).

Der Biegeversuch wird ausgeführt an prismatischen Stäben mit quadratischem Querschnitt (s. Abb. 1), wobei die Proben nach den gleichen Grundsätzen entnommen werden wie die Druckwürfel. Die im Stamme radial gelegene Seite wird stets Zugseite; man vermeidet dadurch das allmählich fortschreitende Absplittern von Schichten und damit Unsicherheit der Bruchbestimmung. Die Kraft wirkt als Einzellast in der Mitte bei freier Auflagerung der Enden auf Rollen. Zwischen Druckstück der Maschine und Probe wird zur Verhütung örtlicher Verdrückungen ein Zwischenstück aus Hartholz von einer Länge $= {}^1/_{10}$ Stützweite eingeschaltet, aus demselben Grunde auch zwischen Probe und Auflagerrolle solche von einer Fläche = Stabquerschnitt. Gerechnet wird nach den bekannten Biegeformeln unter Annahme der Gültigkeit bis zum Bruch und unter Vernachlässigung der Verteilung der Kraft durch das Zwischenstück. Vielleicht liegt in der Unzulässigkeit des

[1]) Föppl, Die Druckfestigkeit des Holzes in der Richtung quer zur Faser. München 1904.

[2]) G. Lang, „Das Holz als Baustoff". Wiesbaden 1915. — Dr. Trauer, Druckversuche mit Holz, Eisenbau 1919, Nr. 7.

[3]) Mitteilungen aus dem Materialprüfungsamt zu Berlin-Lichterfelde, 1899. Rudeloff, Der heutige Stand der Holzuntersuchungen usw.

Rechnungsverfahrens der Grund dafür, daß die Ergebnisse der Biegeversuche in ihrer Beziehung zum Raumgewicht und Feuchtigkeitsgehalt sich nicht nach einer mathematischen Gesetzmäßigkeit einordnen lassen, wie es bei den Druckversuchen schon gelungen ist. Kurz vor dem Kriege hat ein japanischer Forscher Tanaka[1]) auf Grund seiner Versuche eine neue Biegeformel für Holz vorgeschlagen, deren Nachprüfung meines Wissens bisher nicht durchgeführt ist.

Zur Bestimmung der elastischen Eigenschaften und der Biegungsarbeit kann man die Durchbiegungen der neutralen Schicht auf verschiedene Weise ermitteln. Entweder man mißt die Relativbewegung der Probenmitte gegen die Auflager

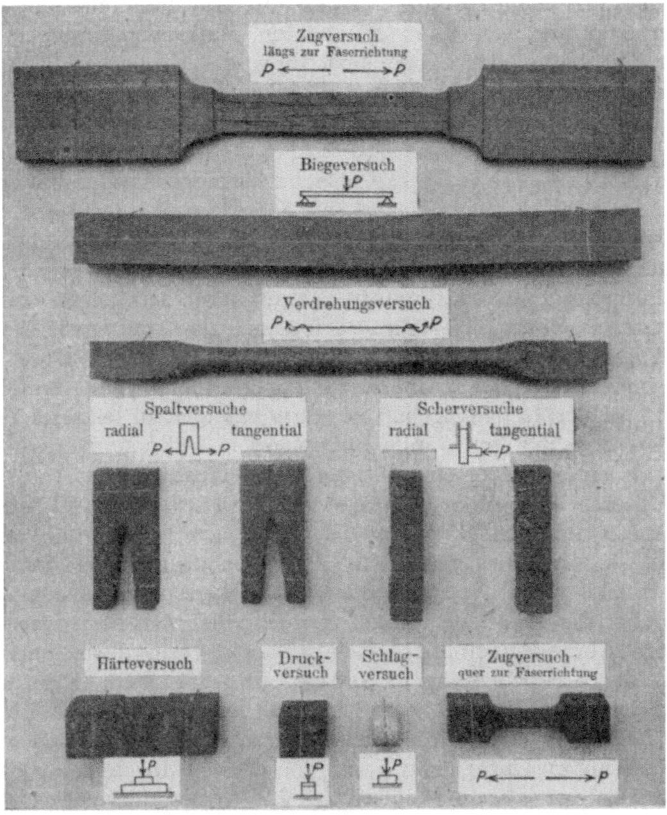

Abb. 1.

oder die absolute Bewegung der 3 Punkte. Durchbiegung und Biegungsarbeiten werden zur Ermöglichung des Vergleichs umgerechnet auf den sogenannten Normalbalken von 10×10 cm Querschnitt und 150 cm Stützweite.

Der Scherversuch wird an prismatischen Proben (s. Abb. 1) ausgeführt, und zwar einschnittig in Wölb- oder Spiegelfläche. Die Breite der Scherbacke soll höchstens 1 cm betragen, um vorzeitigen Bruch der Probe durch Biegungsspannung tunlichst zu vermeiden. Die Scherfestigkeit tangential zu den Jahresringen ist im allgemeinen etwas größer als in radialer Richtung.

Außer diesen 3 wichtigsten Versuchen wird in den „Vorschriften“ noch der Zug- und der Spaltversuch empfohlen.

---

[1]) Bending Test of Wood, by Fuji Tanaka, Assist. Prof. of Tokijo Imperial University.

Die **Zugfestigkeit** des Holzes in Faserrichtung wird an Flachstäben ermittelt, deren Seiten genau in der Richtung der Holzfasern liegen müssen. Schwierigkeiten bereitet häufig die Einspannung, da die oft beträchtlichen Zugkräfte, die Holz in Faserrichtung aufnehmen kann, an den Köpfen durch die meist nur geringe Schubfestigkeit aufgenommen werden müssen. Im Amt verwendet man mit Vorteil die abgeänderte Bauschingersche Stabform (s. Abb. 1) mit der Einspannung von Martens, in der die Stabköpfe zur Erhöhung der Schubfestigkeit fest zusammengedrückt werden.

Zur Bestimmung der **Spaltfestigkeit** verwendet man die von Nördlinger stammende, an eine Wäscheklammer erinnernde Form der Probe (s. Abb. 1). Die Kraft greift senkrecht zur Länge in den Kerben an. Da man nur die Bruchlasten ermitteln kann, während sich die auftretenden Materialspannungen der Rechnung entziehen, so müssen bei der Probenherstellung die vorgeschriebenen Abmessungen genau innegehalten werden. Wie beim Scherversuch prüft man Wölb- und Spiegelfläche und findet auch wieder im allgemeinen größeren Widerstand gegen Trennung in den Tangentialebenen.

Der **Feuchtigkeitsgehalt** der Versuchsstücke wird zweckmäßig an den ganzen Proben, oder wenn diese zu groß sind, an Scheiben aus der Nähe der Bruchstelle ermittelt. Das Trocknen erfolgt bei 95 bis 98° C, die wiederholten Wägungen nach Abkühlung im Exsikkator.

Die Bestimmung des **Raumgewichtes** kann durch Ausmessen sauber bearbeiteter Stücke oder mittels Eintauchverfahren erfolgen. Im Amt wird die erste Methode vorgezogen, zumal die fast zu allen Untersuchungen nötigen Druckwürfel die Anfertigung besonderer Probekörper überflüssig machen. Die Beziehung zwischen Raumgewicht und Feuchtigkeitsgehalt ist schon häufiger, in letzterer Zeit in größerem Umfang in den Arbeiten von Janka untersucht (s. Fußnote Seite 27), jedoch fehlt es auch hier an einem allgemein gültigen Formelausdruck.

Bei der Untersuchung über das **Schwind- und Quellvermögen** kann auch das Eintauchverfahren angewendet werden, das dann nur über die Volumenänderung Aufschluß gibt; besser ist es, nach den 3 Hauptrichtungen des Stammes bearbeitete prismatische Stücke beim Trocknen oder Wasserlagern zu wiegen und zu messen. Lästig sind dabei die nicht immer zu vermeidenden Risse; jedoch kann man bei Wahl kleinerer Abmessungen diese Gefahr stark vermindern und durch feinere Meßverfahren den Genauigkeitsgrad auf der erforderlichen Höhe halten. Andere Forscher bestimmen an Platten, die Sektoren des Baumquerschnittes entsprechen, die Flächenschwindung durch Inhaltserhebungen eines aufgerissenen Dreiecks.

Die vorgenannten Untersuchungsarten[1]) werden in den Vorschriften für die Prüfung einer Holzart als ausreichend erachtet. Besondere Ansprüche und Verwendungszwecke können indessen noch andere Eigenschaften als wichtig erscheinen lassen. So dürften im Baugewerbe, im Flugzeugbau die Kenntnis der Knickfestigkeit von Holz oft der Ergänzung durch Versuche bedürfen, über deren Ausführung wohl nichts Besonderes hervorzuheben sein dürfte. Von bestimmendem Einfluß ist natürlich die zufällige Lage der Astknoten.

Eine weitere, für technische Verwendung des Holzes wichtige Eigenschaft, für deren Erprobung noch keine allgemein anerkannte Normen bestehen, ist die **Härte**.

Dem Internationalen Verband ist von Janka[2]) ein von ihm in Anlehnung an Brinell ausgebildetes Kugeleindruckverfahren zur Aufnahme in die Prüfungsvor-

---

[1]) Über die Durchführung der Festigkeitsversuche s. Gewerbl. Materialkunde, I. Band: Die Hölzer, S. 368ff. **Stamer**, Die üblichen Prüfungsmethoden.

[2]) Mitteilungen des Internat. Verbandes 1912: **Janka**, Härteprüfung des Holzes mittels Kugeldruckverfahrens. Vgl. ferner: **Janka**, Die Härte des Holzes. Wien 1906.

schriften vorgelegt worden. Eine Entscheidung hat noch nicht gefällt werden können; zudem ist es zweifelhaft, ob der Verband seine Tätigkeit wieder aufnehmen wird. Eine Kugel von 5,642 mm Halbmesser, die zur Hälfte aus einem ebenen Druckstück herausragt, wird bis zum Äquator in die gut behobelte Hirnfläche eingedrückt und die dazu erforderliche Kraft an der Prüfmaschine abgelesen. Diese Kraft in kg gibt unmittelbar die Härte in kg/qcm, da die Projektion der Druckfläche = 1 qcm ist.

Nach dieser Methode hat Janka eine überaus umfangreiche Untersuchung[1]) an nicht weniger als 286 Holzarten durchgeführt und 1915 veröffentlicht. Diese Arbeit ist noch in anderer Hinsicht für den Holzfachmann von bedeutendem Wert, als außer der Härte an fast allen Holzsorten die zur Beurteilung ihrer Güte wichtigen Daten, wie Druckfestigkeit, Raumgewicht (trocken und lufttrocken) und Schwindungsvermögen gleichzeitig ermittelt und in übersichtlicher Weise in ihrer Beziehung zueinander dargestellt sind.

Faßt man die Ergebnisse aller von Janka ausgeführten Härteversuche zusammen, so findet man die Härte H etwa ausgedrückt durch die Beziehung $H = \sim 2D - 500$, wobei D die Druckfestigkeit bedeutet.

Freilich kommt die Wirkung der eindringenden Kugel keiner der in mannigfaltigerweise angreifenden Holzbearbeitungswerkzeuge gleich. Dieser Umstand wird aber von Janka direkt als ein Vorteil seines Verfahrens hervorgehoben, weil er damit gleichsam eine neutrale Härte ermittelt.

Angesichts der bisher gewonnenen Erfahrungen läßt sich gegen die Methode von Janka nichts einwenden. Nur in einem Punkte scheint mir eine kleine Abänderung erwägenswert zu sein. Es ist nämlich nicht ersichtlich, weshalb man, wenn das Brinellverfahren auch in die Holzprüfung Eingang finden soll, ohne zwingenden Grund in einem recht wesentlichen Punkte von ihm abweicht. Brinell selbst gibt an, daß der Zentriwinkel des eingedrückten Kugelteils 90 Grad nicht übersteigen soll. Zwar erläutert er die Gründe für diese Beschränkung, außer einem die Auswertung betreffenden, nicht näher; einer von ihnen ist aber sicherlich der gewesen, der auch Janka das Ludwiksche Kugeldruckverfahren für Holz ablehnen läßt, nämlich, daß die Oberfläche des eindringenden Körpers das Material, bei Nadelholz beispielsweise die harten Spätholzmäntel, zur Seite schiebt. Das wird natürlich die Kugel, wenn sie zu tief eindringt, auch tun, und man kann sich davon auch leicht durch einen Schnitt durch die Eindruckstelle überzeugen. Man würde also m. E. mit Rücksicht hierauf besser eine größere Kugel nur bis zu einem Zentriwinkel von 90 Grad eindrücken. Wahrscheinlich würde man dann auch das leidige Aufplatzen harter Proben vermeiden, das eine Folge dieses Seitenschubes ist.

Einige sehr selten vorkommende Prüfungsarten, nämlich auf Drehfestigkeit und auf Zugfestigkeit quer zur Faser, will ich nur der Vollständigkeit halber erwähnen. Die im Amt mit Vorteil verwendete Probenform für diese Festigkeitsprüfungen ist aus Abb. 1 ersichtlich; über die Ausführung ist besonderes nicht zu vermerken.

Man käme zu einer außerordentlichen Vereinfachung des Prüfungsverfahrens für Holz und damit zu einer begrüßenswerten Ersparnis an Probenmaterialaufwand, wenn es gelingen sollte, für die einzelnen Festigkeitswerte für die verschiedenen Beanspruchungen bestimmte feste Verhältniszahlen zu finden. Die ältesten mir bekannten Untersuchungen in dieser Richtung von Bauschinger, Tetmajer und Wijkander[2]) kamen bereits für lufttrockenes Holz zu einem Ergebnis, das zu den

[1]) Die Härte der Hölzer von Dr. G. Janka. Wien 1915.

[2]) Rudeloff, Untersuchung über die Eignung von Holz und Eisen zu Eisenbahnschwellen. Verein z. Bef. d. Gewerbfleißes 1912, S. 381 ff.

besten Hoffnungen berechtigen konnte. Neuerdings hofft Janka von der Kugeldruckprobe die Zulässigkeit einer Schlußfolgerung auf andere wichtige Festigkeitszahlen. Indessen mahnen die doch recht häufigen Abweichungen von den aufgestellten wechselseitigen Beziehungen zu einiger Vorsicht. Wenn schon das Bestreben, an dem homogenen Flußeisen gewisse Festigkeitsermittelungen durch eine einzige Feststellung, nämlich die Brinellprobe, überflüssig zu machen, noch ziemlich mangelhafte Ergebnisse gezeitigt hat, so dürfte m. E. vorläufig keine zu große Hoffnung bei dem in seinem Aufbau so vielen Zufälligkeiten unterworfenen Baustoff Holz am Platze sein.

Ein anderes Kriterium, das als Anhaltspunkt für die bautechnische Einschätzung einer Holzart geeignet sein soll, ist der sogenannte relative Qualitätskoeffizient, d. i. Druckfestigkeit durch Raumgewicht (beides bei 15 % Feuchtigkeit). Die Hineinbeziehung des Raumgewichts mag im Interesse der Gewichts- und damit der Materialersparnis namentlich unter den gegenwärtigen Zeitverhältnissen am Platze sein. Gegen die Bewertung durch diesen Koeffizienten wird der Einwand erhoben, daß er die für bautechnische Zwecke wichtigen Eigenschaften der Dauerhaftigkeit außer acht läßt, für deren schnelle Erprobung es allerdings noch an geeigneten Verfahren mangelt. Aber abgesehen von diesem Einwand dürfte der Koeffizient für gleiche Holzart, aber verschiedenen Herkommens (und das wird einer der häufigen Fälle sein, wo man zu einem schnellen Urteil kommen möchte) oft nicht in genügend weiten Grenzen differieren, um einen sicheren Schluß zuzulassen. Findet man nur Unterschiede von einigen Prozent, so dürfte es mit Rücksicht auf die bei Holz unvermeidlichen Schwankungen der Einzelwerte kaum aussichtsreich erscheinen, daraufhin eine Überlegenheit des einen Wuchsgebietes folgern zu können. Mathematisch entspricht der relative Qualitätskoeffizient etwa der Reißlänge, die im Materialprüfungswesen bei Treibriemen, Seilen und anderen Gebilden, deren Querschnitt schwer bestimmbar, als ein anschauliches Gütemerkmal im Gebrauch ist.

Aus dieser kurzen Übersicht über die üblichen Prüfungsmethoden für Holz dürfte hervorgehen, daß immerhin noch manche Fragen der Lösung harren. Daß bei den mannigfachen Eigenarten der Materie die Entwicklung langsam fortschreitet, ist nicht verwunderlich. Nach den Erfolgen, die bisher zu verzeichnen sind, und der intensiven systematischen Arbeit, die an einigen Stellen geleistet wird, darf man hoffen, daß die Erkenntnis bald weitere erhebliche Fortschritte wird aufweisen können. Dann wird auch der Holzbauindustrie durch Aufstellung verläßlicher Festigkeitsdaten die Möglichkeit noch besser als bisher gegeben werden können, sichere Grundlagen für den Entwurf und die Berechnung ihrer Bauwerke zu erhalten.

IV. Das Feuerschutzmittel beim Holzbau.

Von

Dr. Plönnis, Berlin-Wilmersdorf.

Redner bemerkt einleitend, daß er nur diejenigen Feuerschutzmittel zu besprechen beabsichtige, welche direkt auf das Holz bzw. die schützenden Stellen aufgetragen werden, nicht aber den Schutz durch Asbest oder durch Ummantelung.

Für diese Anstrichmittel kommt fast ausschließlich zur Verwendung: das Wasserglas, eine Verbindung von Kieselsäure mit einem Alkali, Kali oder Natron. Der wesentliche Bestandteil dieser Verbindung, die vor 100 Jahren (1818) von Prof. Fuchs in München erfunden wurde, ist die Kieselsäure (Silizium), daher der Name Silikat (Silikatfarben). Die Herstellungsweise ist eine sehr einfache. Das Rohmaterial, Kieselgur (Infusorien-Erde) und Natron bzw. Kalisalze sind in Deutschland in unbeschränkten Mengen vorhanden.

Wasserglas, wie es im Handel vorkommt, ist eine sirupdicke, fast farblose Flüssigkeit, welche beim Trocknen glasartig erhärtet, in feuchter Luft aber schnell zersetzt wird. Die Kohlensäure der Luft verbindet sich mit dem Alkali, wobei die Kieselsäure ausgeschieden wird; dadurch erklärt sich, daß die Wasserglasanstriche im Freien, wenigstens auf Holz, nur von sehr kurzer Wirkung sind. Größer wird die Widerstandsfähigkeit, wenn Wasserglas mit gewissen Farben gemischt wird. Dies kann aber nur bei starker Verdünnung des Wasserglases geschehen, in der Regel zwei Teile Wasser zu einem Teil Wasserglas, und auch dann bleibt die Mischung nur einige Stunden streichfertig. Sie wird hart und ist nicht mehr zu gebrauchen.

Das von Dr. Plönnis erfundene und nach einem durch Reichspatent geschützten Verfahren hergestellte Bindemittel Universal-Fix (U-Fix) enthält reines Wasserglas ohne jeden Wasserzusatz. Es ist eine bis dahin unbekannte Modifikation der Kieselsäure mit Alkalien, welche, mit verschiedenen Mineralen und trocknen Farben gemischt, eine in geschlossenen Gefäßen sehr lange, haltbare streichfertige Farbe bildet. Durch die Kohlensäure der Luft wird dieser Anstrich ebensowenig zersetzt, wie durch Feuchtigkeit. Nach dem Trocknen ist der Anstrich so wasserfest, daß er durch Waschen selbst mit heißem Wasser nicht entfernt werden kann. Dabei dringt dieses neue Wasserglas auch im unverdünnten Zustande tiefer in die Poren des Holzes ein und wird auch auf Metallen so fest, daß der Anstrich nur durch Gewalt entfernt werden kann. Die Farbe (Steinfarbe genannt) haftet auf allen Gegenständen, soweit sie nicht vorher mit Öl- oder Leimfarbe gestrichen waren; selbst auf frischem Kalkputz und Zement wird die Steinfarbe fest und verändert sich nicht, wie sie überhaupt eine Veränderung im Farbenton nicht erfährt, da sie durch atmosphärische Einflüsse nicht zersetzt werden kann. Zu bemerken ist schließlich noch, daß diese Farbe eine besondere Eignung für den Anstrich von Lehmbauten besitzt und den Lehm härtet.

Das U-Fix wird weiter verwendet zur Herstellung einer zementartigen Verbindung, dem U-Fix-Sandzement. 20% U-Fix mit 80% feinem Sand geben ein Gemenge, welches leicht auf Holz, auch auf Eisen, Lehm usw. aufgetragen werden kann und nach dem Trocknen so fest sitzt, daß es nur mit Gewalt von der Unterlage losgeschlagen werden kann. Dieser neue U-Fix-Sandzement bildet einen absoluten Schutz gegen die Entflammbarkeit des Holzes; selbst beim Aufgießen und Entzünden von Petroleum, Benzin usw. findet ein Entflammen des Holzes nicht statt und ein oberflächliches Verkohlen erfolgt nur im Bereich der direkten Flammeneinwirkung. Dabei wird dieser Zement durch atmosphärische Einflüsse ebensowenig verändert wie die vorher genannte Steinfarbe.

Beim Fachwerkbau kann der U-Fix-Sandzement auch zum Verputzen des Holzes verwendet werden, um eine einförmige Fläche zu erzielen.

Auch als Fußbodenbelag dürfte der U-Fix-Sandzement überall dort Verwendung finden, wo man die Bretter vor zu starker Abnutzung schützen will. Er hat den Vorzug, daß er sehr leicht ausgebessert werden kann, wenn durch das Arbeiten des Holzes sich Risse gebildet haben sollten.

Durch Zusatz von Holzmehl zu diesem Sandzement wird der Belag einen weniger mauerhaften Eindruck machen. Fußboden- und Wandbelag (ebenfalls durch D. R. P. geschützt) kann in allen Farben hergestellt werden.

V. Aus der Entwicklung des Holzbaues für größere Dach- und Ingenieur-Konstruktionen.

Von

Regierungsbaumeister Franz Geißler.

Das Holz ist in früheren Jahrhunderten nicht nur in viel weiterem Umfange als heute zum Hochbau herangezogen worden, sondern ist auch der eigentliche historische Baustoff für alle Ingenieurkonstruktionen gewesen. Es bedienten sich seiner nicht nur der Architekt für weite Hallen, Dächer und Decken, sondern auch der Ingenieur für Brückenbauten; ja auch für Maschinen wurde das Holz verwendet, und zwar hier nicht nur für Unterbauten und Tragwerke, sondern selbst für die Wellen, Zahnräder und andere bewegliche Teile.

Wenn wir so alte Handbücher der Zimmerkunst aus dem 18. Jahrhundert durchblättern, finden wir meistens gerade diesen Anwendungsgebieten des Holzes ganz erhebliche Teile gewidmet, und die verschiedenen „Zimmerkünste" der älteren Zeiten bilden auch für den Historiker des Maschinenbaues eine recht wertvolle Fundgrube.

Es soll im folgenden von den geschichtlichen Anwendungsgebieten des Holzes lediglich einiges Bemerkenswerte aus seiner Anwendung für Dächer und weit gespannte Ingenieurbauten betrachtet werden. Was zunächst die Grundlagen der älteren Tragwerke anbelangt, so beruhen sie meistens auf einem einfachen Aneinanderlehnen der Hölzer, ähnlich dem Grundgedanken des einfachen Kartenhauses. Das Abgleiten der Hölzer an ihren Berührungspunkten wird dann durch eine mehr oder weniger gute Verbindung verhindert, und später zur weiteren Sicherung ein horizontales Verbindungsholz zwischen die geneigten Hölzer eingeführt. Dieser einfachste Grundgedanke, der des Kehlbalkendaches, hatte Jahrhunderte lang fast ausschließlich die Vorherrschaft.

Es ist derselbe Grundgedanke, der auch noch in den beliebten liegenden Stuhlkonstruktionen der Barockzeit geltend war. Es wurden dann in der mittelalterlichen Zimmerkunst die mannigfaltigsten Versuche der Abstrebung des Gespärres gemacht. Schwerstreben, Fußstreben, entweder senkrecht oder nach außen geneigt, sowie einfache senkrechte und wagerechte Ausriegelungen wechseln miteinander ab. Die beigegebenen Abbildungen 1 bis 9 zeigen eine Auswahl dieser mittelalterlichen Dachformen[1]). Bezeichnend ist, daß bei den älteren die Konstruktion in jedem einzelnen Gespärre wiederholt wurde, während erst in der Renaissance-Zeit die

---

[1]) Aus Moller, Beiträge zu der Lehre von den Construktionen, 1844.

Einführung von Pfetten und Rahmenhölzern und die Trennung der Binder und Leergespärre allgemein wurde. Es beginnt die Zeit der eigentlichen Dachstühle. Die einzelnen Stuhlformen werden zeitlich und örtlich verschieden bevorzugt, doch überwiegt der liegende Stuhl, der im Barock zu allgemeiner Herrschaft gelangt ist. Der vorerwähnte Grundgedanke des Absprengens wurde dann seit der Renaissance-Zeit durch das Barock hindurch zu einem Ausgangspunkt für eine neue großzügige Entwicklung. Abb. 10[1]) zeigt den Einzelbinder eines barocken Kuppeldaches, der

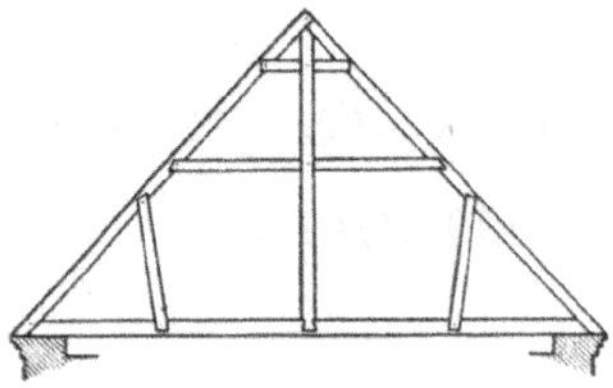

Abb. 1. Castorkirche zu Coblenz (1100—1200).

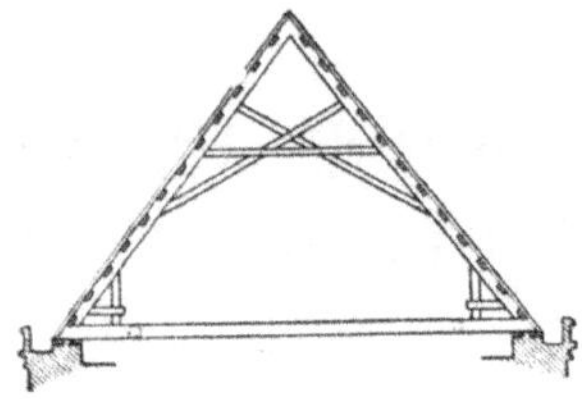

Abb. 2. Dom zu Canterbury (1300—1400).

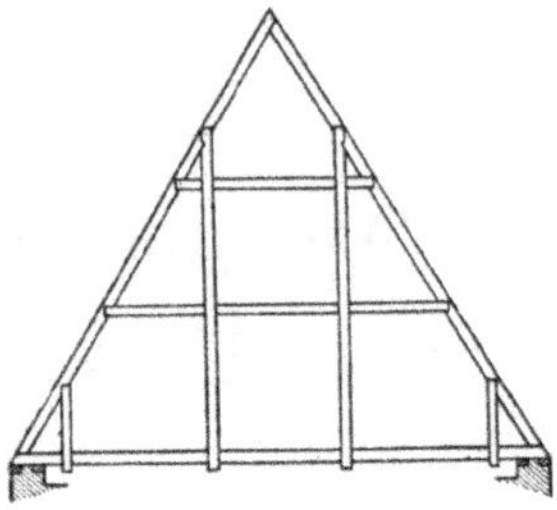

Abb. 3. Stephanskirche zu Mainz (1400—1500).

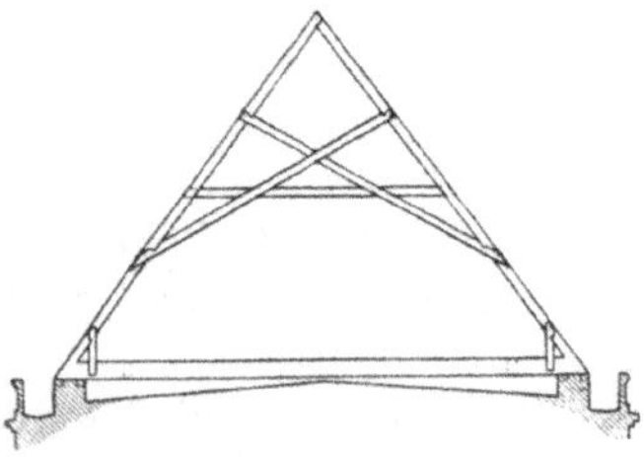

Abb. 4. Münster zu Freiburg (1250—1370).

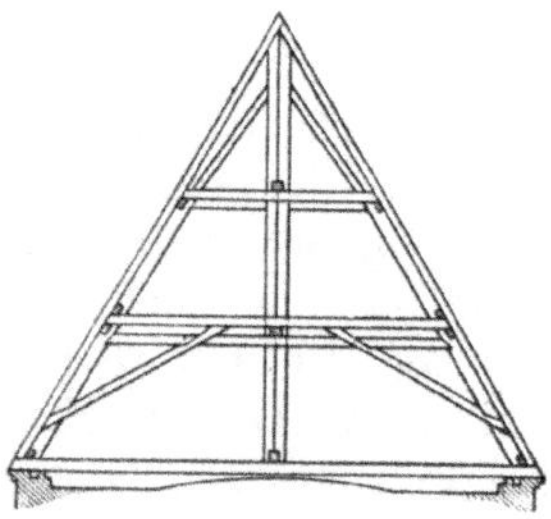

Abb. 5. Jesuitenkirche zu Coblenz (1400—1500).

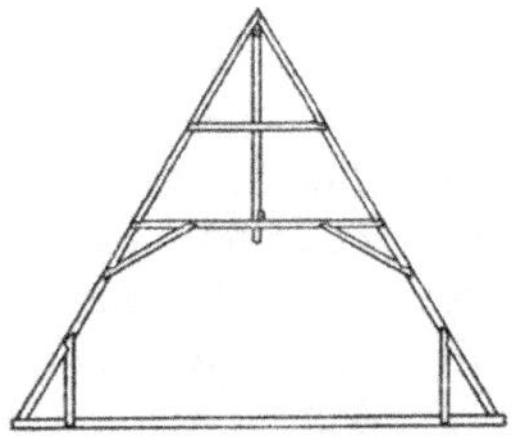

Abb. 6. Kirche der Reformierten zu Marburg (1400—1500).

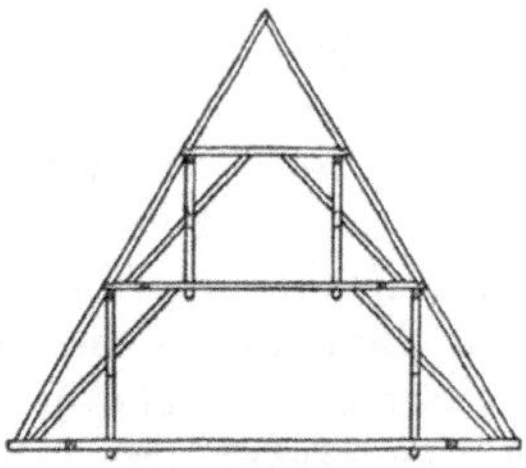

Abb. 7. Hauptkirche zu Bingen a. Rh. (1300—1400).

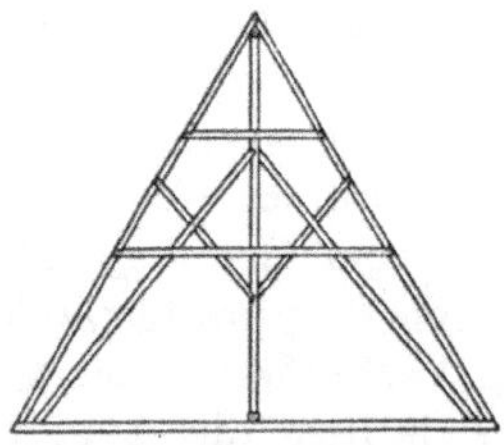

Abb. 8. Hauptkirche zu Bingen a. Rh. (1300—1400).

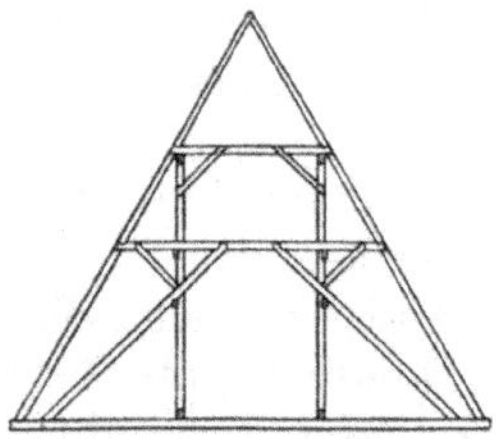

Abb. 9. Schloßkirche zu Meisenheim (1400—1500).

nach diesem Grundgedanken gebaut und bei dem bereits die steife Ecke des liegenden Stuhles durch Verstrebungen zu einer Versteifung der gesamten Binderhälfte ausgedehnt ist. Die gleiche Absicht, wie die in Abb. 10 gezeigte Form, hatte im Grundgedanken bereits Philibert de l'Orme bei seinen Bohlenbindern. Der de l'Ormesche Bogen bestand bekanntlich aus mehreren Lagen aufrecht stehender, nach der Schablone bogenförmig geschnittener Bohlen, die unter sich durch Nagelung verbunden und abwechselnd gestoßen waren, und so einen die Biegungs-

[1]) Aus Caspar Walter, „Zimmerkunst", 1769.

steifigkeit anstrebenden, aber doch nur unvollkommen erreichenden Bogen bildeten. Ein Bild der Verwendung solcher de l'Ormescher Bogen aus späterer Zeit zeigt Abb. 11[1]). Die de l'Ormeschen Bogen bildeten, nachdem sie zunächst im wesentlichen ihrer Anpassungsfähigkeit an gewünschte Architekturformen wegen verbreitet worden waren, einen Gegenstand lebhafter Aussprachen vor etwa 100 Jahren, als nach Beendigung des Siebenjährigen Krieges und der Napoleonischen Kriege eine starke Bewegung zur Ersparnis von Baustoffen einsetzte. Diese Bewegung, die übri-

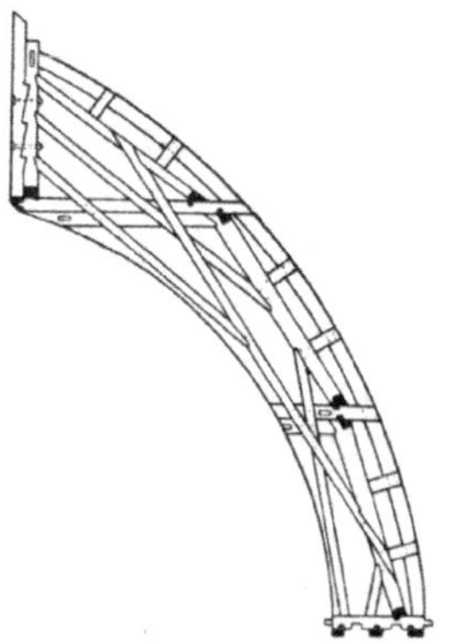

Abb. 10.

gens mit unseren jetzigen Bestrebungen außerordentlich viel Ähnlichkeit hat, zielte zumeist auf eine sparsamere Verwendung des Holzes ab. Es wurden damals die verschiedensten Vorschläge auf Verminderung der Holzabmessungen bei Fachwerken, auf Einschränkung des Eichenholzverbrauchs für Bauhölzer usw. gemacht, und unter anderem wurden auch Erwägungen über die billigsten und am meisten Holz sparenden Dachformen und Dachstuhlausbildungen angestellt. Gilly, Böttcher in Göttingen, Hesse, etwas älter als diese

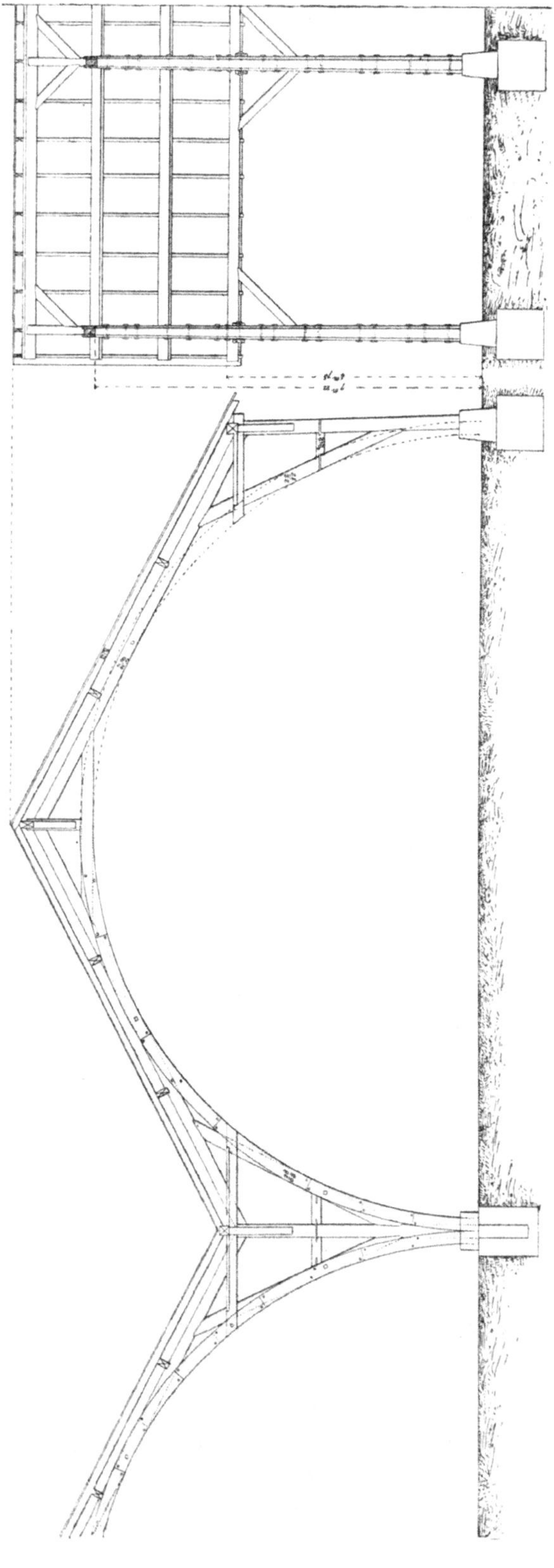

Abb. 11. De l'Ormescher Hallenbinder, 15 m Spannweite (1835).

[1]) Aus Krafft-Thiollet, Traité de l'art de la charpente, Paris, 1840.

beiden, und noch andere haben sich damals literarisch mit diesen Fragen beschäftigt. Um einzelnes hervorzuheben, wurde in diesem Zusammenhange als holzsparend gegenüber den bisher üblichen liegenden Stühlen der stehende Stuhl empfohlen, wozu Böttcher die Begründung gibt, es sei doch offenbar, daß das Abstützen eines Punktes durch eine gerade Stütze weniger Holz bedürfe als durch eine schräge. Damals wurde von verschiedener Seite, insbesondere von Gilly, der de l'Ormesche Bogen für landwirtschaftliche Bauten, für Scheunen, Brauereien, Speicher u. dgl. empfohlen. Bemerkenswert ist es, wie Böttcher in seiner Schrift über Holzersparnisse beim Bauen erst mit Begeisterung diese Tragwerke, von der er ein Modell bekommen hatte, empfiehlt, und dann nach einigen Jahren, nachdem er mehrere Dächer in dieser Bauart durchkalkuliert hatte, und ihm an anderer Stelle Erfahrungen über die angebliche Unbeständigkeit und Schwierigkeit der Ausbesserung vorlagen, sie wieder verwirft. Die Frage interessiert besonders deswegen, weil sie auch in neuerer Zeit wieder angeschnitten wurde gelegentlich des ostpreußischen Wiederaufbaues, und weil unstreitig das de l'Ormesche Dach den Vorteil guter Ausnutzung des Dachraumes bietet. Ein großer Nachteil des de l'Ormeschen Bogens beruht aber darauf, daß er bei der ziemlich großen Stärke des Bogens verhältnismäßig breite Bohlen erfordert. Dabei ist zu berücksichtigen, daß diese Bohlen ja nach dem Profil des Bogens geschnitten werden müssen, und dadurch die zum Schneiden der Bohlen erforderlichen Stämme recht stark werden. In dieser Hinsicht machte man vor hundert Jahren eine ganze Reihe der merkwürdigsten Versuche. Man wollte nämlich den Holzverschnitt verringern, und suchte daher mit künstlichen Vorrichtungen die Stämme vor dem Schneiden zu biegen. So finden wir in alten Darstellungen des Zimmerhandwerks, ich verweise unter anderem auf Hassenfratz „Traité de l'art du charpentier“ (aber auch Emy's „Traité de l'art de la charpenterie“, sowie eine ganze Reihe zeitgenössischer Werke enthalten ähnliches), wo die merkwürdigsten Vorrichtungen und Verfahren beschrieben werden, wie die Stämme teilweise vor dem Fällen, in grünem Zustande, teilweise nach dem Fällen mit Flaschenzügen, Lehrbogen, über Widerlagsböcke usw. gebogen werden. Das Holz besitzt ja bekanntlich die Fähigkeit, daß es sich verbiegen läßt, ohne seine Tragfähig-

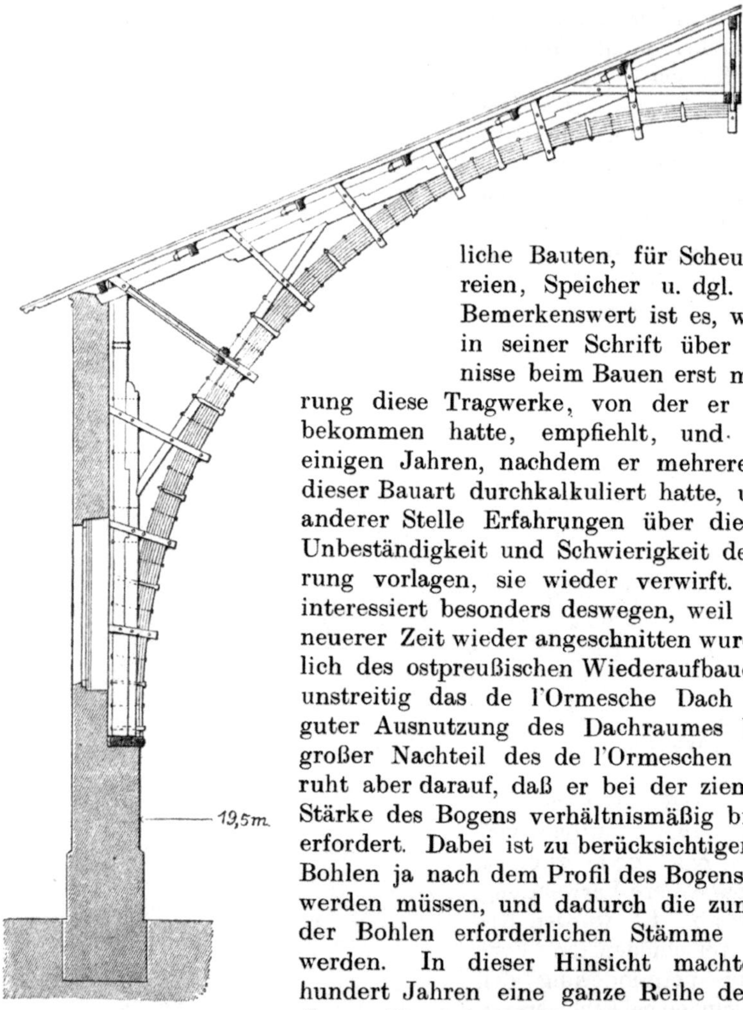

Abb. 12.

keit zu verlieren. Von diesen Verbiegungen der Hölzer ist damals ausgedehnt Gebrauch gemacht worden. Die gebogenen Stämme wurden dann mit der Säge in Bohlen geschnitten, wodurch immerhin gegenüber der alten Art, die Bohlen nach der Schablone zu schneiden, sich eine Holzersparnis ergab. Gegenüber diesem ziemlich umständlichen Verfahren brachte dann um 1830 Emy eine grundlegende Neuerung, indem er bei seinen Bohlenbögen die Bohlen nicht mehr hochkant stellte, sondern flach übereinander legte. Diese Bohlen waren erheblich leichter zu biegen, und Emy hat mit seinen Bogentragwerken große Spannweiten überbrückt und bekanntlich außerordentliches Aufsehen erregt. Abb. 12 zeigt einen ausgeführten Hallenbau von Emy [1]), Abb. 13 den Aufbau eines Emyschen Bogens

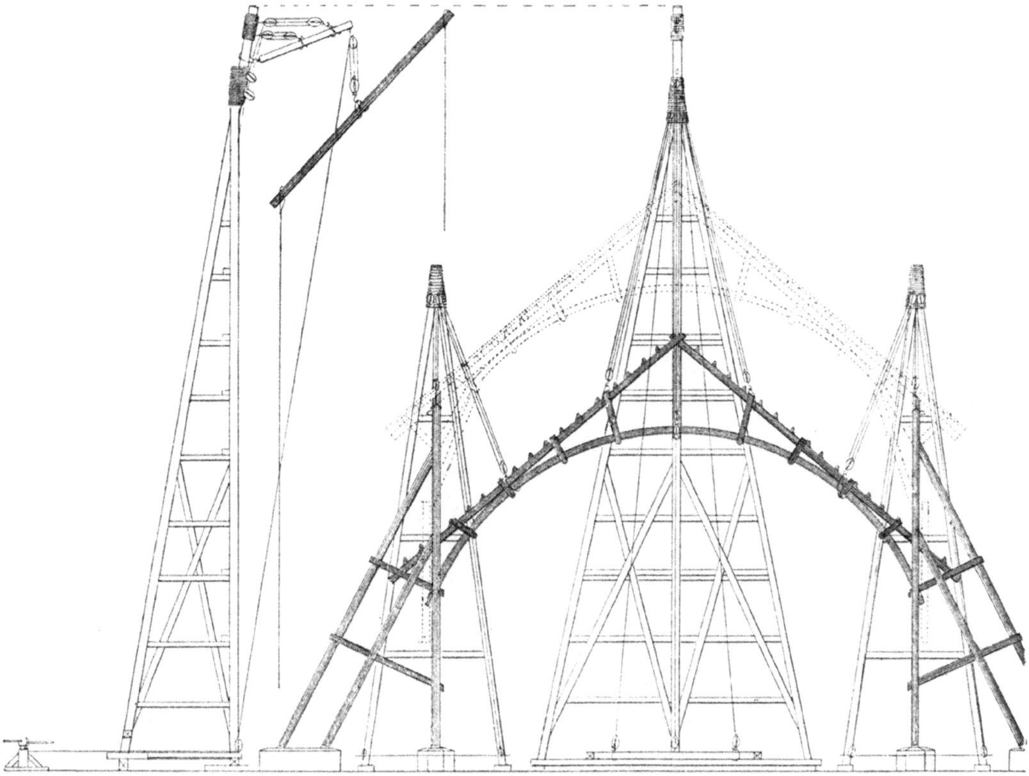

Abb. 13. Bau einer Hellinghalle in Rochefort (1821).

mit Hilfe von großen Hebebäumen [2]), und Abb. 14 zeigt mehrere Entwürfe Emys für große Hallen, darunter der rechte von den beiden Bogen für eine Spannweite von 100 m berechnet [3]). Die Emyschen Binderformen wurden allenthalben um ihrer Leichtigkeit willen angestaunt, teilweise aber auch angefeindet, und zwar sagte man ihnen nach (was auch Emy selbst erkannte), daß diese Bogen starken „Schwingungen" ausgesetzt wären. Diese Schwingungen, also eine starke elastische Nachgiebigkeit bei wechselnden Belastungen, bei Wind usw., beruhen auf der geringen Biegungsfestigkeit des Bogenquerschnittes, und Emy versuchte, ohne jedoch theoretisch diesen

[1]) Aus Émy, Description d'un nouveau système d'arcs, 1828.
[2]) Aus Krafft-Thiollet, Traité de l'art de la charpente, Paris, 1840.
[3]) Aus Émy, Traité de l'art de la Charpenterie, Paris, 1841.

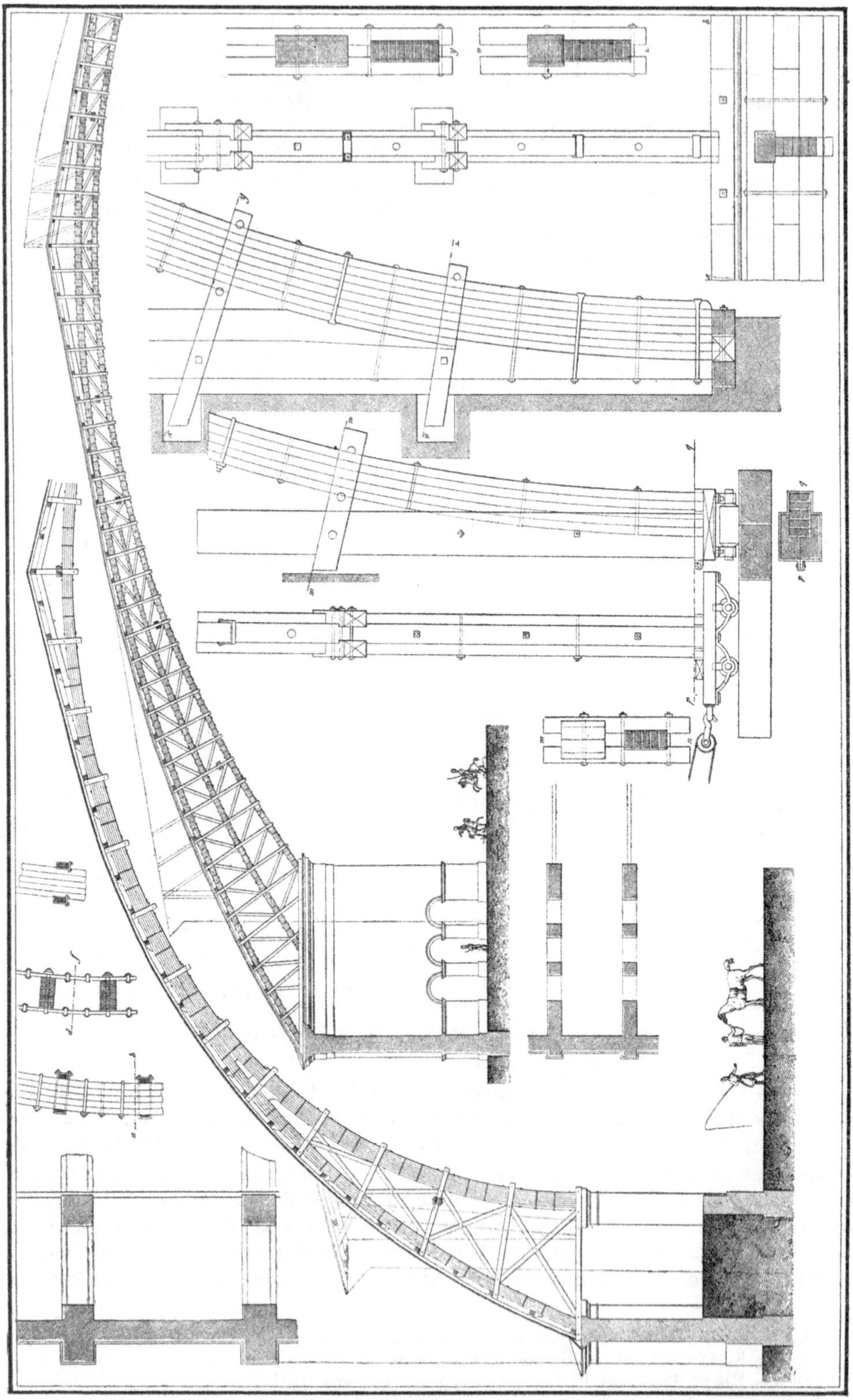

Abb. 14.

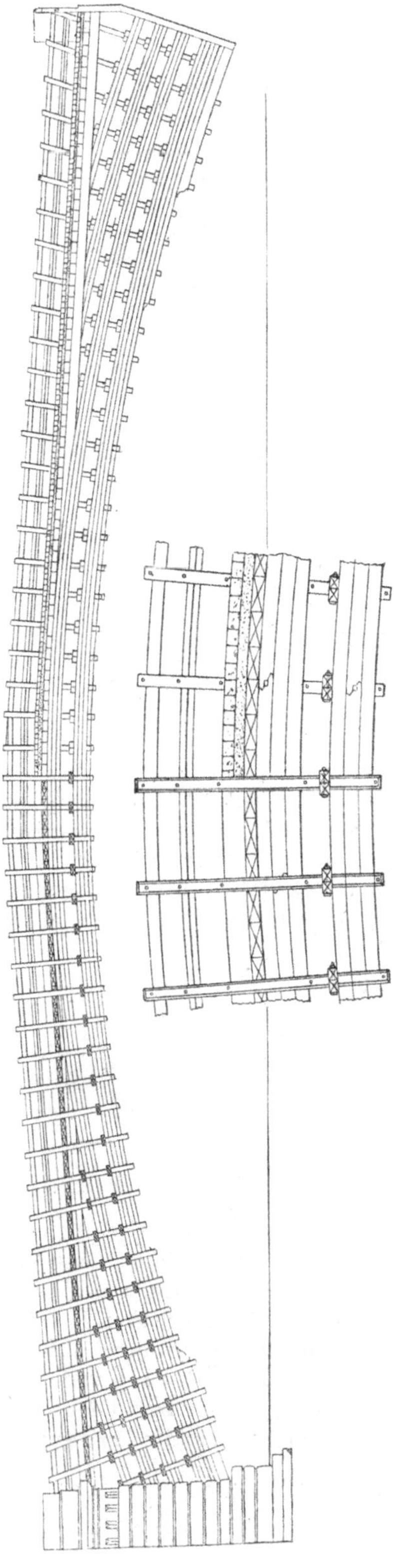

Abb. 15.

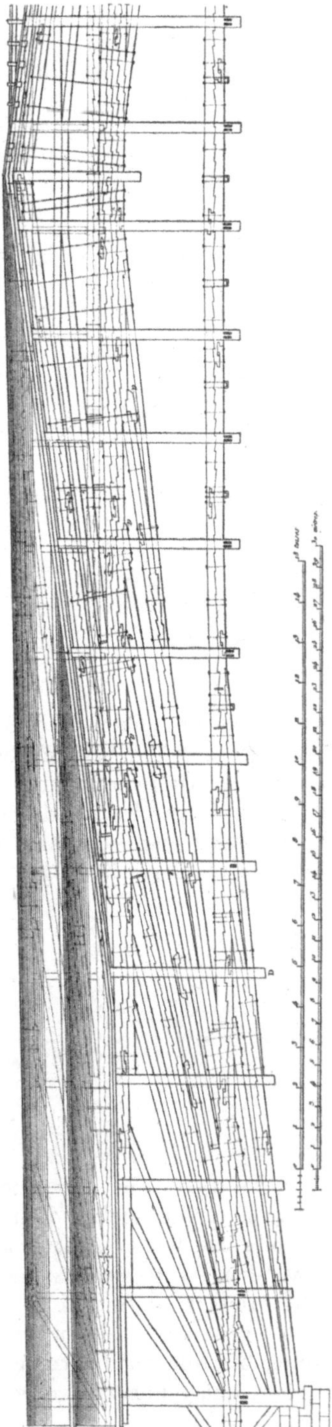

Abb. 16.

Grund mit der nötigen Klarheit zu erkennen, seinem Bogen mehr Festigkeit zu geben. Die beiden Entwürfe in Abb. 14 zeigen solche Versuche, indem bei dem linken der Bogen auf jeder Seite etwa im untersten Viertel in zwei Teile zerlegt, der innere Teil als Korbbogen ziemlich steil herunter geführt ist, der äußere den Bogen im Scheitel verlängert und beide durch ein Netzwerk von Streben und Riegeln miteinander verbunden sind. Auf diese Art ist ein breiter, fester Fuß gebildet, durch den neben einer gewissen Einspannung des Bogens in seinem unteren Teile

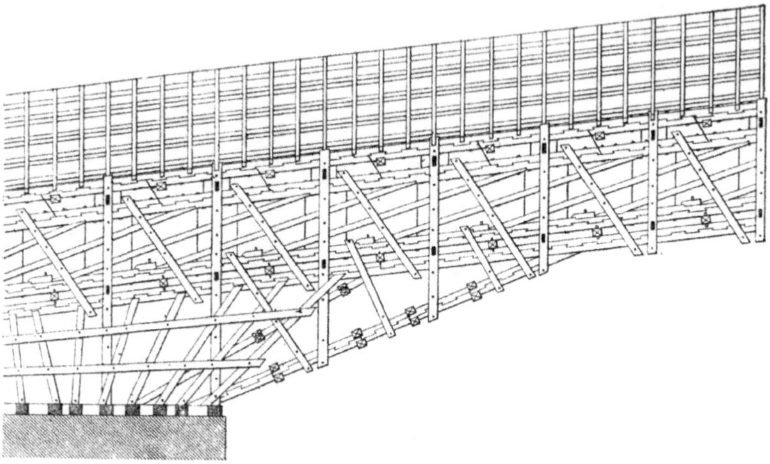

Abb. 17.

auch erhebliche Steifigkeit und Biegungsfestigkeit erreicht wird. Bei dem anderen Hallenentwurf sind die beiden Bogen auch noch über den Scheitel hinweg getrennt geführt, und es ist in den unteren Dritteln jedesmal noch ein dritter zwischengelegter Bogen eingeschaltet, der mit den beiden anderen durch Fachwerk verbunden ist. Abb. 15 zeigt eine ebenfalls nach demselben Grundsatze gebaute Bogenbrücke[1]). Es sind mehrere Emysche Bogen übereinander angeordnet, über denen, mit Klapp-

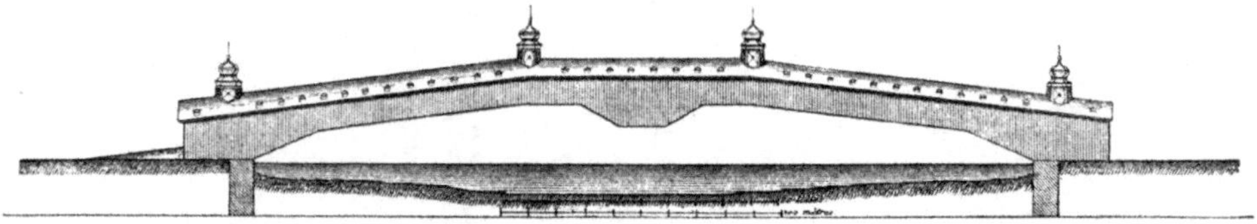

Abb. 18.

pfosten verbunden, die eigentliche Brückenbahn liegt. Derartige Brückenkonstruktionen sind von vielen damaligen Konstrukteuren in größerer Zahl ausgeführt worden; teilweise haben sie nur sehr kurze Lebensdauer besessen, was aber zumeist an mangelndem Wetterschutz der Holzkonstruktion und fehlerhafter Brückenbahn lag; andererseits sind sie bei genügend wettergeschützter Anordnung außerordentlich haltbar gewesen, und wir besitzen bekanntlich hölzerne Brücken von über 50 m Spannweite, die aus noch älterer Zeit stammen. Die Entwicklung in dem von Emy bereits eingeschlagenen Wege wurde dann von seinem Schüler Ardant, einem

[1]) Aus Krafft-Thiollet, Traité de l'art de la charpente, Paris, 1840.

französischen Pionieroffizier, fortgesetzt, der streng wissenschaftliche Versuche mit Emys Bogen anstellte. Diese spätere Entwicklung, die dann hinüberleitet zu den Holzbinderformen der neuesten Zeit, soll jedoch an anderer Stelle (vgl. S. 50) im Zusammenhange mit den Stephanschen Bogenlösungen besprochen werden.

Gehen wir darum zurück zu dem Ausgangspunkte, dem Dachbinder der Barockzeit. Neben der Entwicklung der Bogenkonstruktionen aus den liegenden Stühlen geht die Entwicklung der Dachstühle zu regelrechtem Fachwerk her. Die Ausbildung der größeren Fachwerkkonstruktionen zeigt für die gesamte Barockzeit und die Folgezeiten zunächst als Hauptgrundform neben dem bereits mehrfach genannten Sprengewerk die Hängewerkskonstruktionen, deren Verwendung bekannterweise in die altchristliche Zeit und das Altertum zurückreicht. Abb. 16 bis 18 zeigen die Verwendung von Sprengewerken für größere Brückenkonstruktionen[1]). Derartige Holzbrücken sind bis zu 100 m Spannweite im 18. Jahrhundert ausgeführt worden, und einzelne kleinere Brücken, von immerhin noch erheblicher Spannweite, sind bis zum heutigen Tage auch erhalten geblieben. Wie die Abbildungen zeigen, werden diese Sprengwerkkonstruktionen in größeren Verhältnissen reichlich umständlich und unübersichtlich, und die Anzahl der Streben wird so groß, daß kaum noch in den Brückenwänden Platz für die verschiedenen Hölzer nebeneinander ist. Die Verbindungen der einzelnen Hölzer bei verhältnismäßig geringen Neigungen sind außerordentlich schwer herzustellen und verlangen eine peinlich genaue Ausführung. Bei geringen Ungenauigkeiten in der Arbeit des Zimmermanns sind diese Bauweisen daher sehr starken Formänderungen unterworfen. Mit der Ausbildung klarer Fachwerke, die doch letzten Endes auf die Ausbildung eines möglichst einfachen und bestimmten Stabsystems mit errechenbaren Spannungen und deutlicher Knotenausbildung hinzielt, haben diese Sprengewerke nicht viel gemeinsam. Sie gehen zwar von dem einfachen Gedanken eines Fachwerkbinders aus, vereinigen in sich aber, weil für die Aufnahme der Kräfte bei größeren Spannungen ein derartiges System nicht reicht, sehr viele Systeme zu einem Ganzen, die derartig zusammenwirken, sich gegenseitig ent- und teilweise auch wieder belasten, daß eine auch nur annähernd genaue Errechnung der Kräfteverteilung unter diesen Systemen, und der Spannungen in den einzelnen Hölzern unmöglich wird. Dieser selbe Grundsatz der Vereinigung vieler zusammenwirkender Systeme ist dann in ähnlicher Weise auf die Hängewerkskonstruktionen zur Überdeckung großer Hallen- und Saalbauten angewendet worden. Nur daß in diesem Zusammenhange infolge der größeren verfügbaren Höhe etwas bessere Ausbildungen der Anschlüsse und ein wenigstens optisch klareres Bild der Binderform erreicht wird. Abb. 19, 20 zeigen die Dachbinder eines Exerzierhauses[1]). Die Exerzier- und Reithäuser stellten in damaliger Zeit hinsichtlich der Raumanforderung den Höhepunkt der Entwicklung dar. Bei diesen Hänge- und Sprengewerksbindern war der Holzbedarf, wie ja ein Blick auf die vorgeführten Ausführungen lehrt, ein ganz außerordentlich hoher, und zwar waren die zu verwendenden Hölzer alle von außerordentlich starken Abmessungen. Bedenkt man dabei, daß für die meisten den Witterungseinflüssen ausgesetzten Tragwerken, wie bei Brücken, das Eichenholz als Bauholz bevorzugt wurde, so wird es leicht verständlich, daß kritische Beobachter bereits damals bei diesen Ausführungen von unsinniger Holzverschwendung sprachen und daß man sich ernsthafte Bedenken machte, in welcher Weise die zukünftige Entwicklung des Ingenieurbaues, der damals ja fast ausschließlich auf das Holz angewiesen war, weiter gehen sollte.

In diesem Augenblick trat als ernsthafter Wettbewerber des Holzes für die Ingenieurkonstruktionen das Eisen auf. Und für die Folgezeit

---

[1]) Aus Émy, Traité de l'art de la Charpenterie, Paris, 1841.

wird es charakteristisch, daß in der Fachwerksentwicklung das Eisen, bei dem die Knotenpunktsausbildung und die Anpassung des Querschnittes an verschiedene Belastungsverhältnisse sehr leicht möglich ist, vollständig die Führung gewinnt. Mit dem Einsetzen dieser Entwicklung wurde das Holz jedoch nur ganz allmählich verdrängt. Es fehlt nicht an Versuchen, die beim Eisen gewonnene Erkenntnis über die statische Wirkung von Fachwerken auch auf den Holzbau zu übertragen.

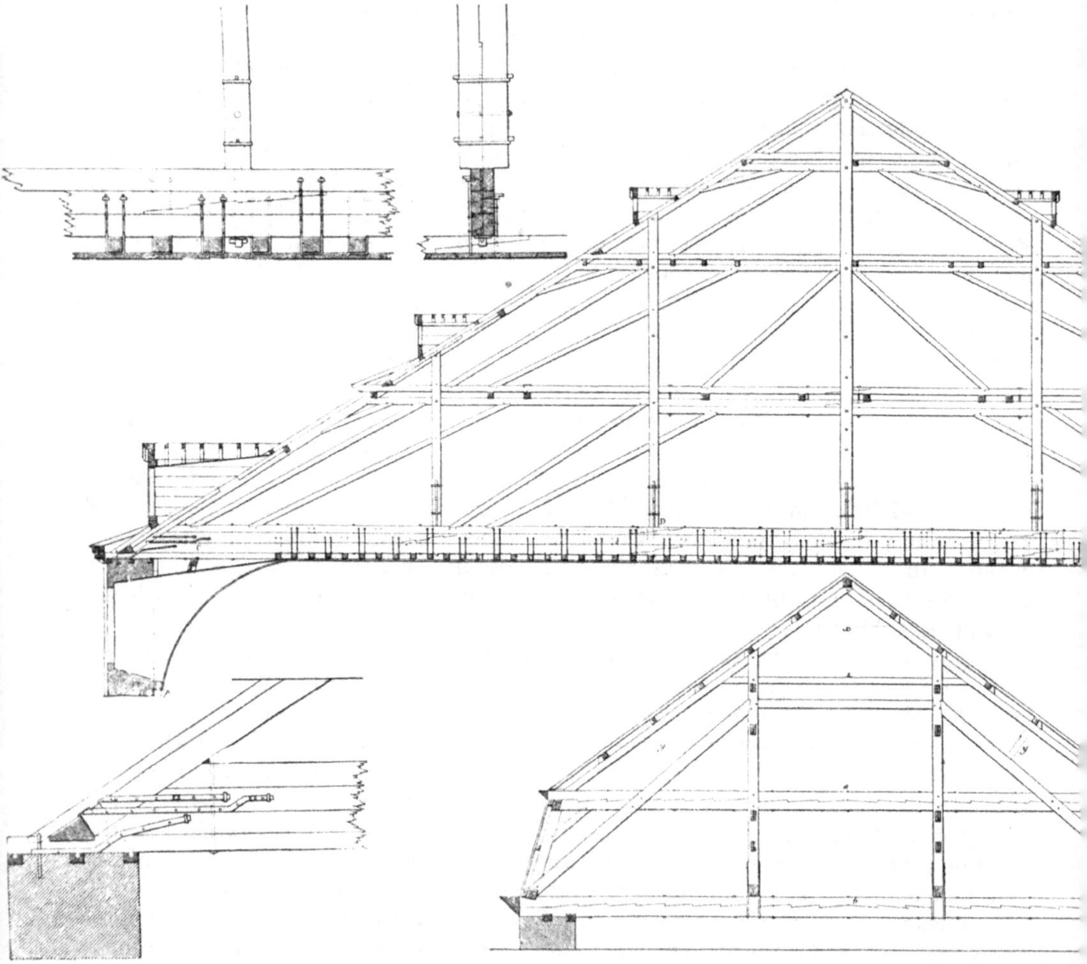

Abb. 19 u. 20.

In diesem Zusammenhange sind eine Reihe von Verbindungen von Eisen- und Holzbau zu nennen, durch die man versuchte, unter Beibehaltung des Holzes für einzelne Fachwerkglieder und zwar durchgehend für die Druckstäbe und unter Verwendung von Eisen für Zugstäbe und Anschlüsse statisch klar durchgebildete Formen herauszubringen. Mit an erster Stelle stehen hierbei die Dachbinder Polonceaus, die in der ersten Hälfte des vorigen Jahrhunderts entstanden und bis in die neueste Zeit weitgehende Verwendung gefunden und sich auch überall praktisch auf das beste bewährt haben. Der Polonceau-Binder stellt die einfachste dieser Verbindungen dar. Nächst ihm am verbreitetsten waren die Hoveschen

Träger. Dieselben sind meistens in der Form von Parallelträgern ausgebildet mit hölzernen Gurten, sowie mit gekreuzten Diagonalen, ebenfalls aus Holz und Vertikalen aus Rundeisen. Diese Trägerform, die an sich ziemlich übersichtlich ist, ist statisch nicht ganz so einfach, wie sie meistens angesehen wird. Es ist nämlich

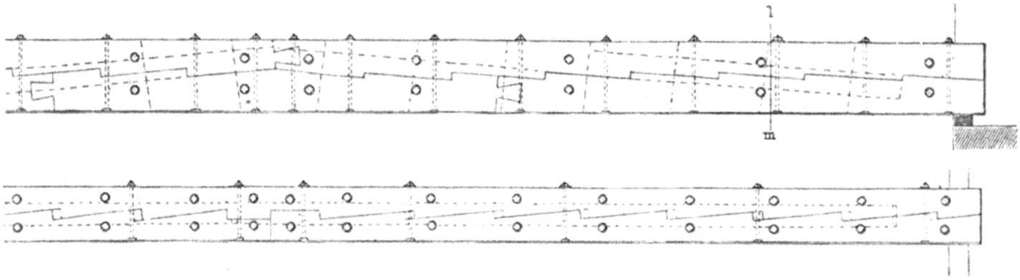

Abb. 21. Träger von 14,35 m Lichtweite aus dem Rathaussaal zu Amsterdam (vordere und obere Ansicht, sowie Querschnitt).

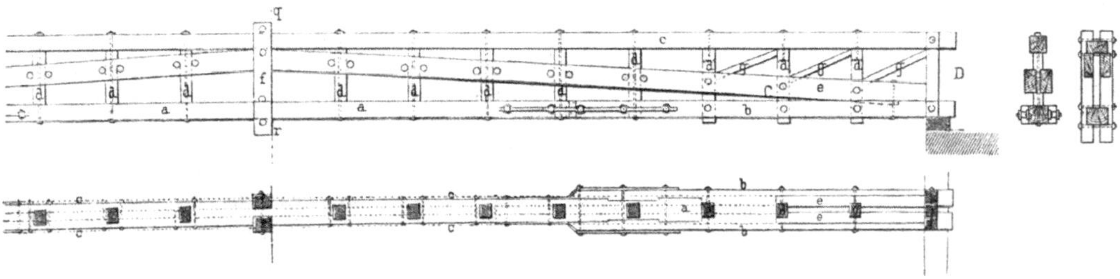

Abb. 22. Träger von gleicher Lichtweite mit Sprengstreben und Hängewerk (vordere Ansicht, Horizontal- und Querschnitt).

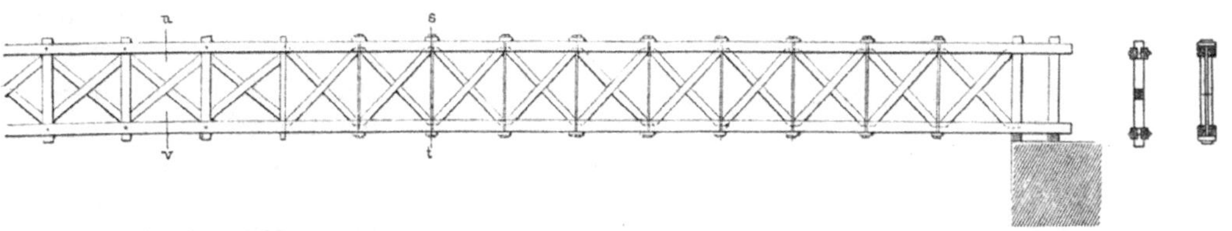

Abb. 23. Fachwerkträger von gleicher Lichtweite, mit Hängesäulen und Hängeeisen.

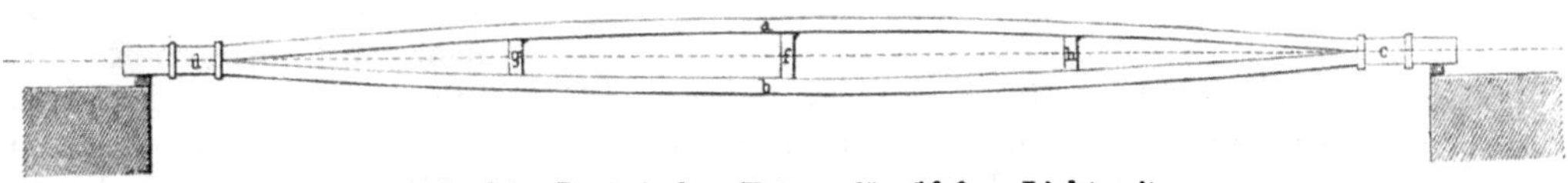

Abb. 24. Laves'scher Träger für 10,0 m Lichtweite.

notwendig, die Zugeisen von vornherein scharf anzuspannen, um die gekreuzten Druckdiagonalen zur Wirkung zu bringen. Man muß also bei der Ausbildung des Systems von vornherein mit starken Anfangsspannungen rechnen. Im übrigen ist es auch dann bei ungenauer Arbeit des Zimmermannes nicht immer sicher, daß sämtliche Diagonalen gleichmäßig zur Wirkung kommen. Statisch unübersichtlich wird der Hovesche Träger, wenn er für statisch unbestimmte Systeme oder für Tragkonstruktionen mit wechselnder Belastung verwendet werden soll. Abb. 21 bis 24[1]) zeigen außer dem eben genannten Hoveschen Träger auch noch Vollwandkonstruktionen, sowie Versuche zur Überdeckung kleinerer Spannweiten, den einfachen Balken durch hölzerne oder eiserne Armierung, durch Verdübelung mehrerer Balken oder Verzahnung zu verstärken. Alle diese Versuche und Konstruktionen waren bei den älteren Zimmerleuten sehr beliebt und verbreitet, und ihre Herstellung galt für eine besondere Kunstleistung, auf die man recht stolz zu sein pflegte. Bekannt ist ja die komische Vorliebe des Zimmerlings Schultz in der „Stromtid" für seine verzahnten Träger. Die bemerkenswertesten unter den Konstruktionen, die auf eine Verstärkung der Tragfähigkeit des einfachen Balkens abzielen, sind die von Louis Laves. Er schnitt die Balken der Länge nach in der Mitte auf und spreizte sie auseinander, so daß das Trägheitsmoment in der Mitte des Balkens erheblich vergrößert wurde, und erreichte damit eine Anpassung der Tragfähigkeit des Balkens an den Verlauf der Biegungsmomente des Trägers. Das Aufspreizen erfolgt teilweise in recht geschickter Weise. Unter den Abbildungen 25 zeigen einige, wie zum Beispiel Pfetten in die aufgespaltenen Hölzer eingeschoben wurden. Der Lavessche Träger ist dann teilweise auch für Bauwerke von erheblicher Spannweite angewendet worden. Die Hauptschwierigkeit bei seiner Verwendung bildet die Aufnahme der Schub- und Scherkräfte. An den Auflagerenden ließen sich diese von der nach dem Aufschneiden des Holzes verbleibenden Scherfläche nicht mit Sicherheit aufnehmen, und man kam daher bald dazu, diese Fläche durch Bänder und Bolzen zu entlasten, oder aber den Träger lieber aus zwei Hälften zusammenzusetzen und diese an den Enden durch Versatz und umgelegte Eisenbänder und Bolzen sicher zu verbinden. Der innere Teil des Trägers selbst sieht keine Möglichkeit der Übertragung der Scherkräfte zwischen den beiden Gurten vor. Der Lavessche Balken steht in der Mitte zwischen den Fachwerk- und Vollwandkonstruktionen. Er ist entstanden aus der Vollwandkonstruktion, ist aber allmählich zu einem, wenn auch noch unvollkommenen Fachwerk, dem die Streben fehlen, geworden. Dadurch, daß die Schub- und Scherkräfte nur an dem Zusammenstoß der Gurte aufgenommen

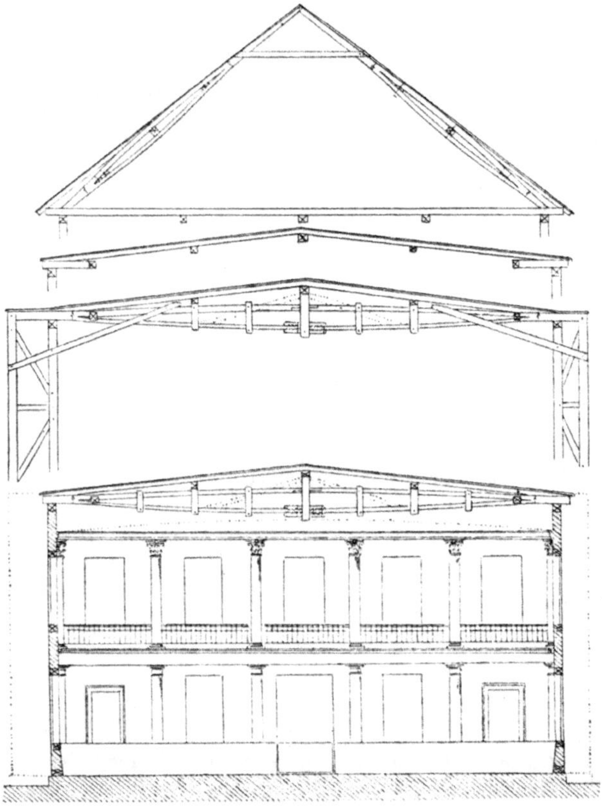

Abb. 25.

[1]) Aus Gottgetreu, Lehrbuch der Hochbaukonstruktionen.

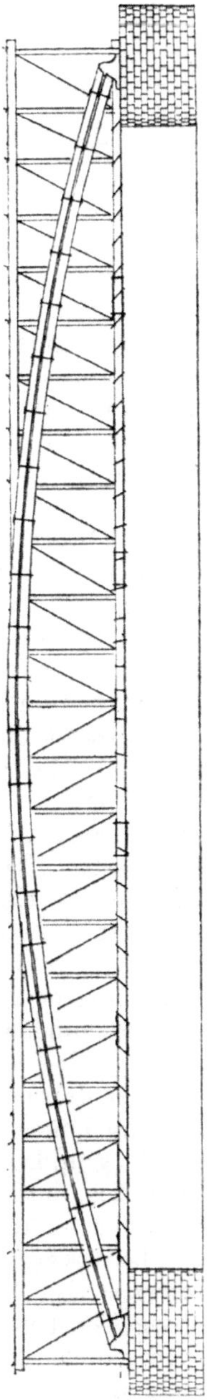

Abb. 26. Brücke 1813 in Newhope (V. St.) erbaut.

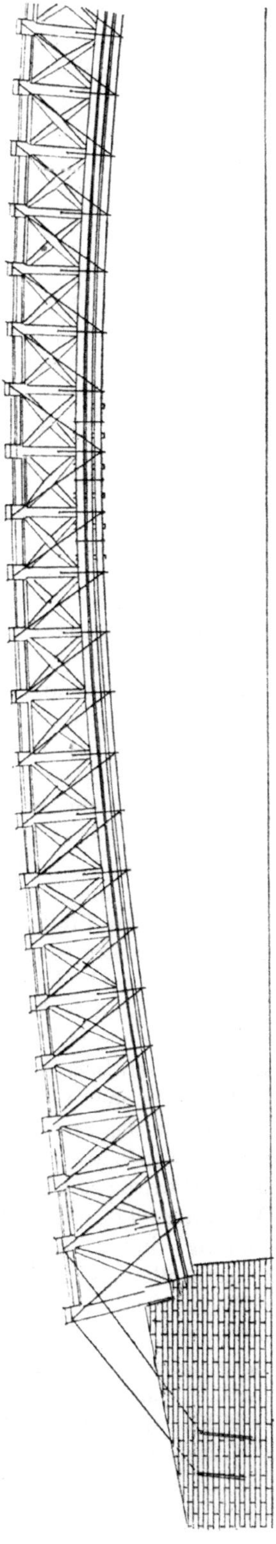

Abb. 27. Colossusbrücke in Philadelphia, Öffnung 103 m.

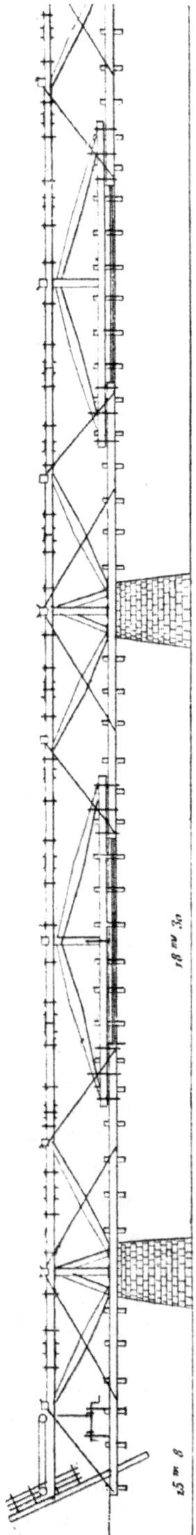

Abb. 28.

werden, ergibt sich eine sehr hohe Beanspruchung dieser Punkte, und aus diesem Grunde erklärt es sich auch, daß gegen den Lavesschen Balken verschiedentlich eingewendet worden ist, er sei ziemlich starken Versackungen unterworfen. Die Konstruktion ist übrigens, nachdem bereits früher einmal ein Brevet (d. i. Patent der französischen Regierung) bestanden hatte, neuerdings wieder aufgenommen und ist gerade hinsichtlich der Scherkräfte neu durchgebildet worden. Die Abb. 25 zeigt eine Reihe von verschiedenartigen Anwendungen des Lavesschen Balkens. Sie ist dem um 1840 erschienenen Werke „Mémoire explicatif d'un nouveau système en Constructions“ von M. Louis Laves entnommen.

Zum Schluß seien in den Abb. 26 bis 28[1]) noch einige amerikanische Holz-Eisen-Konstruktionen aus der ersten Hälfte des vorigen Jahrhunderts gezeigt. Abb. 26 zeigt die Vereinigung eines Parallelträgers mit einem Bogen zu gemeinsamer Wirkung. Die Druckstäbe und der Untergurt sind in Holz ausgeführt, die gezogenen Diagonalen in Eisen. Ungleich bemerkenswerter ist die in Abb. 27 dargestellte Colossus-Brücke in Philadelphia. Der ihr zugrunde liegende Ausführungsgedanke ist der der Hängebrücke, jedoch ist derselbe hier in einer ganz eigenartigen Weise angewendet. Der Untergurt der Brücke ist auf Druck beansprucht, und gegen die Widerlager gestemmt. Eiserne Zugbänder sind seitlich im Boden verankert und entsprechend den Portalbögen der großen Hängebrücken über die vertikalen Ständer des Fachwerks hinweggeführt. Sie setzen sich dann in Gestalt von gezogenen Diagonalen fort, um den Untergurt aufzufangen. Es ist also, ähnlich wie bei den älteren Bauformen der Grundgedanke des Hänge- und Sprengewerks in Vereinigung mehrerer durcheinander greifender Grundformen angewendet wurde, hier eine ganze Menge von Hängewerken vereinigt worden. Dabei sind dann die einzelnen Vertikalen jedesmal noch durch eine Druckstrebe gegen den Fußpunkt des vorhergehenden Systems abgestrebt. Die Gesamtausführung hat jedoch im Gegensatz zu den gehäuften Hänge- und Sprengewerken ihre Übersichtlichkeit behalten. Sie ist in ihrer Erscheinung durchaus leicht und elegant und besitzt für den Beschauer in ihrer Grundanordnung jedenfalls etwas Verblüffendes. Abb. 28 schließlich zeigt eine nach ähnlichen Grundsätzen erbaute Brücke, nur daß bei dieser die Vertikalen in Wegfall gekommen sind, und die Zugbänder über schräge Streben hinweggeführt wurden. Es sind von jedem Pfeiler aus in dieser Weise Kragarme vorgestreckt, zwischen die dann in der Mitte ein Zwischenstück, das als einfaches Hängewerk ausgebildet wurde, eingehängt ist. Schließlich wären unter diese Gruppe von Verbindungen von Holz- und Eisenkonstruktionen auch noch die zahlreichen Ausführungen von Kettenbrücken mit hölzerner Brückenbahn und hölzernen Längsträgern zu rechnen, die aber nichts wesentlich Bemerkenswertes und von den rein in Eisen ausgeführten Brücken Abweichendes bieten.

Die Entwicklung des Holzbaues in der ersten Hälfte des vorigen Jahrhunderts zeigt eine ganze Reihe von entwicklungsfähigen Ansätzen. Ihre Ergebnisse lassen sich kurz dahin zusammenfassen: Es waren seit Emy und Ardant die grundlegenden Kenntnisse über die statische Wirkung von Bogenträgern aus Holz bekannt, so daß nur noch die praktische Anwendung dieser theoretischen Erkenntnis fehlte. Für die Fachwerkformen hatte man ebenfalls gewisse Voraussetzungen bereits gewonnen; es war nämlich die nötige begriffliche und statische Klarheit erreicht, und es war auch die Durchbildung der Knotenpunkte wenigstens für Holz-Eisen-Konstruktionen durchgehend einwandfrei gelungen. Es fehlte jedoch noch bis in die neueste Zeit an Lösungen für die Knotenpunkte von reinen Holzbindern, und den alten Konstruktionen haftete vielfach der Fehler des leichten Versackens an. Da man damals auch die Unbeständigkeit des Holzes vielfach überschätzte (ebenso wie man sich

---

[1]) Aus Krafft-Thiollet, Traité de l'art de la charpente, Paris, 1840.

von der Dauerhaftigkeit des Eisens häufig zu viel versprach), und da das Eisen gerade für die Ausführung von statisch klar durchdachten Fachwerken unstreitig Vorzüge besitzt, trug in dem Wettbewerb zwischen Holz und Eisen das letztere für lange Zeit den Sieg davon. Erst in neuerer Zeit haben sich bekanntlich durch den Mangel an Eisen bzw. die Schwierigkeit seiner Verhüttung in dem nötigen Umfange die Verhältnisse zugunsten des Holzes geändert. Und man ist wieder zur Aufnahme des Holzes als Baustoff für größere Ingenieur-Konstruktionen, insbesondere für Dächer und Brücken zurückgekehrt. Hierbei ist der Faden der Entwicklung an der damals liegen gebliebenen Stelle wieder aufzunehmen gewesen. Und so sehen wir die modernen Holzkonstruktionen die beiden Hauptprobleme, die sich in der ersten Hälfte des 19. Jahrhunderts bereits in der Holzkonstruktion gezeigt haben (die einwandfreie Ausbildung des Bogenbinders und die Lösung der hölzernen Fachwerkknoten), wieder aufnehmen und mit neuzeitlichen, gegenüber den damaligen Verhältnissen erheblich verbesserten Mitteln ihrer Lösung entgegenführen.

VI. Die Bauweise Stephan.

Von

Regierungsbaumeister Franz Geißler.

Das historische Verdienst, nach der im ersten Vortrage (S. 44) besprochenen Verdrängung der Holzkonstruktion durch das Eisen das Holz neu entdeckt zu haben, gebührt dem Architekten Stephan in Düsseldorf, der seine ersten Neukonstruktionen noch in den 90er Jahren des vorigen Jahrhunderts herausbrachte. Nachdem von ihm einmal die wirtschaftlichen Vorteile der Holzkonstruktion und ihre sonstigen Vorzüge, wie leichter Aufbau dem Eisen gegenüber, ins rechte Licht gerückt und erkannt waren, führte Stephan in folgerichtiger Weise die ältere Entwicklung fort. Diese ältere Entwicklung war bereits im ersten Vortrag (S. 35) bis zu Emy und seinen Bogenbindern verfolgt worden. Schon Emys Schüler Ardant hatte eingehende wissenschaftliche Untersuchungen über die statische Wirksamkeit der Emyschen Bogen gemacht, die unter anderem einen großen Teil der Betrachtungen in seinem Buche „Theoretisch-praktische Abhandlung über Anordnung und Konstruktion der Sprengwerke von großer Spannweite" von P. Ardant (deutsch von Aug. von Kaven 1847 in Hannover herausgegeben) ausmachen. Aus diesen Betrachtungen seien hier einige charakteristische Abbildungen gegeben. Ardant beschreibt an ihrer Hand die von ihm angestellten Versuche über die Durchbiegung Emyscher und de l'Ormescher Bohlenbögen. Das Wesentlichste an diesen Versuchen ist, daß sie ein in jeder Beziehung klares Bild von den in den Bogen auftretenden Biegungen bei verschiedenen Formen der Belastung boten und die bei den verschiedenen Belastungsfällen am meisten gefährdeten Querschnitte einwandfrei erkennen ließen. In Abb. 1 steht ein Emyscher Bogen vor dem für die Versuchszwecke errichteten Beobachtungsgerüst, auf dem die einzelnen, von der Bogenachse eingenommenen Kurven markiert werden. Abb. 2 zeigt den Versuch mit einem Emyschen Bogen, der in seinem oberen Teil bis zum Bruch belastet wurde. Aus der Deformation erkennt man die im Bogen auftretenden positiven Momente im Scheitel und die negativen Momente gegen die Auflagerenden hin, die durch die ungleichmäßig nur über das Mittelfeld des Bogens verteilte Belastung hervorgerufen sind. Bemerkenswert ist, daß der Bruch bei diesen Versuchen nicht plötzlich, sondern nach einer ganz allmählichen Deformierung erfolgte, und zwar gleichzeitig nahe der Mitte und auf der einen Seite des Bogens. Die Abb. 3 und 4 zeigen dann die Wirkungen von Einzellasten in der Mitte und seitlich. Wenn mit den Ardantschen Versuchen bereits hinreichende Klarheit über die Bedeutung der Biegungsfestigkeit von Bogenbindern theoretisch gegeben war, so sind doch die

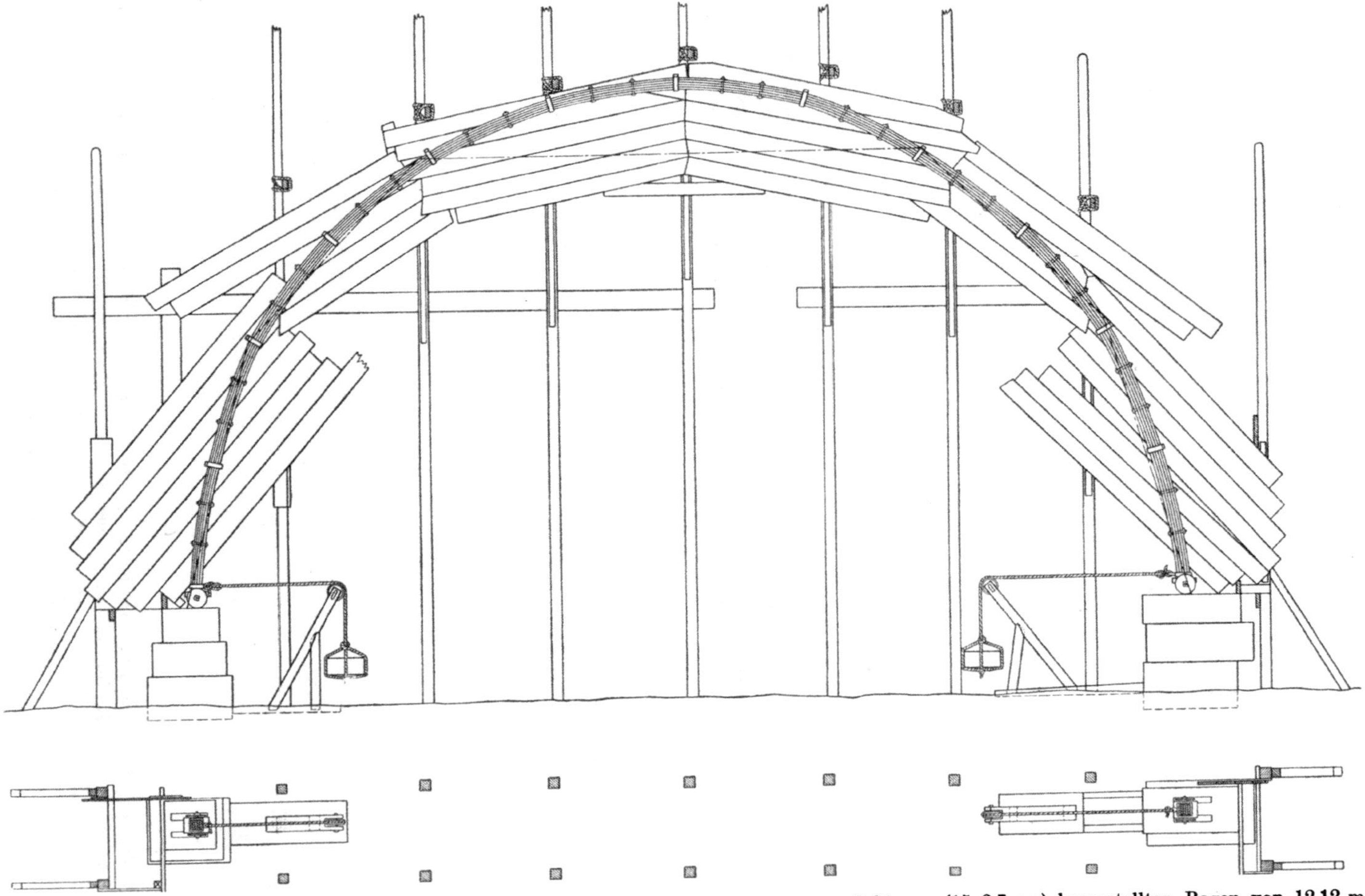

Abb. 1. Auf- und Grundriß der Ardantschen Versuchsvorrichtung für einen aus 5 tannenen Schienen (15·2,7 cm) hergestellten Bogen von 12,12 m äußerem Durchmesser. Die Schienen wurden durch 13 eiserne Bänder und durch 24 Schraubenbolzen — je 2 zwischen zwei Bändern — zusammengehalten. Die Stöße sind so angebracht worden, **daß** sie immer durch volles Holz der darüber und darunter befindlichen Schiene gedeckt werden.

praktischen Folgerungen, nun das Binderprofil auch entsprechend der erforderlichen Biegungsfestigkeit auszubilden, damals nicht folgerichtig gezogen worden. Ardant

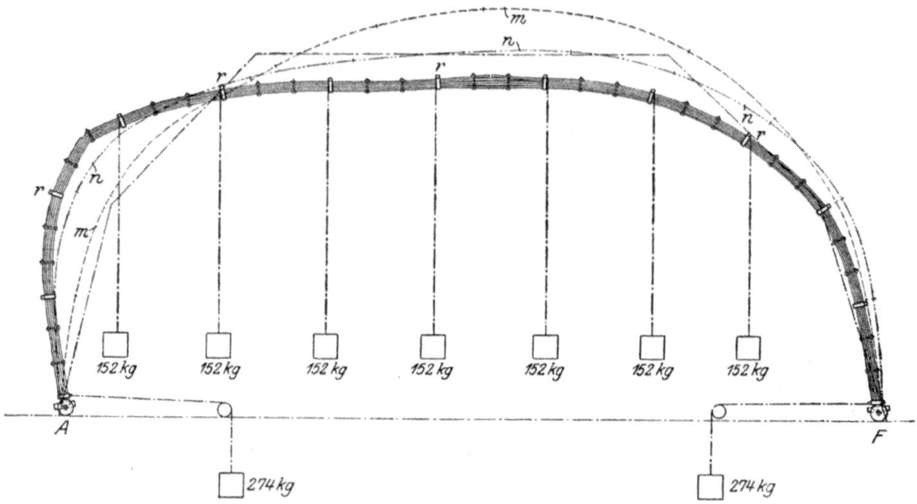

Abb. 2. Versuch mit dem Bogen, belastet mit gleichförmig verteilten Gewichten. Die Kurve *m—m* gibt die äußere Begrenzungslinie des Bogens vor dem Versuche wieder, die Kurve *n—n* dieselbe Linie eine Stunde nach der Belastung des Bogens. Endlich stellt *r—r* den Bogen im Augenblicke, wo der Bruch begann, dar, was ungefähr 2 Stunden nach dem Aufbringen der Belastung eintrat.

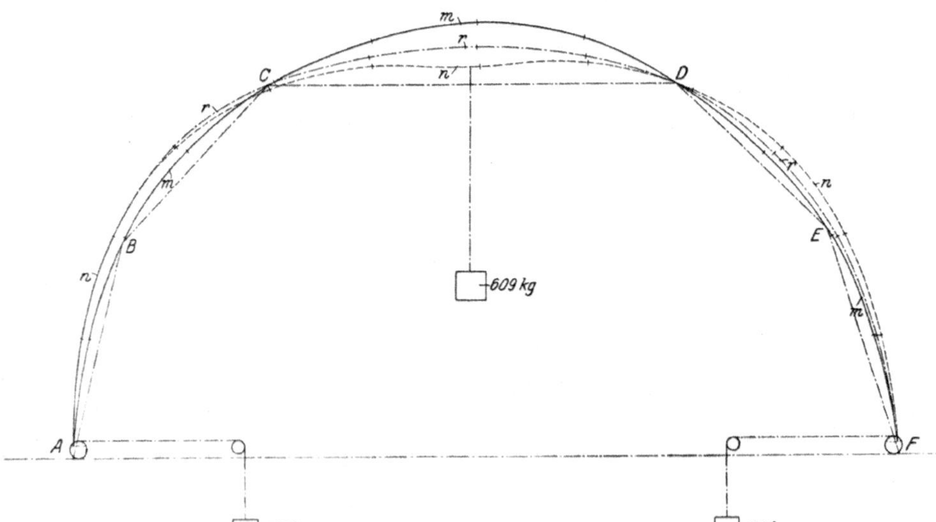

Abb. 3. Versuch mit dem im Scheitel belasteten Bogen. Die zusammenhängend gezeichnete Kurve *m—m* zeigt die äußere Linie des Bogens, als er eben an seinen Platz gebracht war, die Kurve *n—n* dieselbe Linie am Ende des Versuches und die Kurve *r—r* diejenige Form, welche der Bogen nach der Entlastung beibehielt. *A, B, C, D, E, F* ist das Polygon, auf welches die Aufnahme der Kurven bezogen wurde.

selbst dachte wohl verschiedentlich an die Vereinigung der Bohlenbögen mit einem aufgesattelten Fachwerke, durch das allerdings eine Eckversteifung gerade an den

Stellen der stärksten Momente erreicht wurde. Die endgültige Lösung blieb aber späterer Zeit vorbehalten, und zwar war es eben Stephan, der die erforderlichen biegungsfesten Bogenkonstruktionen erfand.

Er erzielt die Biegungsfestigkeit dadurch, daß aus dem einfachen Bohlenbogen ein gebogener Gitterträger geworden ist, dessen Ober- und Untergurt nunmehr jeder für sich als Bohlen- oder Bretterbogen ausgebildet wird. Die Profile der einzelnen Bretter bzw. Bohlen werden hierbei verhältnismäßig klein, so daß es für Stephan möglich wurde, an Stelle der flachliegenden Emyschen Bohlen seine Bretter wieder hochkant zu stellen und nach einem ihm in vielen Staaten patentierten Verfahren über die hohe Kante zu biegen. Dieses Hochkantstellen der Bretter wäre an sich, da die Gurte der Gitterbogen nur auf Zug oder Druck beansprucht werden, keine statische Notwendigkeit, bietet aber doch Vorteile hinsichtlich der Verbindung der Hölzer, des Anschlusses der Streben und der Verringerung der Stoßverluste bei dieser Bogenform. Die bei der Herstellung der Bögen verwendeten

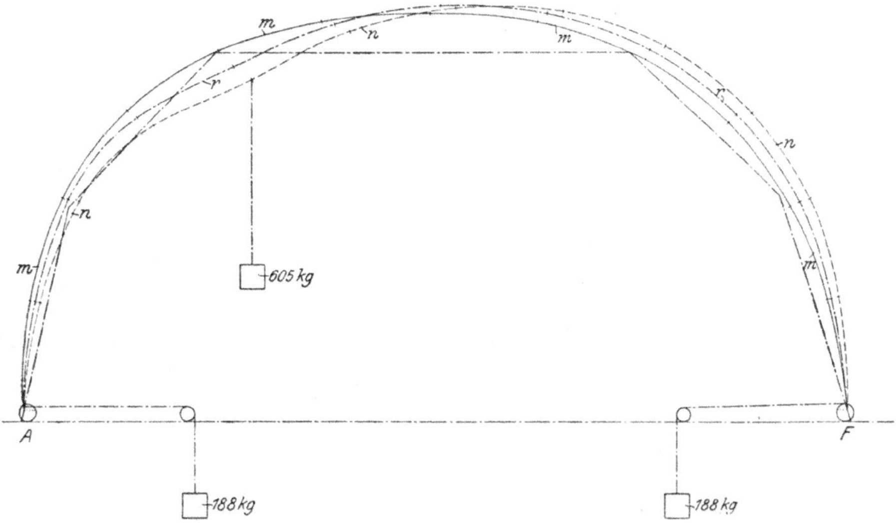

Abb. 4. Versuch mit dem Bogen, belastet mit einem Gewicht senkrecht über der Mitte seines Halbmessers. Bezüglich der Kurven *m—m*, *n—n*, *r—r* vgl. das unter Abb. 2 Gesagte.

Bohlen werden in Längen von 6 bis 8 m genommen, so daß also nur verhältnismäßig wenig Stöße vorkommen.

Der Stephansche Bogenbinder hat in seiner Profilgestaltung im Laufe der Zeit verschiedentliche Wandlungen durchgemacht. Die Abb. 5 und 6 zeigen als Skizzen Beispiele von solchen. In Abb. 5 sind die Bogengurte nur aus hochkant stehenden Bohlen gebildet; jeder Gurt ist in zwei Hälften gegliedert, zwischen die die Streben und verbindende, statisch mitwirkende Zwischenstücke eingefügt sind. Abb. 6 zeigt eine Bogenform, bei der die Verbindung der beiden Gurthälften durch übergelegte Brettlamellen erreicht wird, die ähnlich den Emyschen Bohlen angeordnet sind. Das Fachwerk zwischen den Bogengurten ist einfaches oder doppeltes Strebenfachwerk; zuweilen wurde auch Ständerfachwerk angewandt.

Die in dem Binder auftretenden Biegungsspannungen erfordern einen sicheren und errechenbaren Anschluß der Streben an die Gurte. Nachdem zuerst Versuche gemacht waren, die Streben mit Schwalbenschwanz in die Füllbretter der Gurte einzulassen, stellte es sich bald heraus, daß diese Verbindung häufig infolge von ungenauer Arbeit des Zimmermannes und vor allem durch das Schwinden des Holzes in der Querrichtung in ihrer Wirkung stark beeinträchtigt bzw. vollständig illusorisch gemacht wurde. Stephan fand dann als Ersatz eine statisch sicher wirkende, von den Dehnungen und dem Schwinden des Holzes unabhängige und dabei durch ihre Einfachheit verblüffende Dübelverbindung, die ebenfalls mehrfach patentiert ist. Durch Einlegen eines aus Flacheisen oder Hartholz bestehenden Dübels sind die Streben zug- und druckfest an die Gurtungen angeschlossen und so in diese eingeführt, daß die Resultierende der Strebenkräfte stets durch reine Druckbeanspruchung auf die Gurtung übertragen wird. Hierbei werden die Vertikal-

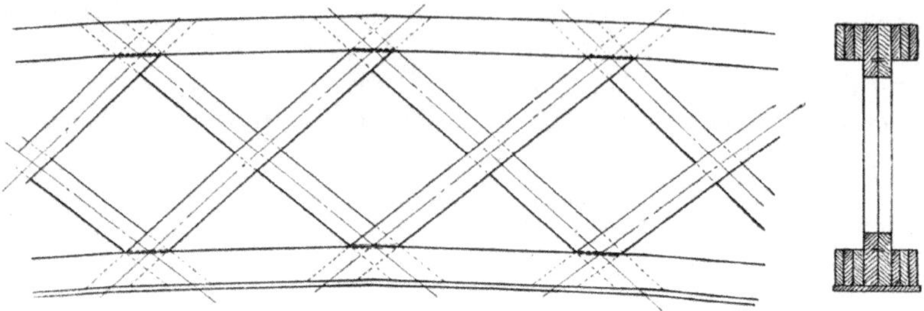

Abb. 5.

komponenten der Strebenkräfte durch den Dübel ausgeglichen. Die geringen auftretenden Nebenspannungen werden ebenfalls von dem Dübel aufgenommen. In den Gurthölzern treten außerdem gewisse Scherspannungen quer zur Faser auf; doch sind diese bei den verhältnismäßig nicht zu hohen anzuschließenden Kräften und vor allem infolge der guten Vernagelung der Füllhölzer mit den durchgehenden Gurtbohlen unbedenklich, so daß man die Verbindung als für den ihr zufallenden Zweck erstklassig und allen berechtigten Anforderungen genügend erachten kann.

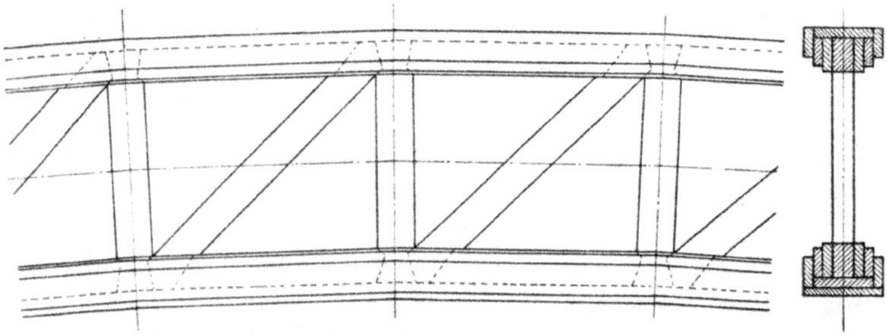

Abb. 6.

Neben der einwandfreien Lösung des Knotenpunktes war für Stephan die klare, statische Ausbildung des Bindersystems Hauptziel seiner Arbeiten. Durch Hinzuziehen statisch geschulter Ingenieure sowie durch Gutachten von führenden Männern der Wissenschaft wurde von vornherein dem „Stephansbinder“ die seiner Bedeutung entsprechende Durchbildung gesichert und die Grundlage für seine großen Erfolge geschaffen. Es war bald ohne Schwierigkeiten möglich, die im Hochbau üblichen statischen Systeme auszuführen und bis zu 60 m freitragende Konstruktionen zu schaffen.

Die Grundform des Bogens selbst ist meistens ein Zweigelenkbogen von parabolischem oder annähernd parabolischem Verlauf. Die Parabelform ist deswegen

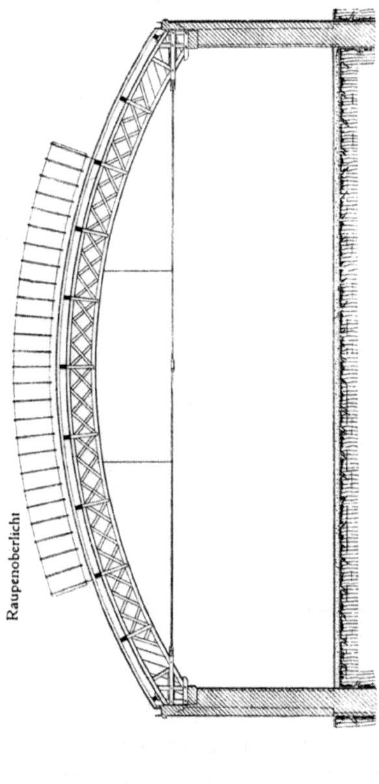

Abb. 7.

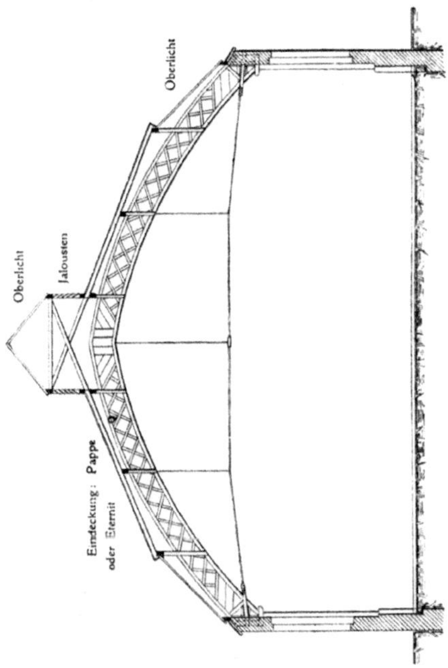

Abb. 8.

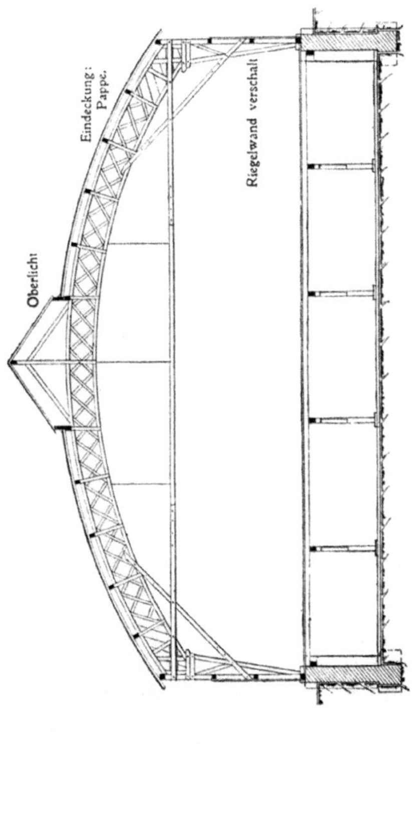

Abb. 9.

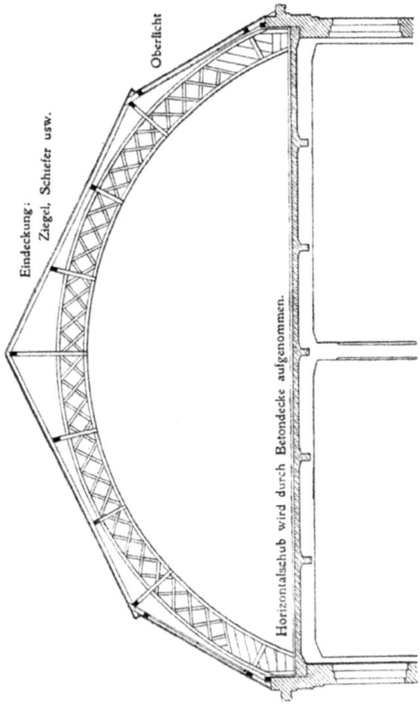

Abb. 10.

besonders günstig, weil sie bei gleichmäßig verteilter Belastung überhaupt keine Biegungsspannungen im Bogen ergibt, und das Strebenwerk infolgedessen unbelastet

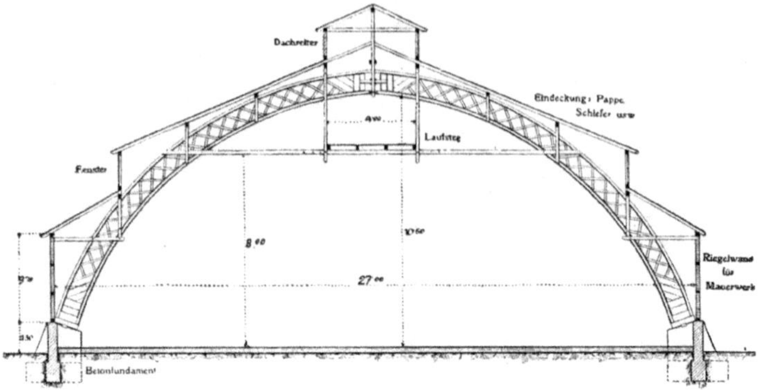

Abb. 11.

ist. Der Seitenschub wird ursprünglich immer durch eiserne, heute vielfach durch hölzerne Zugbänder aufgenommen. Zuweilen sind jedoch auch kreisförmige steile

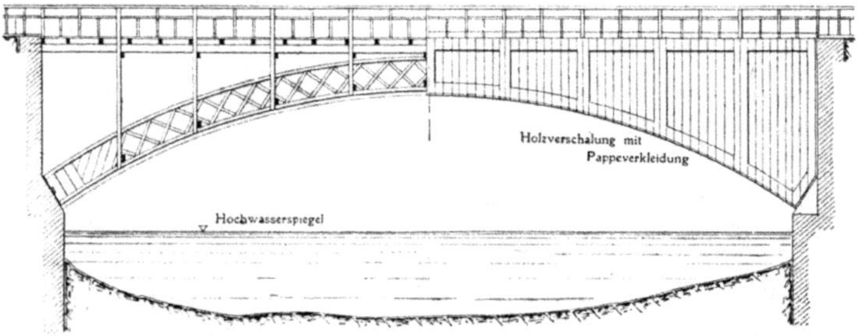

Abb. 12.

Bogen angewandt worden; mitunter sind diese dann gegen feste Widerlager gesetzt, in anderen Fällen sind die parabolischen Zweigelenkbogen mit Gitterstützen zu

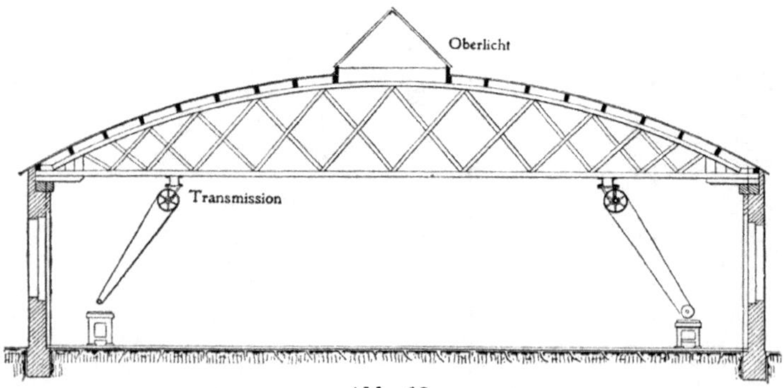

Abb. 13.

rahmenartig wirkenden Konstruktionen verbunden. Schließlich sind auch Dreigelenkbogen häufiger ausgeführt worden. Die Berechnung erfolgt für die statisch bestimmten Systeme nach den bekannten einfachen Verfahren, meistens graphisch, für die statisch unbestimmten unter Anwendung der Arbeitsgleichungen und des Mohrschen Verfahrens in einer besonders übersichtlichen und einfachen Kombination.

In den Abb. 7 bis 11 sind die Ansichtszeichnungen verschiedener ausgeführter Binderformen gegeben. Abb. 12 zeigt die Anwendung des Stephanbogens für eine Brückenkonstruktion, bei welcher die Brückenbahn durch aufgesattelte Zimmer-

Abb. 14.

konstruktion, die im wesentlichen aus Klappstielen und Riegelwerk besteht, getragen wird. Abb. 13 zeigt eine zweite Ausführungsform des Stephanschen Bogendaches, die sich besonders für die Anhängung von Einzellasten, Transmissionen, Schienen

Abb. 15.

für Laufkatzen u. dgl. eignet. Der Obergurt ist hier ähnlich wie bei den anderen Bogenbindern gebildet, der Untergurt als hölzerne Zange. Die Anschlüsse der Streben erfolgen ähnlich wie bei den übrigen Bogenbindern.

Als Stephan mit seinen Tragwerken an die Öffentlichkeit trat, galt es für ihn zunächst, die jeder Holzkonstruktion feindliche falsche Bewertung der Feuersicherheit und Dauerhaftigkeit des Holzes im Vergleich zum Eisen zu überwinden. Wir können heute gut gebaute hölzerne Dachkonstruktionen als den eisernen an Feuersicherheit ebenbürtig ansehen; denn wenn auch das Holz selbst dem Feuer Nahrung bietet, so ist nicht zu vergessen, daß ja auch bei einer eisernen Dachkonstruktion zumeist die darauf befindliche Schalung und das Sparrenwerk ebenfalls aus Holz gebildet werden, und daß bei Wärmegraden, wie sie zur Inbrandsetzung des Holzes erforderlich sind, das Eisen zumeist seine Tragfähigkeit vollständig verliert und zusammenstürzt. Wenn aber einmal ein Einsturz erfolgt, so sind die dadurch am Mauerwerk hervorgerufenen Zerstörungen, das Auseinanderdrücken oder Einreißen ganzer Wände usw. viel gefährlicher für den Bestand der Bauwerke, als das nur teilweise Verbrennen einer hölzernen Dachkonstruktion. Ferner ist noch zu berücksichtigen, daß Eisenkonstruktionen bei der Aufräumung von Brand-

Abb. 16.

stätten die größten Schwierigkeiten machen und oft erhebliche Kosten verursachen. Ein kleiner Beweis zu dem eben Gesagten mögen die Abb. 14 und 15 sein. Was die Dauerhaftigkeit guter Holzkonstruktionen anbelangt, so ist diese ja an sich bereits seit Jahrhunderten erwiesen. Auch hat man neuerdings erkannt, daß für viele Zwecke der chemischen Industrie (Salzmagazine, Kalilager und Salpetersäure-Fabriken) das Holz sich besser hält als Eisen, das von den Dämpfen und Säuren angegriffen wird. Ähnliches gilt von Bahnhofshallen, Lokomotivschuppen und Fabrikdächern, wo das Holz dem Angriff von Rauch ausgesetzt ist, insbesondere dann, wenn die zu verbrennende Kohle größere Mengen schwefliger Säure erzeugt. Bekannt ist, daß z. B. die Generaldirektion der Schweizerischen Bundesbahnen aus diesem Grunde die Holzkonstruktionen vor Eisenkonstruktionen neuerdings bevorzugt. Wenn diese Erkenntnis über die Feuersicherheit und Beständigkeit der Holzkonstruktionen heute Allgemeingut der Ingenieure und der Behörden geworden ist, so ist ein erheblicher Teil des Verdienstes hieran unstreitig Stephan zuzuschreiben.

Im folgenden sollen einige praktische Ausführungen gezeigt und kurz besprochen werden. Die Wagenhalle Wien-Kagran der Wiener Städtischen Straßenbahn (Abb. 16) enthält über den normalen Zweigelenk-Bogenbindern mit eisernem Zugbande eine Putzdecke. Es ist also die eigentliche Dachhaut unterseitlich ge-

Abb. 17.

schützt. Die Stützenkonstruktion der Halle ist ebenfalls in Holz ausgeführt. Recht deutlich erkennbar auf der Abbildung ist die Ausbildung des unteren vollwandigen Bogenstückes am Auflager und die Gestaltung des Auflagers selbst. Die Ver-

Abb. 18.

ankerung des Zugbandes an dem Bogen erfolgt mit Hilfe von Flacheisenschienen, aus denen eine Art Schloß gebildet ist. Die in der Abbildung sichtbaren, gegen die Decke laufenden Kopfbänder sind bei sämtlichen Bogenbindern notwendig und dienen dazu, den Untergurt gegen die Pfettenlage knicksicher abzusteifen. Die

Mittelstützenreihe ist in der Längsrichtung durch Spannstangen und Kopfstreben gemeinsam mit der untersten Pfette zu portalartiger Wirkung verbunden.

Besonders weite, flach gespannte Hallen, in denen für Transportzwecke vollständige Freiheit des Raumes erforderlich ist, erfordern die Sägehallen zur Unterbringung von Gattern sowie Lagerschuppen für größere Hölzer. Bei dieser Gattung

Abb. 19.

von Bauwerken ist die Verwendung des Holzes von Hause aus fast selbstverständlich, da es der in der Nähe der Sägewerke am leichtesten zu beschaffende Baustoff ist. Infolge der besonderen Raumanforderungen und der gegebenen Verwendung des Holzes auch für die Wände hat sich für den Bau solcher Sägewerkshallen ein

Abb. 20.

besonderer Typ herausgebildet. Abb. 17 zeigt das Innere einer solchen Sägewerkshalle des Fürsterzbischöfl. Forstamtes in Ostrawitz. Die hölzernen Wandstützen werden dabei mit dem Binder meistens durch eine Eck-Aussteifung zu rahmenartiger Wirkung verbunden, die Stützen selbst bald als Vollwandstützen, bald als Fachwerkstützen ausgeführt. Für die Ausführung dieser Arten von Bauten hat das Stephansdach vor vielen anderen Holzkonstruktionen insofern einen Vorteil, als die Bogen auf der Baustelle aus einfachen Brettern ohne maschinelle Einrichtungen hergestellt werden, und sich infolgedessen ein Mindestmaß an Transporten ergibt.

Eine ähnliche Binderform, jedoch kleinerer Abmessung, sehen wir an der Sortierhalle der Union-Forstindustrie A.-G. in Onesti (Abb. 18). Hier sind die Zug-

Abb. 21.

bänder als hölzerne Spannstangen ausgebildet, was gegenüber den eisernen Spannstangen eine Ersparnis bedeutet. Bei richtiger Querschnittsbemessung und Verwendung guten Holzes sind die hölzernen Spannstangen den eisernen gleichwertig.

Abb. 22.

Während die Eisenspannstangen am Ende mit einem aus Profileisen hergestellten Schuh angeschlossen werden, dient zur Endverankerung der hölzernen Spannstangen eine Anzahl von Bolzen. Insbesondere sind hier Rohrbolzen, der Ersparnis an Eisen wegen, häufig verwendet worden.

Ein bemerkenswertes Bild einer besonders verwickelten Anlage bietet die Abb. 19 der Markthalle in Langenthal in der Schweiz. Über T-förmigem Grundriß errichtet, stoßen zwei Hallendächer zusammen, und es entsteht beim Zusammenschluß ein größerer quadratischer Raum, der mit zwei diagonal gestellten und sich in der Mitte durchdringenden Bogenbindern überdeckt ist. Die Konstruktion ist trotzdem in ihrer Gesamtanordnung einfach und übersichtlich geblieben. Das, was die Abbildung etwas umständlicher erscheinen läßt, ist das dem Dachdeckungsmaterial zuliebe aufgesattelte steile Sparren- und Pfettenwerk. Derartige Aufsattelungen sind bei genauer statischer Berechnung auch der Oberkonstruktion durchaus möglich und einwandfrei. Sie bedingen jedoch immer einen erheblichen Holzaufwand und

Abb. 23. Festhalle der Landesausstellung, Nürnberg.

ergeben für den Binder ungünstigere Belastungsverhältnisse, als dies ein flach auf demselben aufliegendes Dach tun würde. Man sollte daher in allen Fällen, wo sie nicht durch das zu verwendende Dachdeckungsmaterial unumgänglich notwendig sind, davon absehen. In diesem Falle sind die beiden Diagonalbinder als gewöhnliche Zweigelenkbogen ausgebildet. Sonst ist häufiger gerade für solche Fälle, wo mehrere Binder in einem Scheitelpunkte zusammenschneiden, mit Erfolg die Form des Dreigelenkbogens gewählt worden. Ein Beispiel hierfür bietet das Sommertheater Modena in Trient, dessen halbkuppelförmigen Abschluß Abb. 20 zeigt. Die Ausbildung des Scheitelgelenkes erfolgt bei den Bogenbindern in der Regel so, daß im Scheitel ein senkrecht stehender Holzblock angeordnet wird, in den beiderseits die Binderhälften mit Zapfen eingelassen werden. Das letzte Binderstück neben dem Scheitelgelenk wird dann ähnlich wie der Bogenteil am Auflager vollwandig ausgebildet, d. h. es treten an die Stelle der gekreuzten einzelnen Diago-

Abb. 24.

nalen diagonal gestellte Brett- oder Bohlenlagen, die nötigenfalls noch durch weitere Brettlagen parallel oder senkrecht zur Bogenachse verstärkt werden.

Abb. 25.

Einen Einblick in den Aufbau der Konstruktionen gewährt die in Abb. 21 dargestellte Montage eines Stephansdaches mit 50 m freier Spannweite für eine staatliche Salpetersäurefabrik. Die Binder sind hier, wie bei allen sonstigen Bauten

Stephans, auf der Baustelle liegend zusammengebaut und werden, fertig montiert, in diesem Falle mit zwei Hebebäumen auf die Höhe ihrer Auflager hinaufgewunden und dann versetzt und abgestrebt. Bei dieser Gelegenheit mag erwähnt werden, daß die Bauzeiten für die Errichtung der Stephansdächer sehr niedrige sind. Die Montage wird sofort im Anschluß an den Abbund vorgenommen, so daß während der Herstellung der letzten Binder die vorhergehenden bereits gerichtet, geschalt und gedeckt werden können. Für die k. k. Nordbahn, Wien, wurden 1912 etwa 14000 qm Magazinsüberdachung in vier Monaten abgebunden und fertiggestellt. Die Luftschiffhalle Düsseldorf mit ca. 7300 qm Grundfläche und sehr großer Höhenabmessung wurde in zehn Wochen, die Flugzeughalle am Militärflugplatz Köln-Longerig mit ca. 8000 qm in rund fünf Wochen fertiggestellt, was immerhin erhebliche Leistungen hinsichtlich der Kürze der Bauzeit darstellt.

Eine Binderkonstruktion, bei der die Zugverankerung in den Fußboden gelegt ist, d. h. also die Binder bis auf diesen herabgeführt sind, fand Anwendung beim

Abb. 26.

Gaswerk in Stuttgart-Gaisburg (Abb. 22). Der Binder wurde als Dreigelenkbogen in der zuvor beschriebenen Weise ausgebildet; seitlich sind mit Hilfe von Klappstielen und Hängepfosten zwei Stege an die Binder angehängt. Auch über die Mitte der Binder ist hier noch ein Laufsteg geführt.

Ein Bauwerk von ganz erheblichen Abmessungen bedeutet die in Abb. 24 im Bau dargestellte Luftschiffhalle in Düsseldorf. Nachdem bei der Frankfurter Internationalen Luftschiff-Ausstellung bereits der Stephansdach-Entwurf selbst vor den Projekten eiserner Hallen mit dem ersten Preis ausgezeichnet war, sind eine Reihe von Luftschiffhallen nach diesem System erbaut worden: in Düsseldorf, Gotha, Brüssel, Antwerpen. Bei diesen Hallen kam es darauf an, abweichend von den meisten Anwendungsgebieten der Holzbinder, sehr hohe Räume zu schaffen, deren Luftraum nicht durch Zugbänder beeinträchtigt werden durfte. Es ist dies dadurch erreicht worden, daß dem Binder vollkommen kreisförmige Gestalt gegeben wurde. Außerdem wurden die Binderfüße dann auf entsprechend hohe Stützen gestellt. Diese Hallenform stellt die höchste Anforderung dar, die bisher an die Biegungsfestigkeit von Bogenbindern überhaupt gestellt worden ist; denn während es sich bei flachen Dächern immer nur um die Aufnahme geringer Seitenschübe und meistens auch nur geringer, unsymmetrischer vertikaler Belastungen handelt, und infolgedessen die

Abb. 27.

eingangs behandelten Biegungsmomente und die Belastungen der Strebenanschlüsse sowie des ganzen Strebenwerkes nur gering sind, ist die seitliche Beanspruchung durch Wind-

Abb. 28.

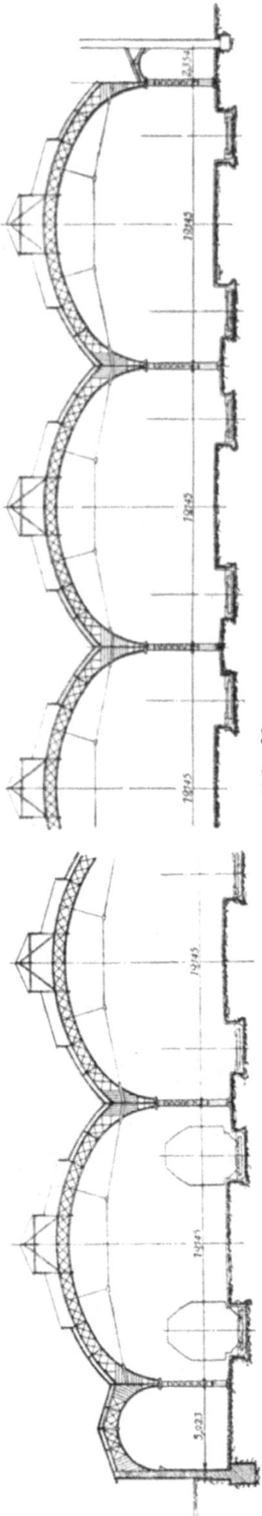

Abb. 29.

druck bei diesen hohen Hallen (die Düsseldorfer Luftschiffhalle mißt 25 · 25 · 160 m) eine außerordentliche. Schätzungsweise wird die auf jeden einzelnen Binder entfallende Windbelastung bei 150 kg Winddruck, was bei so hohen und ungeschützt stehenden Gebäuden gering gerechnet erscheint, 50 t betragen. Wenn man solche Belastungen in Rücksicht zieht, dürften diese Hallenkonstruktionen schon als Rekordbauten angesehen werden. — Die Ansicht der fertigen Halle in Düsseldorf zeigt Abb. 25.

Eine andere größere Bauanlage, deren einzelne Teilstücke sich jedoch nicht durch besonders große Abmessungen auszeichnen, bilden die Bahnsteighallen des Hauptbahnhofs in Kopenhagen, Abb. 26 bis 29. Die hölzernen Binder sind hier auf eiserne Stützen aufgesetzt und überdecken in sechs Schiffen und zwei kleinen Seitenbauten die etwas über 130 m breite Halle. Wenn diese Anlage auch keine großen Spannweiten oder Höhen zeigt, so fällt sie doch auf durch ihre besonders schöne Linienführung und durch den künstlerisch guten optischen Eindruck.

Abb. 30.

In künstlerischer Hinsicht ist mit der Verwendung von Bogenbindern, die zunächst ja nur für rein praktische Zwecke gedacht waren, überhaupt zuweilen recht Gutes erreicht worden. Als ein Beispiel dafür, wie sich bogengedeckte Hallen ganz gut künstlerisch ausbilden lassen, sei noch in Abb. 30 eine Darstellung der Reithalle der Hagener Tattersall-G. m. b. H. in Hagen angefügt.

Seit Stephan seine ersten Konstruktionen baute, ist besonders im Laufe des Krieges ein reger Wettbewerb auf dem Gebiete der Holzkonstruktionen entstanden. Wenn nun auch eine ganze Reihe neuer Gedanken auftauchten, und neue Wege, insbesondere für die Herstellung von Fachwerkkonstruktionen in Holz, im Laufe der letzten Jahre entstanden sind, so steht das Stephansdach auch inmitten dieses Wettbewerbes noch heute durchaus wettbewerbsfähig da. Seine Wirtschaftlichkeit ist ebenso praktisch erwiesen, wie seine statische Sicherheit, und es bleibt zu bedenken, daß die erhebliche Konstruktionserfahrung (die Stephansdachgesellschaft hat bereits über 2000000 qm Raum überdeckt) für die Bewertung des Systemes nicht hoch genug angeschlagen werden kann.

VII. Die Bauweise Hetzer.

Von

Oberingenieur Hugo Storck, Weimar.

Während im Eisenkonstruktionsfach die erzeugenden Firmen von vornherein alle möglichen Systeme je nach Bedarf und, soweit sie als gut bekannt waren, anwendeten, gingen die deutschen Holzbaufirmen für freitragende Dachkonstruktionen getrennte Wege.

Jede Holzbaufirma legte sich im Prinzip auf ein bestimmtes System fest, auf das sie sich den Schutz erwarb und das sie nun in rastloser Tätigkeit mit Hilfe der modernen Statik in gründlicher Durcharbeit weiter und weiter verbesserte und dadurch vorzügliche Konstruktionen schuf.

Selbstverständlich betätigt sich heute jede Holzbaufirma auch in anderen nicht geschützten Konstruktionen; aber es sei doch besonders hervorgehoben, daß gerade dadurch, daß jede der Firmen ursprünglich ein besonderes System behandelte und aus demselben das Beste hervorholte, das zu erzielen war, was bisher erreicht wurde und daß gerade durch diesen Umstand alle heute vorkommenden Systeme im Holzbau für freitragende Dachkonstruktionen nach jeder Richtung hin statisch einwandfrei erprobt und bewährt sind.

Es soll nun im nachstehenden die Hetzerbauweise erläutert werden, die sich mit dem Vollwandträger in gerader und gekrümmter Form befaßt.

Der Gründer der Firma, Herr Otto Hetzer sen., Weimar, kam im Laufe seiner Praxis als Hofzimmermeister zu der Erkenntnis, daß bei dem aus einem Baumstamm geschnittenen gewöhnlichen Holzbalken die Ausnutzung des Holzes eine sehr ungünstige sei. Man denke sich einen Holzbalken auf zwei Stützen. Gerade die bei der Durchbiegung am stärksten oben auf Druck und unten auf Zug beanspruchten Holzfasern sind die weichsten, da sie direkt im Splint oder aber an der Grenze des Splintes liegen, während die kernigen, mittleren Fasern sich um die neutrale Achse konzentrieren und sehr geringe Beanspruchungen erleiden. Die Inanspruchnahme des Holzes erfolgt also in umgekehrter Weise zu seiner natürlichen Beschaffenheit. Es lag deshalb der Gedanke nahe, einen vierkantigen Holzbalken, der in der Mitte sein festes Material hat, längs im Kern zu durchschneiden und umgekehrt wieder aneinanderzufügen, so daß jetzt die widerstandsfähigen Teile des Balkens an die äußeren Flächen des Trägers zu liegen kommen. Auf diese Weise kann man einen Balken erzielen, der mit demselben Material bedeutend widerstandsfähiger und tragfähiger als der ursprüngliche ist.

Diesen Gedanken baute der vorerwähnte Herr Otto Hetzer weiter aus und kam zu dem Entschluß, Vollbalken aus einzelnen Lamellen zusammenzusetzen. Zu diesem Zweck benutzte er für den Obergurt ein besonderes druckfestes Material und für den gezogenen Untergurt ein hochwertiges zugfestes Holz, während er die mittleren wenig beanspruchten Zwischenlagen aus einem Material ohne hohe Festigkeit herstellte.

Später ging man dazu über, das Material dieses Verbundbalkens noch weiter auszunützen, indem man statt des quadratischen oder rechteckigen Querschnittes desselben den I-förmigen Querschnitt anwendete, den auch heute die Hetzerkonstruktionen in der Hauptsache aufweisen. (Abb. 1.)

Zur Verbindung der einzelnen Holzlagen verwendet die Firma ein in Feuchtigkeit nicht lösliches Bindemittel, mit dem die zusammenzufügenden Flächen bestrichen und unter Druck zusammengepreßt werden. Dieses Bindemittel, das in sorgfältigster Weise hergestellt werden muß, besitzt die Eigenschaft, die Holzfasern, nachdem es auf die Holzflächen aufgetragen ist, an den benetzten Flächen zunächst aufzuweichen. Es entspricht dem natürlichen Klebestoff der Zwischenzellräume des Holzes. Auf solcher der Natur des Holzes angepaßten Herstellungsart beruht die Dauerhaftigkeit der Hetzerträger, sowie auch die Möglichkeit jeder beliebigen Formgebung [1]).

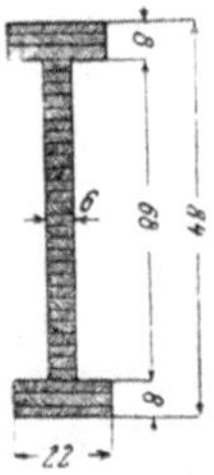

Abb. 1.

Durch das verwendete Bindemittel und durch den Pressedruck werden die Holzflächen so ineinander gepreßt, daß ein durchaus einheitlicher Träger entsteht, der, beliebig gebogen, dauernd seine Form behält. Es entsteht ein untrennbares, festgefügtes und festgeformtes Ganze.

Es wurde durch diese Erfindung nicht nur möglich, erstens einen Holzträger entsprechend seiner Beanspruchung zu profilieren, z. B. einem auf Biegung beanspruchten Träger die I-Form zu geben, und zweitens diesen Träger entsprechend den auf ihn einwirkenden Momenten wechselnde Höhen zu geben, sondern man ist drittens sogar in der Lage, das Material gemäß seiner Festigkeit im Träger so zu verteilen, daß dasselbe den im Träger auftretenden Zug- und Druckkräften entspricht.

Die Richtigkeit dieser Grundgedanken der Hetzerbauweise ist durch amtliche Versuche durch die Praxis und die Erfahrung voll und ganz bestätigt worden.

Es sind im wesentlichen drei Fragen, auf die es bei Beurteilung der Hetzerkonstruktion ankommt, nämlich:

1. Bewährt sich diese Verbindungsschicht in ihrer Dauerhaftigkeit so, daß sie denselben Anforderungen genügt wie die Holzfaser selbst?
2. Wie verhalten sich die Verbindungsschichten in bezug auf Tragfähigkeit zu den Holzfasern, und
3. wie ist das statische Verhalten der Verbundbalken und namentlich der gebogenen Träger oder Rahmen?

Durch eine Anzahl von Versuchen in der Materialprüfungsanstalt zu Groß-lichterfelde, dann in der mechanisch-technischen Versuchsanstalt in Charlottenburg, ferner in der mechanisch-technischen Versuchsanstalt in Dresden, sowie seitens des schweizerischen Eisenbahndepartements in Bern und schließlich auch durch die außerordentlich große Zahl von Ausführungen sind diese Fragen einwandfrei beantwortet worden.

Die Dauerhaftigkeit der Verbindungsschicht ist durch die Praxis nachgewiesen worden. Es sollen hierzu einige Beispiele angeführt werden.

Im Reichstagsgebäude in Berlin liegen seit langen Jahren ca. 15 m lange Verbundbalken. Es haben sich nicht nur unter dem Einfluß der Heizung, sondern auch der Feuchtigkeit die Verbundschichten vollständig einwandfrei erhalten. Bei dem Interimsbahnhof in Dresden sind ebenfalls Verbundbalken jahrelang dem Wechsel von Feuchtigkeit und Trockenheit ausgesetzt gewesen, ohne die geringste Beanstandung zu ergeben.

[1]) Beim Zusammenpressen werden die Zellfasern ineinandergedrückt; der ganze Träger erstarrt beim Erhärten des Bindemittels in der Presse zu einem einheitlichen Verbundträger.

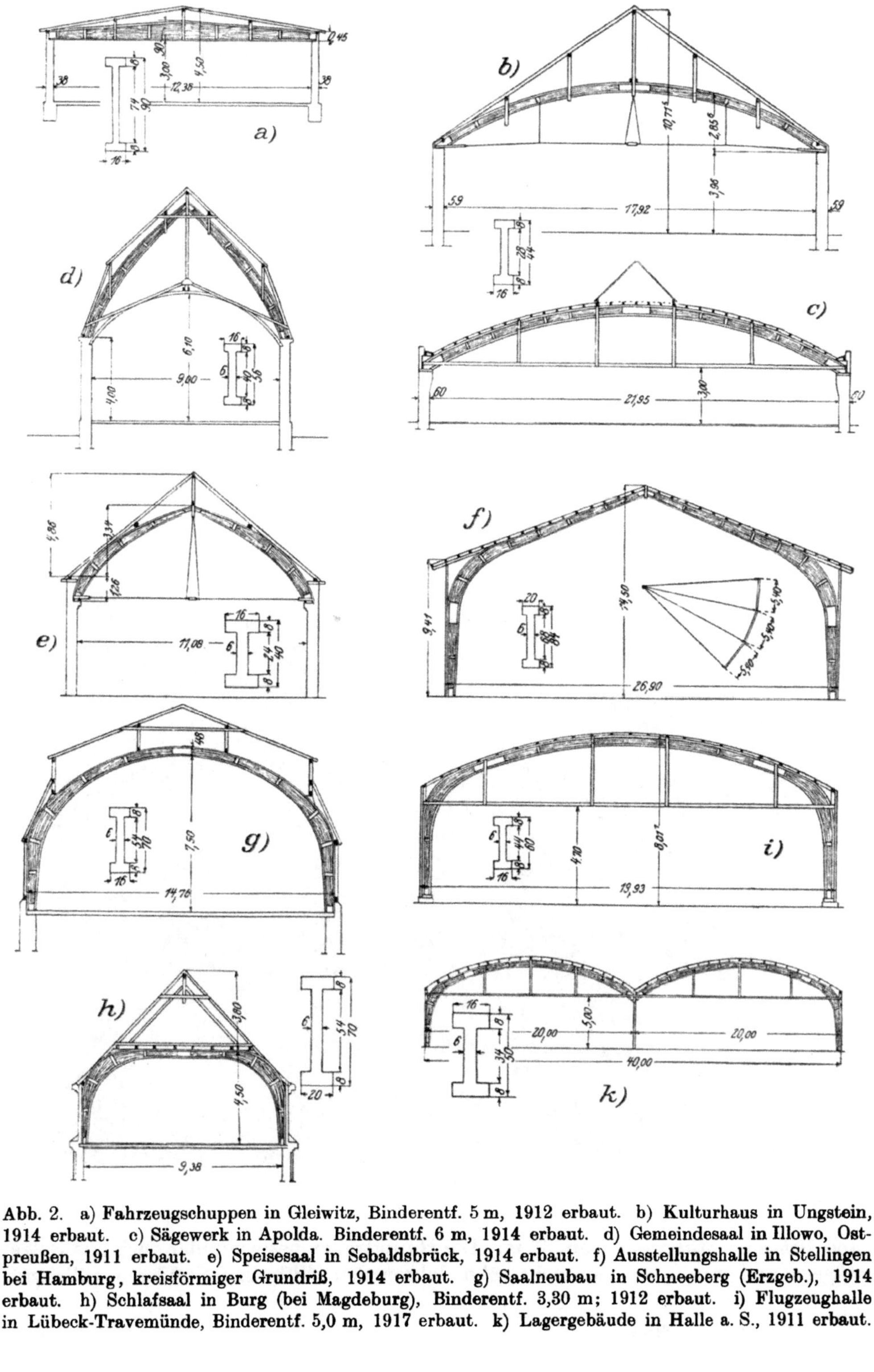

Abb. 2. a) Fahrzeugschuppen in Gleiwitz, Binderentf. 5 m, 1912 erbaut. b) Kulturhaus in Ungstein, 1914 erbaut. c) Sägewerk in Apolda. Binderentf. 6 m, 1914 erbaut. d) Gemeindesaal in Illowo, Ostpreußen, 1911 erbaut. e) Speisesaal in Sebaldsbrück, 1914 erbaut. f) Ausstellungshalle in Stellingen bei Hamburg, kreisförmiger Grundriß, 1914 erbaut. g) Saalneubau in Schneeberg (Erzgeb.), 1914 erbaut. h) Schlafsaal in Burg (bei Magdeburg), Binderentf. 3,30 m; 1912 erbaut. i) Flugzeughalle in Lübeck-Travemünde, Binderentf. 5,0 m, 1917 erbaut. k) Lagergebäude in Halle a. S., 1911 erbaut.

Einen weiteren Beweis für die Dauerhaftigkeit der Verbundmasse bietet die Brücke im Görlitzer Park (vgl. Abb. 18), deren nach Hetzerscher Art ausgeführte Hauptträger durchschnittlich fast jedes Jahr eine Zeitlang infolge Überschwemmung

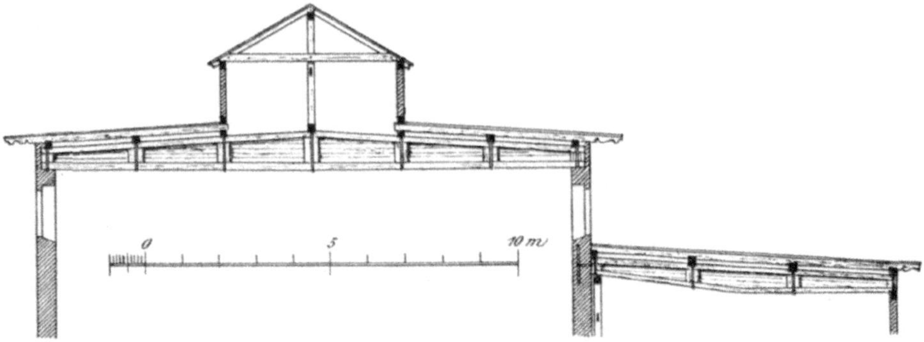

Abb. 3.

unter Wasser stehen, ohne daß sich bisher an den Verbindungsschichten und der Form der Träger irgendwelche Veränderungen gezeigt haben. Ferner sei noch der Brücke über die Wiese bei Basel Erwähnung getan[1]). Dieselbe wurde 1910 erbaut

Abb. 4.

und hat eine Stützweite von 33 m. Die Hauptträger bestehen hier auch aus Hetzerträgern und waren seit nunmehr zehn Jahren den Witterungseinflüssen vollständig

[1]) Vgl. Abb. 17, Seite 77.

preisgegeben. Auch über dieses Bauwerk ist bisher nichts Nachteiliges bekannt geworden.

Der Grad der Tragfähigkeit der Verbindungsschichten ist durch amtliche Versuche festgestellt worden. Bei den Belastungsproben in Großlichterfelde sind Verbundbalken von Hetzer erst bei einer spezifischen Beanspruchung von 600 kg/qcm auf Zug und Druck und 25,5 kg/qcm auf Schub zerstört worden, während ein ge-

Abb. 5. Sägewerkshalle in Beck; erbaut 1911.

wöhnlicher Holzbalken von gleichen Abmessungen nur 380 bzw. 9 kg/qcm ausgehalten hat. Die Durchbiegung des Verbundbalkens hat dabei nur $^1/_3$ der des Balkens von Nutzholz betragen. Die Verbindungsschicht blieb bei diesen Versuchen

Abb. 6. Überdachung der Bunkeranlagen beim Umbau von Ofen V der Rhein. Stahlwerke Duisburg-Meiderich. Stützweite der großen Öffnung rd. 37,0 m und die der kleinen Öffnung 11,0 m. Hallenlänge 67 m. Jeder große Binder wurde zu $^2/_3$ auf dem Boden montiert, während das letzte Drittel auf dem Bunker zusammengelegt wurde. Der Zweidrittelteil wurde alsdann an zwei 28 m hohen Masten hochgewunden, der Drittelteil vom Bunker aus ebenfalls mit Hilfe eines Mastes. Beide Drittel wurden dann freihändig in der Luft zusammengefügt und alsdann auf die Lager gehoben. Die auf dem Bunker stehenden Stützen sind ebenfalls sämtlich in Holz ausgeführt. — Der vorstehend beschriebene Hallenbau dürfte zweifelsohne zu den bedeutendsten, in letzter Zeit ausgeführten freitragenden Holzbauwerken zu rechnen sein.

unverändert; um aber über die Tragfähigkeit derselben noch weitere Erfahrungen zu gewinnen, ist der zerstörte Balken, nachdem er sechs Monate auf dem Hofe des Prüfungsamtes gelagert hatte, zerschnitten und durch Auseinanderreißen der Verbindungsschichten senkrecht zur Faser auf Zugfestigkeit geprüft worden. Bei diesen Proben blieb die Verbindungsschicht als solche erhalten, das Abreißen erfolgte neben ihr im Holz, teilweise mit kleinem Abbruch in der Verbindungsschicht bei 8,8 bzw. 10,4 kg/qcm spezifischer Spannung. Hierbei muß man berücksichtigen, daß das Material bereits bei den früheren Versuchen bis zur Bruchgrenze beansprucht war.

Bei den seitens des schweizerischen Eisenbahndepartements ausgeführten Bruchversuchen mit Hetzerbalken hat sich dasselbe Ergebnis gezeigt; die auf Biegung beanspruchten Balken sind nicht durch Überwindung der Schubfestigkeit in der Verbindungsschicht, sondern durch Überwindung der Schubfestigkeit des Holzes zerstört worden. Dabei hat sich die Schubfestigkeit beim Bruch zu 40 kg/qcm und die Biegungsspannung beim Bruch zu 350 kg/qcm im Mittel ergeben.

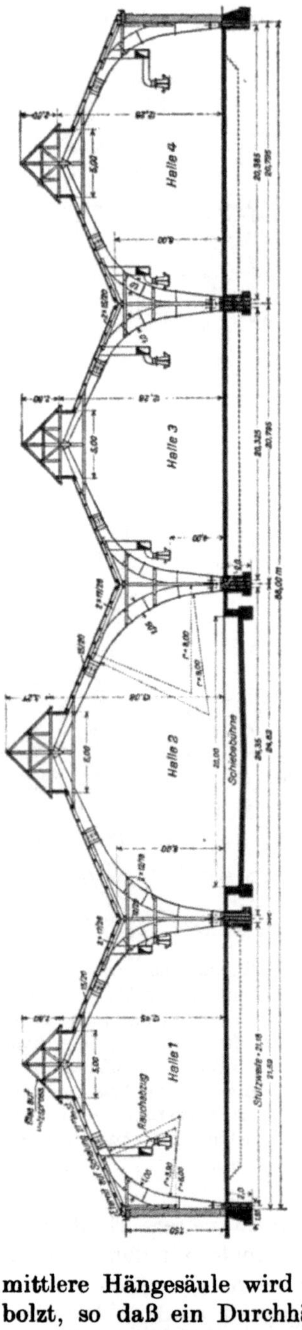

Abb. 7. Lokomotivschuppen in Bern, 88 m Gesamtbreite.

Das statische Verhalten der Verbundträger ist ebenfalls durch die Versuche des schweizerischen Eisenbahndepartements geklärt worden, indem durch die Belastungsproben zweier Rahmenbinder von 4 m Scheitelhöhe nicht allein die Tragfähigkeit ermittelt, sondern außerdem festgestellt werden sollte, ob die statische Berechnung und die dabei zugrunde gelegten Annahmen der Wirklichkeit entsprächen und mit welchen zulässigen Spannungen gerechnet werden könne. Das Ergebnis dieser Bruchversuche war, daß die Berechnung der Rahmenbinder als Dreigelenkbogen praktisch als richtig anerkannt wurde und daß die Annahme einer Beanspruchung auf Biegung bis zu 100 kg/qcm einer $3^1/_2$fachen Sicherheit entspreche.

Im nachfolgenden soll nun die praktische Anwendung und konstruktive Durchbildung der Hetzerträger erläutert werden.

Die geraden Hetzerträger (Abb. 2a) finden ihre Anwendung bei der Überdachung geringer Spannweiten bis etwa zu 15 m. Bei Pultdächern macht man die Gurtungen parallel oder verjüngt den Querschnitt nach beiden nden hin gemäß der Momentenlinie. Bei kleineren Satteldächern mit geringer Dachneigung paßt man den Obergurt der Dachneigung an. Der Untergurt verläuft also hier horizontal, während der Obergurt eine geknickte Form aufweist (Abb. 3).

Bei steileren Dächern, etwa bis zu 30 m Stützweite, verwendet man gemäß Abb. 4 (Reithalle in Fürth, 1909 erbaut) Fischbauch- oder Halbparabelträger. Man benutzt hier gewöhnlich zwei Träger in der Weise, daß man sie zu Dreigelenk bogen zusammensetzt. Im First legen sich diese Träger mit Versatz gegen eine kräftige Hängesäule, während sie sich an den Auflagern ebenfalls mit Versatz auf das hölzerne Zugband aufsetzen. Die mittlere Hängesäule wird bis zum Zugband durchgeführt und mit demselben verbolzt, so daß ein Durchhängen der Zugstange vermieden wird.

Bis zur Verteuerung des Eisens machte man die Zugbänder gewöhnlich aus Rundeisen, Flacheisen oder Winkeleisen. Bei dieser Ausbildung steckte man die

Abb. 8. Sporthalle in Leipzig (Iba, 1913); jetzt Provianthalle in Wilhelmshaven. Dreigelenkbogen von 25 m Spannweite.

Abb. 9. Maschinenhalle in Neckarzimmern (Demag), Stützweite der Binder 16,7 m. Die Binderfüße sind links mit einem leichten Drahtgeflecht umwunden, welches alsdann mit Zement verputzt wurde.

Lagerenden der Träger in einen eisernen Schuh, an den dann das Zugband durch Verschraubung anschloß. Heute ist man von dieser Methode, wie schon vorher gesagt, infolge der Verteuerung des Eisens abgegangen und verwendet hölzerne Zugbänder. Die Verbindung durch Versatz ist vollständig einwandfrei und läßt sich ohne Schwierigkeit berechnen.

Die geraden Hetzerträger spielen noch eine große Rolle bei Dachkonstruktionen mit größeren Binderentfernungen. Sobald die Pfettenstützweiten mehr als 6 m be-

Abb. 10. Salzspeicher des Preußischen Kalibergwerkes in Staßfurt.

tragen, erhält man selbst bei Anwendung von Kopfbändern, von denen man bekanntlich bei überschläglicher Berechnung der Pfetten nur eines berücksichtigen darf, derart starke Holzquerschnitte, daß die Verwendung der Hetzerträger, die man mit geringem Material schon ziemlich hoch machen kann, äußerst vorteilhaft erscheint, Es ist nämlich hierbei wohl zu beachten, daß bei Stützweiten über 6 m für gewöhnlich nicht mehr das Moment für die Querschnittsbestimmung in Frage kommt, sondern die zulässige Durchbiegung des Trägers. Dies ist besonders bei Staatsbauten zu beachten. Als Beispiel sei eine Pfette von 8 m Stützweite und 4 m Belastungsbreite erwähnt. Bei 150 kg Belastung pro qm und Abzug einer Kopfbandentfernung von 1 m beträgt das Moment ohne Berücksichtigung der Einzellast = 3675 mkg. Vergleicht man nun Vollholz mit Hetzerträgern, so entspräche diesem Moment ein Kantholz von 25 · 30 cm mit einem Holzquerschnitt von 750 qcm. Bei Verwendung eines geraden Hetzerträgers in I-förmigem Querschnitt würde ein Träger von 40 cm Höhe mit einem Gurt von 16×8 cm und 6 cm Stegstärke für das Moment genügen. Der Querschnitt desselben beträgt nur 400 qcm. Man untersuche nun den Träger auf Durchbiegung und lege als zulässig $^1/_{400}\,l$ zugrunde. Das erforderliche Trägheitsmoment für diesen Träger ergibt sich dann zu $J_x = 100\,000\ \text{cm}^4$. Danach ist ein Vollbalken von 25×38 cm erforderlich. Derselbe hat einen Querschnitt von 950 qcm. Bei Verwendung eines Hetzerträgers genügt ein Trägerquerschnitt wie oben, jedoch von 46 cm Höhe. Derselbe besitzt

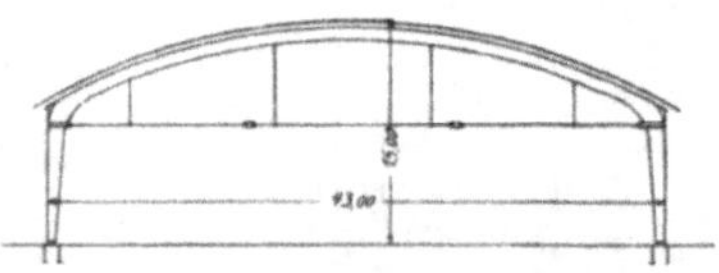

Abb. 11. Binder von 43,0 m Stützweite (Ausstellung Brüssel).

einen Querschnitt von 436 qcm. Der Hetzerträger benötigt demnach nur 45 % des Holzquerschnittes vom Vollbalken.

Bei größeren Stützweiten von Dächern verwendet man die Bogenform, bestehend aus dem fortlaufend gekrümmten Obergurt und dem Zugband (vgl. Abb. 2, sowie Abb. 5, Sägewerk Beck, und 6, Überdachung einer großen Bunkeranlage bei den Rheinischen Stahlwerken in Duisburg). Man berechnet die Bogenbinder als Zwei- oder Dreigelenkbogen. Bei Ausführung der Hetzerbinder als Zweigelenkbogen erfordert die Stoßausbildung im First zur Dekkung der Gurtungen Eisenlaschen, welche eine Verteuerung bewirken. Als Dreigelenkbogen werden die Querschnitte etwas schwächer; auch ist die Stoßausbildung im First eine bedeutend einfachere. Die beiden Trägerenden erhalten oben im verstärkten Steg Ausschnitte zur Aufnahme eines Gelenkbolzens

Abb. 12. Waggonfabrik Weimar; Binderspannweite 25 m.

Abb. 13. Lokomotivschuppen in Weimar; erbaut 1912.

in Hartholz, gegen den sich die beiden Bogenhälften stützen. Damit der Bolzen gegen seitliches Verschieben oder Herausgleiten gesichert ist, überdeckt man denselben mit zwei hölzernen Zangen, welche auf die Träger aufgeschraubt werden.

Die Auflagerung des Bogens erfolgt bei geringeren Spannweiten durch Versatz auf das hölzerne Zugband. Bei größeren Spannweiten setzt man die Bogen auf Hartholzlager, welche mit der Mauer verankert werden. Zur Befestigung des Zugbandes legt man um die Enden der Bogen Eisenbänder, an denen dann die hölzernen Zugstangen vermittelst Hartholz- oder Eisenkeile zur Aufnahme des Schubes, und durch Bolzen, welche nur das Herausfallen der Keile zu verhindern haben, angeschlossen werden).

Abb. 14. Montagehalle in Görlitz.

Der Stoß des Zugbandes kann auf verschiedene Weise durchgeführt werden. Man kann bei Stützweiten bis zu 20 m entweder einen Vollbalken in der Mitte stumpf stoßen und überdeckt ihn mit zwei Zangen zu beiden Seiten, oder man konstruiert das Zugband aus zwei Zangen, welche zu beiden Seiten der Binderfüße angeordnet werden, und stößt die Zangen in der Mitte durch ein Vollholz. Größere Stützweiten machen zwei oder mehrere Zugbandstöße erforderlich. Man wechselt mit Vollholz und Zangen ab und benutzt dann durch Verlängerung des Materials über die Stoßpunkte hinaus dasselbe gleichzeitig als Stoßdeckung. Man kann natürlich auch für das ganze Zugband Vollholz verwenden

Abb. 15. Reformgymnasium Görlitz; Binder für den Gesangsaal.

und die stumpfgestoßenen Hölzer durch Eisenlaschen überdecken; doch verteuert diese Art der Ausführuug das ganze Bauwerk.

Bei allen diesen Stoßanordnungen erfolgt die Übertragung der Zugkräfte lediglich durch Hartholz- oder Eisenkeile. Die zur Verwendung gelangenden Bolzen haben nur den Zweck, den Stoß zusammenzuhalten, dürfen aber nicht zur Aufnahme der Zugkräfte mit in Rechnung gesetzt werden.

Es gibt nun eine Reihe von Bauten, wo es unbedingt zweckmäßig erscheint, das Zugband nicht in sichtbarer Form anzuordnen. Es sei an Lagerschuppen mit im First laufenden Transportbändern für die Kaliindustrie, an Lokomotivschuppen, wie die Lokomotivremise in Bern (Abb. 7), an Theater, Kinos usw. erinnert. Die Lösung dieser Aufgabe erfolgt in der Weise, daß man die Binder bis zum Boden durchführt, also Binder und Stützen vereinigt (Abb. 2f).

Abb. 16. Bahnsteigüberdachung in Sommerfeld.

Diese Konstruktionen wirken sehr schön und gleichen in ihrer Form den modernen Eisenkonstruktionen. In gleicher Weise wurde auch die in Abb. 8 gezeigte Sporthalle in Leipzig[1]), welche mit dem goldenen Preis ausgezeichnet ist, durchgeführt. Der Horizontalschub wird hier von den Fundamenten aufgenommen.

Abb. 17. Brücke über die Wiese bei Basel; Stützweite 33 m.

Selbstverständlich kann man auch bei Zweigelenkbogen die Binder bis zum Boden herabführen.

Falls genügende Höhe vorhanden ist, lassen sich die Binder auch als Dreigelenkbogen mit hochliegendem Zugband ausführen. Eine ähnliche Anordnung zeigt der in Abb. 11 veranschaulichte Querschnitt. Das Bild stellt das Binder-

[1]) Die vollwandigen Dreigelenk-Bogenbinder haben hier einen Abstand von 6,25 m bei rund 25 m lichter Weite und 15 m Scheitelhöhe. Die größte Konstruktionshöhe des I-förmig gestalteten Binderquerschnitts beträgt 1,10 m. Zeit der Herstellung der Binder in der Fabrik rund 3 Wochen, Zeit der Aufstellung einschließlich aller Vorbereitungen 1 Woche.

system der Reichseisenbahnhalle auf der Brüsseler Ausstellung dar. Trotz der ziemlich bedeutenden Stützweite von 43 m zeigt der Binder eine elegante, leichte Form mit nur 1,0 m Binderquerschnittshöhe im Scheitel. Die vorerwähnte Halle hatte berechtigtes Aufsehen erregt und wurde mit zwei großen Preisen ausgezeichnet.

Während bei den bisher gezeigten Ausführungen die Auflagerung auf beiden Seiten gleich gestaltet war, zeigt Abb. 12 den Aufbau einer Waggonfabrik in Weimar (von 25 m Spannweite). Bei dieser Ausführung ruhen die Binder auf der einen Seite auf der Mauer, während sie auf der anderen Seite bis auf den Boden herabgeführt sind. Eine ähnliche Ausführung bietet der in Abb. 13 gezeigte, 1912 erbaute Lokomotivschuppen in Weimar, mit Bindern von 23 und 29 m Spannweite, ebenfalls mit hochliegenden Zugstangen. Die Binder liegen hier an der Torseite auf Pendelstützen auf. Binderentfernung 7 m[1]).

Abschließend sei noch in Abb. 17 eine Ansicht der 1910 erbauten **Brücke** über die Wiese bei Basel gegeben. Spannweite 33 m, Fahrbahnbreite 2,4 m. Die

Abb. 18. Brücke im Görlitzer Stadtpark.

Berechnung der Hauptträger (Zweigelenkbogen mit aufgehobenem Horizontalschub) erfolgte unter Zugrundelegung einer Nutzlast von 350 kg/qm.

Wie vorstehende Darstellungen zeigen, sind Hetzerkonstruktionen ebensogut wie Eisen- oder Eisenbetonkonstruktionen bei allen in der Praxis vorkommenden Fällen anwendbar. Sie sind daher auch bei den verschiedensten Bauten für Private und Behörden sowie für Fabrikhallen in ausgedehntem Maße zur Ausführung gekommen. Durch ihre eleganten Formen und die Billigkeit der Konstruktionen, besonders aber durch den Umstand, daß Hetzerkonstruktionen gegenüber Eisen- oder Betonkonstruktionen in bedeutend kürzerer Zeit herzustellen sind, verdrängen sie mehr und mehr die teuren Eisen- und Betonkonstruktionen und erfreuen sich einer stets wachsenden Beliebtheit. Diese wird noch verstärkt dadurch, daß den Hetzerbauten gegenüber gewöhnlichen Holzkonstruktionen das Unentwickelte und Barackenhafte fehlt. Sie wirken in ihren Formen fest und massiv und sind architektonisch stets sehr befriedigend.

[1]) Es sei ausdrücklich darauf aufmerksam gemacht, daß hier, wie auch bei dem in Abb. 7 gezeigten Lokomotivschuppen in Bern, irgendwelche Sicherungen gegen Feuersgefahr durch feuerfeste Anstriche oder Ummantelungen nicht verlangt wurden.

VIII. Holzbau-System Meltzer.

Von

Baurat Dr.-Ing. August Nenning, Würzburg.

In einer Abhandlung über moderne Holzbauweisen, welche von der Technischen Hochschule München als Doktordissertation angenommen wurde, habe ich mich auch mit der Meltzerschen Bauweise befaßt. Heute habe ich die Aufgabe, sie zum ersten Male seit ihrem 10jährigen Bestehen in einem öffentlichen Vortrage zu behandeln.

Über die Entstehung und Benennung der Bauweise konnte ich von Herrn Meltzer folgendes erfahren: Der Erfinder beabsichtigte ursprünglich, Holzgerippe für starre Luftschiffe zu bauen. Dabei kam er auf den Gedanken, sein hierfür ausgedachtes leichtes System auf die vielerlei Aufgaben des Ingenieur- und Hochbaues anzuwenden. Vor zehn Jahren wurde zu diesem Zweck die Firma „Holzbau System Meltzer" gegründet[1]).

Charakteristisch für die Bauweise ist, daß glatte Hölzer ebenso wie Walzeisen an Knoten ohne Verschnitt direkt oder unter Zuhilfenahme von Holzlaschen durch eine entsprechende Anzahl von Bolzen (an Stelle der Nieten) zu einer starren Fachwerkkonstruktion vereinigt werden[2]). Die Bolzen bestehen aus gezogenem (im Querschnitt genau kreisrundem) glatten Stahldraht; für Herstellung der Verbindungen werden — wie bei Eisenkonstruktionen — Stäbe und Laschen in ihrer endgültigen Lage zueinander maschinell für Aufnahme der Bolzen gebohrt. Die Bolzen passen genau in die um ein geringeres engeren Löcher und fallen, wie die Erfahrung gelehrt hat, aus der fertigen Konstruktion nie heraus, trotzdem sie keine Verdickung an den Enden tragen, noch lockern sie sich durch Witterungseinflüsse. Schraubenbolzen werden in geringer Anzahl nur für Richtearbeit angewendet. Die Stärke der wie Nieten normalisierten Bolzen, Zahl und gegenseitiger Abstand bemessen sich nach dem zulässigen Lochlaibungsdruck und den im Holz zu erwartenden

---

[1]) Seitdem ist die Bezeichnung „Holzbau", unter der man früher ein Holzhaus verstand, auch für Holzkonstruktionen — in Anlehnung an die Bezeichnung Eisenbau für Konstruktionen in Eisen — von den Firmen übernommen worden, welche sich mit modernen Holzbauweisen befassen. Auch der von Meltzer geprägte Ausdruck „Eisenkonstruktionen in Holz" für seine starren Holzfachwerke ist von der Industrie vielfach angewendet worden. Diese Bezeichnung wurde von einigen Autoren aber auch für Holzfachwerk schlechthin ohne Berücksichtigung der Knotenausbildung gewählt. Meltzer beabsichtigte jedoch, mit diesem Ausdruck das Wesen seiner Bauweise, d. h. seiner Holzverbindung zu kennzeichnen. N.

[2]) Vgl. Abb. 20 und 26.

Scherspannungen. Die statische Berechnung der Meltzerschen Holzfachwerke kann demnach wie die der Eisenfachwerke durchgeführt werden; ein Hauptaugenmerk ist hier jedoch den an den Knoten im Holz auftretenden Scherspannungen längs der Faser zuzuwenden.

Für die Meltzerbauweise ist ferner charakteristisch, daß bei ihr verhältnismäßig sehr schlanke Bauglieder verwendet werden, was die Herstellung der Verbindungen an den Knoten erleichtert. Da gewöhnlich mehrere solcher Stäbe unter Einhaltung entsprechender Abstände zu einem druckübertragenden Konstruktionsgliede vereinigt werden, entstehen so große Trägheitsmomente, daß die Knickgefahr bei zulässiger Druckbeanspruchung ausgeschlossen ist. Die schlanken Einzelstäbe hat Meltzer bisher in der Weise knicksicher verbunden, daß er wie bei Eisenkonstruktionen räumlich gekreuzte Laschen zwischen ihnen anordnete, oder daß er die Stabenden auf prismatische Holzkörper von kreuzförmigem Querschnitt auflaufen ließ. Dadurch ergibt sich eine räumliche Kreuzung der Bolzen als besondere Eigentümlichkeit der Meltzerschen Bauweise. Das Holz wird sonach in zwei senkrecht aufeinander stehenden Ebenen auf Scherung beansprucht und seine Scherfestigkeit voll und ganz ausgenutzt.

Neuerdings verzichtet Meltzer auf Grund der günstigen Erfahrungen, die er mit der Abgabe und Übertragung der Spannungen von den Bolzen auf Holz gemacht hat, zuweilen auf die kreuzförmigen Laschen und ordnet nur flache an.

Nach alledem haben wir es bei der Meltzerschen Holzbauweise mit einem System zu tun, das alle konstruktiven Vorzüge des Eisenfachwerks, vor allem die Leichtigkeit der Formgebung, die große Steifigkeit der Knoten — ein Punkt, den ich besonders hervorheben möchte — auf die Holzkonstruktion überträgt. Dazu kommt, daß die Meltzerschen Gebilde wie Eisenfachwerke statisch einwandfrei zu berechnen sind, und daß wie bei diesen infolge der Knotensteifigkeit die in Wirklichkeit übertragenen Spannungen weit geringer als die rechnerisch ermittelten sind.

Trotz dieser dem Fachmann einleuchtenden Vorzüge hat es der Meltzerschen Bauweise an Gegnern nicht gefehlt. Hierüber kann Herr Meltzer selbst am besten Aufschluß geben. Ich möchte Ihnen daher im folgenden seine Äußerungen, soweit hier einschlägig, vermitteln.

„Das Verfahren, die Eigenart der Eisenkonstruktionen auf Holz anzuwenden, war zu einer Zeit, in der lediglich die Stephansche und Hetzersche Bauweise bestand, ganz neu. Dem Holzbau wurden dadurch ganz neue Bahnen gewiesen. Es war seinerzeit viel angezweifelt worden, ob man es wagen könne, Holzstäbe durch Bolzen, die in verhältnismäßig geringer Entfernung vom Ende angebracht waren, sicher zu verbinden. Daß die Bauweise sich seitdem glänzend bewährt hat, ist der schlagendste Beweis für die Richtigkeit dieser vor zehn Jahren schon getroffenen Anordnung."

Meltzer hat auch zur Frage Stellung genommen, ob bei Knoten eine Gruppe von Dübeln oder nur ein einziger angeordnet werden soll, und äußert dazu folgendes: „Bei Beurteilung einer Holzverbindung darf man nie außer acht lassen, daß Holz ‚wächst', also kein homogenes Material wie Flußeisen ist, dessen Zusammensetzung und Festigkeit durch Vorbehandlung beeinflußt werden kann. Es ist wohl möglich, für Holzkonstruktionen die Hölzer auszusuchen und damit eine gewisse Gewähr zu erhalten, daß die Hölzer einigermaßen gleiche Eigenschaften besitzen, aber auch nur einigermaßen; denn den Feuchtigkeitsgehalt, die Elastizität bei einer großen Anzahl von Holzstäben genau gleichmäßig zu bekommen, ist praktisch unmöglich, und damit liegen die Verhältnisse für Holz wesentlich ungünstiger wie bei Eisenkonstruktionen. War es hier schon außerordentlich schwierig, durch einen einzigen „Gelenk"-Bolzen am Knoten sicher tragende Konstruktionen zu erhalten, so gestalten sich die Verhältnisse bei Holz wegen der erwähnten Eigenschaften weit ungünstiger; denn ein einziger Fachwerkstab, der einen wesentlich anderen Wassergehalt besitzt wie seine Nachbarn, oder, was sehr häufig vorkommt, dessen Elastizitätsmaß ein wesentlich anderes ist, kann die Kräfteverteilung erheblich verschieben. Nehmen wir weiter an, daß ein Stab, der durch einen einzigen Gelenkbolzen mit den anderen Stäben zu einem Knoten vereinigt ist, zufällig von schlechter Beschaffenheit sei, sagen wir mal, er habe einen Riß, der gerade mitten durch den einzigen Dübel geht, so wird einer Gruppendübel-Verbindung gegenüber die Gefahr des Ausreißens nicht nur in einfachem, sondern in mehrfachem Verhältnis wachsen; denn in dem einen Falle wird der Gefahr des Ausreißens durch Nachbaranord-

Abb. 1. Salzlagerhalle von 28 m Spannweite (s. auch Abb. 32).

nungen nicht begegnet, im andern Fall dagegen durch benachbarte Dübel ein Riegel vorgeschoben. Eine Verbindung durch mehrere Dübel ist deshalb unter allen Umständen vorzuziehen, zumal auch noch eine Anzahl anderer Gründe vorliegt.“ Hierzu möchte ich bemerken, daß ich einen weiteren wesentlichen Grund in der Knotensteifigkeit erblicke, von der ich am Anfang meines Vortrages gesprochen habe. Herr Meltzer äußert sich zu dem Wunsche, durch einen einzigen Dübel, der im Schnittpunkt der Systemlinien angebracht ist, alle Kräfte aufzunehmen, folgendermaßen: „Vielfach wird als großer Vorteil die Beweglichkeit der Fachwerkstäbe um diesen Dübel angeführt. Ich glaube jedoch, daß eine Drehung um den Dübel als Achse nie eintreten wird. Dazu ist doch die Reibung zwischen Holz und Eisen einerseits und Holz auf Holz andrerseits viel zu groß; außerdem ist das Holz so nachgiebig, daß die auftretenden Biegungsmomente zu entsprechender Krümmung der Stäbe führen. Die Absicht, durch Anordnung von nur einem Knotenbolzen

Nebenspannungen zu vermeiden, ist also eine Utopie. Es ist zwecklos, sich mit einem Dübel zu begnügen, wenn man durch mehrere Dübel andere Vorteile zu erzielen vermag."

An den Meltzerschen Konstruktionen wurde manchmal auch bemängelt, daß viele Stäbe nicht ganz zentrisch angeschlossen seien. Diese Maßnahme bietet bei seiner Bauart Vorteile, namentlich bei Konstruktionen von geringer Spannweite im allgemeinen und bei Knickversteifungen im besonderen. Gegen die erhobenen Einwände nimmt Herr Meltzer folgendermaßen Stellung: „Eingehende theoretische Untersuchungen haben bestätigt, daß diese Nebenspannungen von verhältnismäßig geringer Bedeutung sind. Sie können also mit in den Kauf genommen werden, wenn die exzentrischen Stabanordnungen nur auf untergeordnete Fälle beschränkt

Abb. 2. Flugzeughalle in Darmstadt; Spannweite 21 m.

werden. Ja, ich möchte sogar so weit gehen, zu behaupten, daß der exzentrische Anschluß in Holzfachwerken häufig eine günstige Wirkung auf die Tragfähigkeit ausübt in dem Sinne, daß dadurch die ungleichmäßige Beschaffenheit der Hölzer in gewissem Umfange ausgeglichen werden kann. Das Fachwerk kann sich sozusagen einstellen, was bei genau zentrischem Anschluß ohne die größeren Neben- bzw. Zusatzspannungen nicht möglich ist."

Über den Wert der Bolzenverbindung gegenüber anderen Verbindungsarten führt Herr Meltzer folgendes aus:

„Der Erfolg meiner Holzverbindung beruht in erster Linie auf der Sorgfalt, mit der Bolzen und Lochlaibung zusammenpaßt, und auf der Genauigkeit, mit der die Löcher gebohrt werden. Ein solcher genau runder Bolzen, der in ein ebenso gebohrtes Loch eingepaßt wird, stellt eine unübertreffliche Verbindung dar. Da, wie die Erfahrung beweist, das Holz durch das Eintreiben der Bolzen praktisch spannungslos bleibt, ist die Gefahr des Reißens gleich Null, selbst wenn der Bolzen nahe am Ende des Holzstabes angeordnet ist. Im Gegensatz hierzu bewirkt selbst der kleinste Nagel ein Reißen des Holzes, wenn auch zunächst in ganz unbedeutendem Maße. Durch Schwinden des Holzes wird aber der Anfangsriß erweitert, sodaß die Tragfähigkeit des Nagels vollkommen in Frage gestellt wird. Ich hatte Gelegenheit, bei Ausführung schwerer Binder die Beobachtung zu machen, daß das Holz, wo Heftnägel eingeschlagen waren, im Laufe eines allerdings besonders heißen Sommers ganz erhebliche Risse aufwies, während an keinem einzigen Knoten Risse nachweisbar waren, die durch die Dübel hervorgerufen sein könnten. Ein Nagel wird auch mit der Zeit locker, da beim Eintreiben die Holzfaser zerquetscht wird und diese

Abb. 3. Kinotheater; Binderspannweite 12,30 m.

allmählich die Elastizität verliert. Ein Lockern eines sorgfältig eingepaßten Bolzens findet nie statt, weder durch Ausdörren noch durch wiederholtes Quellen des Holzes, wie zahlreiche Versuche bewiesen haben. Die Tragfähigkeit eines solchen Bolzens, auch wenn er in Gruppen angeordnet wird, ist so einwandfrei, daß ohne weiteres mit dem Laibungsdruck gerechnet werden kann, eine Tatsache, die damals, als ich mit meiner Bauweise hervortrat, bei Holzkonstruktionen vollkommen neu war, die aber inzwischen allgemein als richtig anerkannt ist. Die Holzkonstruktionen, bei denen die Hölzer durch Schrauben miteinander verbunden werden, müssen auf Ausnutzung des Laibungsdruckes verzichten, weil es nicht möglich ist, die rohen, nicht genau rund hergestellten Schraubenbolzen entsprechend sorgfältig ins Holz einzupassen. Die Tragfähigkeit wird vielmehr dadurch erzielt, daß durch die mit Kopf und Mutter versehenen Schrauben infolge Kniehebelwirkung eine so starke

Anpressung des Holzes erreicht wird, daß allein die Reibung der Knotenbeanspruchung genügt, wie in alten Lehrbüchern zu lesen ist. Damit diese Kniehebelwirkung durch Verbiegen der Schrauben erzielt wird, muß natürlich eine erhebliche Deformation des Fachwerkes eintreten. Gerade die geringe Durchbiegung meiner Konstruktion ist ein Beweis für die Richtigkeit meiner Anordnungen."

In folgendem sollen nun einige charakteristische Ausführungen, welche die Entwicklung der Bauweise in chronologischer Reihenfolge veranschaulichen, an Hand von Lichtbildern besprochen werden.

Die Bauweise wurde zunächst für Dachbinder angewandt. Der erste Binder für die Bedachung einer Saline wurde im Jahre 1910 montiert. Hier sind die Gurte noch weitgehend aufgeteilt; die Fachwerkstäbe sind genau zentrisch angeschlossen unter Verwendung von Knotenlaschen, welche aus drei Lagen bestehen, deren Fasern sich kreuzen. Die einzelnen Lagen sind nicht verleimt, sondern lediglich miteinander verbolzt, welche Ausführung sich recht gut bewährt hat. Die Binder haben nicht nur die Dachlast zu tragen, sondern auch zwei bewegte Einzel-

Abb. 4. Holzlagerschuppen in Glückstadt (Eisenbahndirektion Altona).

lasten von je 5 Tonnen. Die Binder sind durch Gitterpfetten miteinander verbunden. Als Material wurde australisches Hartholz (Jarrahholz) verwendet, dessen damaliger Preis im Verhältnis eine billigere Lieferung gestattete, als es mit deutschem Holz möglich war. Im Laufe der Zeit hat sich dieses Verhältnis zugunsten deutschen Hartholzes geändert. Binderkonstruktionen über einem Beizraum wurden ebenfalls in australischem Hartholz ausgeführt. Die gleichen Binder wurden jedoch auch in Buchenholz hergestellt und haben sich in der Hitze eines Kesselhauses gut bewährt.

Spätere Binder wurden in Dreigelenkform konstruiert, die für Holzbinder damals vollkommen neu war. Die Ausführung erfolgte in deutschem Buchenholz. Auch diese Binder tragen erhebliche Einzellasten und haben sich vorzüglich gehalten. In Buchenholz sind dann eine Reihe von anderen Bindern ausgeführt worden. Abb. 1 zeigt die Konstruktion für eine Salzlagerhalle (Spannweite 28 m, Binderabstand 7,22 m). Diese Kastenbinder haben eine erhebliche Einzellast im First zu tragen, in dem die Laufbahn für den schweren Verteilungswagen angebracht ist. Die Beanspruchung des Buchenholzes auf Zug und Druck mit 125 kg hat sich außerordentlich gut bewährt. Die elastische Durchbiegung des Binders ist durchaus minimal. Die Prüfung mit einer Einzellast mit 1000 kg ergab eine Durchbiegung von nur wenigen Millimetern.

Die nächsten Ausführungen sind in amerikanischem Pitschpine-Holz hergestellt, das mit 140 kg/qcm auf Druck und mit 100 kg/qcm auf Zug einwandfrei beanspruch twerden kann. Solche Ausführungen zeigt zunächst die Abb. 2 der Flugzeughalle in Darmstadt (Spannweite 21 m, Binderabstand 20,85 m, lichte Toröffnung

Abb. 5. Speisesäle der Kruppwerke in Essen. Aufnahme während der Richtearbeiten (s. auch Abb. 33).

20 × 4,80 m), welche in gleicher Weise auch in Metz ausgeführt wurde, dann die eines Kinotheaters (Abb. 3) mit 12,30 m weit gespannten Bindern, bei dem das Konstruktionsgewicht für den qm Grundrißfläche nur 4 kg beträgt. Da Bedenken gegen die Trag-

fähigkeit der Binder bestanden, wurde eine Regierungskommission von mehreren höheren Beamten mit der Prüfung beauftragt. Die Durchbiegung bei der doppelten Totallast betrug aber nur 16 mm, so daß selbst ausgesprochene Feinde der Holzkonstruktion nichts einwenden konnten. Auch die Feuerpolizei hatte keine Erinnerung erhoben. Die Binder über der Münchener Reithalle (Abb. 29) habe ich in meiner Doktordissertation zum Vergleich des Holzverbrauchs mit dem von Bindern der bekanntesten Firmen gewählt. Spannweite (17,88 m) und Lastannahmen, sowie Neigung des Sattel-

Abb. 6. Speisesaal der Kruppwerke. Innenaufnahme des Küchenbaues.

daches (23°) sind für alle Binder gleich angenommen. Ich habe alle Binder statisch berechnet und den Holzinhalt genau ermittelt. Danach ergibt sich folgendes Verhältnis des Holzverbrauches:

	Meltzer-Fachwerksbinder	Kübler- oder Tuchscherer-Englischer Binder	Ambi-Zweigelenkbogenbinder	Stephan- oder Tuchscherer-Zweigelenkbogenbinder	Hetzer-Dreigelenkbinder	Gewöhnlicher Binder
Binder mit nötiger Zwischenkonstruktion bis Pfetten	—	—	2,06 cbm	2,06 cbm	—	—
Binder allein	0,9 cbm	1,1 cbm	Dreigelenkbinder 1,3 cbm	1,32 cbm	1,4 cbm	2,9 cbm

Um dem Vergleichsverfahren völlig gerecht zu werden, habe ich natürlich für alle Binder die gleiche Holzart (einheimisches Nadelholz) angenommen; eiserne Spannstangen habe ich in Holz umgerechnet. Da die Zweigelenkbogenbinder der Dachform sich nicht unmittelbar anpassen können, mußte ich für diese auch noch

Abb. 7. Speisesäle der Kruppwerke, Gesamtansicht. Bodenfläche 4700 qm.

Abb. 8. Straßenschutzbrücke einer Drahtseilbahnanlage in Hannover.

den Holzinhalt der Konstruktion zwischen Bindern und Pfetten dem reinen Binderinhalt zuschlagen. Sonach ergibt sich der Wert von 2,06 cbm Holzbedarf f. d. Binder. Der Holzinhalt des Meltzerbinders ist also der geringste unter den Vergleichsbindern und steht zu demjenigen eines Fachwerkbinders gewöhnlicher Art im Verhältnis von fast 3 : 10. Bei der in Wirklichkeit erfolgten Ausführung in Pitschpine-Holz ist der Holzbedarf für den Meltzerbinder noch erheblich niedriger. Dieses Vergleichsergebnis ist sehr wichtig für die jetzige Zeit, in der wir mit unserem Holzvorrat besonders sparsam umgehen müssen. Auch das geringe Ladegewicht der nach modernen Holzbauweisen hergestellten Konstruktionen spielt bei der

Abb. 9. Freistehende Antennenmaste in München.

jetzigen Transportnot eine bedeutsame Rolle. Gegen die Meltzergebilde wird zuweilen eingewendet, daß sie sperrig und deshalb schwieriger zu transportieren wären. Dagegen kann Herr Meltzer ausführen: „Das Eintreiben der Verbindungsbolzen geschieht am Werkplatz lediglich soweit, als nötig ist, um eine große Anzahl von losen Stäben einerseits und von Sperrgut anderseits zu vermeiden. Nur kleine Binder werden in der Werkstatt fertig verbolzt, große dagegen am Montageplatz."

Der Vollständigkeit halber möchte ich von weiteren Ausführungen in Pitschpine-Holz, die sich durch ihre große Leichtigkeit auszeichnen, diejenige für Lagerschuppen in Abb. 4, für Speisesäle der Kruppwerke mit fast 25 000 qm Grundfläche in Abb. 5 bis 7 bringen und für Straßenschutzbrücken einer Drahtseilbahnanlage in Hannover in Abb. 8.

Bei Verwendung von Pitschpine-Holz oder besonders leichten und widerstandsfähigen heimischen Holzarten erscheint die Meltzerbauart auch für die Konstruk-

Abb. 10. Fuß eines Meltzerschen Antennenturmes.

Abb. 11. Freistehende Meltzersche Antennenmaste.

tion von starren Flugzeuggerippen sehr geeignet. Wie schon gesagt, ging das System von den Bestrebungen aus, Luftschiffkörper in Holz zu bauen, Bestrebungen, die auch anderwärts aufgenommen und zum Ziele geführt wurden (z. B. Luftschiff Schütte-Lanz). Vergleicht man z. B. einheimisches, gutes Lärchenholz mit einem spezifischen Gewicht von 0,47—0,56, einer Zugfestigkeit von etwa 580 kg pro qcm mit Aluminium, dessen spezifisches Gewicht 2,5 und dessen Zugfestigkeit i. M. etwa 2500 kg pro qcm (kaltgewalztes oder ohne Temperung geschmiedetes Aluminum) beträgt, so liegt die Vermutung sehr nahe, daß sich aus Lärchenholz Tragkörper für Luftschiffe bauen lassen, welche zum mindesten nicht schwerer als Aluminium sind. Weit günstiger liegen die Verhältnisse für das Pitschpine-Holz; Versuche, welche Herr Meltzer in dieser Richtung angestellt hat, bestätigen dies. Wenn nunmehr auch Aluminium-Legierungen gefunden sind, welche das reine Aluminum an Leichtigkeit und Zug- und Druckfestigkeit übertreffen, so wird trotzdem die Holzkonstruktion vermöge der Eigenschaft des Holzes, Elektrizität nicht zu leiten, in allen Fällen, in denen es auf Leichtigkeit und zugleich Isolationsfähigkeit

Abb. 12. Lichtpunkthöhe 12,5 m.

Abb. 13. Lichtpunkthöhe 5,20 m.

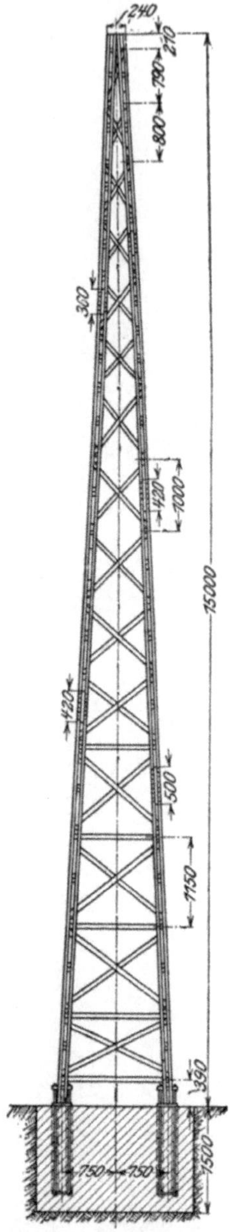

Abb. 14. Fernleitungsmast.

gegen Elektrizität ankommt, den Vorrang behaupten. Diese Bedingungen sind auch bei Antennenmasten gegeben; solche Masten wurden nach System Meltzer ausziehbar und unbeweglich hergestellt; ein in Darmstadt aufgestellter Antennenmast besteht aus vier im Querschnitt quadratischen gitterartigen Gliedern, welche (wie die Glieder eines

Teleskops) in Führung laufend durch Seilzug bis zur Spannung der mit hochgehenden Seilverankerung ausgezogen werden können. Die Höhe des ausgezogenen Mastes beträgt 37 m, die Breite des untersten Gliedes, von Außenkante zu Außenkante gemessen, etwa 40 cm. Zwei in München aufgestellte unbewegliche Antennenträger sind 60 m hoch; die Türme, aus Pitschpine-Holz hergestellt, stehen auf 2 m aus dem Boden herausragenden Betonkörpern von je 24 cbm Rauminhalt, deren Vertikalachsen einen gegenseitigen Abstand von 6 m haben; die 4 unteren Pfosten sind — von Achse zu Achse der aus 4 Stäben bestehenden Glieder gemessen — 80 cm breit und reichen in dieser Breite bis zu einer Höhe von 40 m über Terrain, wo sie sich berühren; in 3 je 9,5 m hohen Stockwerken in der Reihenfolge von

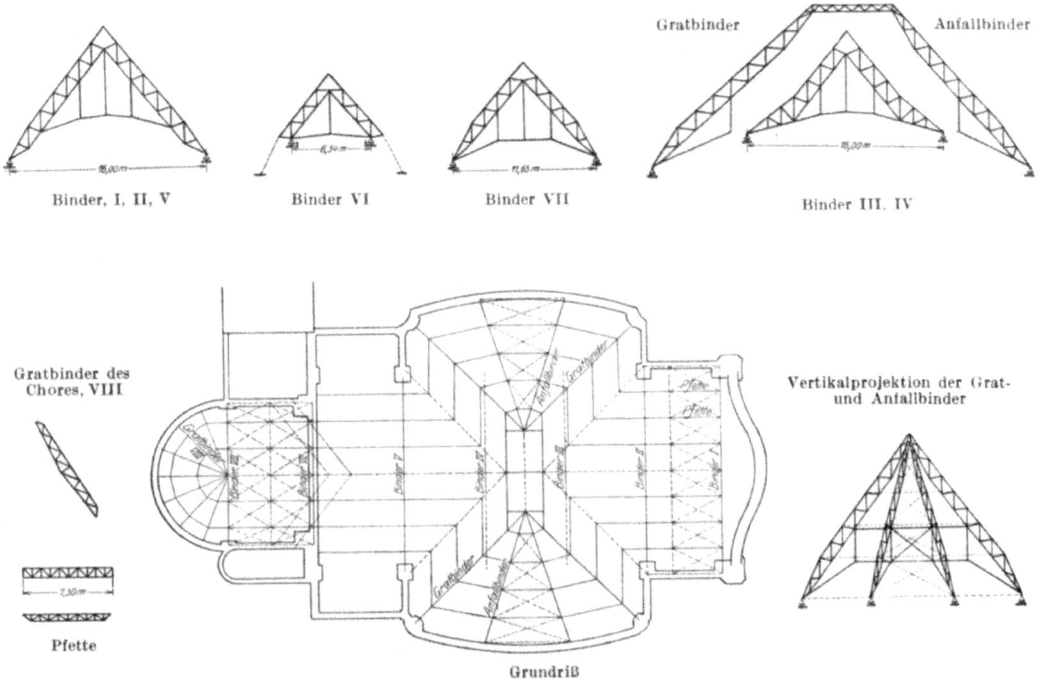

Abb. 15. Dachbau einer Kirche in Ingolstadt. Gesamtanordnung der Binder.

unten nach oben sind diese Pfosten durch Horizontalverbindungen und Streben gegeneinander abgesteift; von 40 m Höhe bis zur Spitze besteht der Turm aus einer einzigen schlanken Fachwerkspyramide. Die im Jahre 1916 von einem Mann ohne Gerüst aufgestellten Türme haben ihre Standfestigkeit auch bei schwersten Stürmen erwiesen; die obersten Teile zeigen eine leichte Krümmung in Richtung zu den Antennen, welche als Ergebnis der elastischen Formänderungsarbeit der Standsicherheit des Bauwerkes nicht zum Schaden gereicht. Da bei den üblichen Anordnungen, insbesondere der Vereinigung von vier Stäben zu einem Konstruktionsgliede die Auswechselung einzelner Stäbe am bestehenden Baukörper ohne weiteres möglich ist, und von geübten Leuten leicht durchgeführt werden kann, kann den Meltzerschen Konstruktionen eine Dauer zugesprochen werden, die nur von katastrophalen Ereignissen unberechenbarer Natur vorzeitig beendigt werden kann.

Die 3 hinteren Türme in Abb. 11 erinnern in ihrer Konstruktion etwas an den Eiffelturm, während der vorderste Turm eine wesentlich andere Form zeigt. Dieser Turm wurde am Boden vollständig zusammenmontiert und dann durch

Abb. 16. Dachbau einer Kirche in Ingolstadt. Gesamtaufnahme vor Aufbringung der Schalung.

Abb. 17. Dachbau einer Kirche. Gitterpfetten (s. auch Abb. 35).

Drehung um eine Fußkante mittels Winden, die an der gegenüberliegenden Fußkante angriffen, aufgestellt. Der Vorgang ging trotz eines überraschend einsetzenden Gewittersturmes glücklich vonstatten.

In den folgenden Abb. 12, 13, 14 sind einige recht reizvoll wirkende Licht- und Leitungsmaste wiedergegeben[1]). Die hierbei vielfach schon gewählte Ausführung in Tannenholz wendet die Firma nunmehr auch bei Gebäuden an.

Eine sehr umfangreiche Ausführung in diesem Material, bei der die Meltzer-Bauweise der Form eines großen Barockdaches mit angehängter Decke gerecht werden mußte, zeigen die nachfolgenden Abb. 15, 16, 17, 18 der Dachkonstruktion einer Kirche mit kreuzförmigem Grundriß. Die Binder des Mittelschiffes sowie die des Querschiffes und des Chores sind vielfach voneinander verschieden (siehe Abb. 15). Die Binder zeigen teilweise Einziehungen des Obergurtes, die in den vier Jahren ihres Bestehens zu keiner schädlichen Knotenpunktverschiebung führten und auch in Zukunft nicht dahin führen werden. Das Dach des Querschiffes ruht vornehmlich auf Gratbindern, die auf Mittelstützen gelagert und wie alle übrigen Binder durch Gitterpfetten gegeneinander abgesteift sind (Abb. 17). Trotz der für die Meltzersche Bauweise erheblichen Binder-

Abb. 18. Dachbau einer Kirche.
Innenaufnahme vor Aufbringung der Schalung.

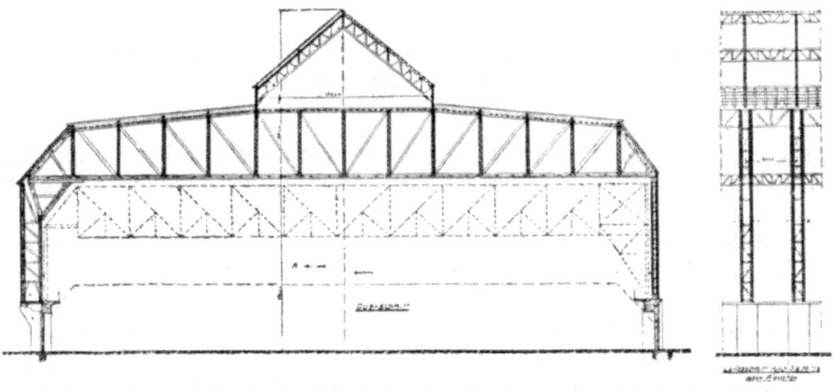

Abb. 19. Entwurf eines Lagerschuppens von 60 m Spannweite.

[1]) Abb. 14 zeigt die Konstruktion eines 15 m hohen Leitungsmastes auf dem Verschiebebahnhof Nürnberg (vgl. Zeitschr. d. V. D. Ing. 1919, S. 864).

querschnitte, die durch die verhältnismäßig niedrige, baupolizeilich zugelassene Beanspruchungsgrenze bedingt waren, hatten die Binder ein geringes Gewicht. Der Holzinhalt des neuen Daches, berechnet auf den qm Grundfläche, beträgt höchstens 20% desjenigen einer alten Kirche der gleichen Stadt. Die Anfertigung des Dachstuhles besorgten im Jahre 1915 ein 70jähriger Polier mit 3 Lehrbuben in wenigen Wochen. Vor der Aufstellung waren einzelne Binder monatelang dem Gewitterregen und der Sonne ausgesetzt. Trotzdem haben sich keinerlei Risse in den Bolzenreihen gezeigt.

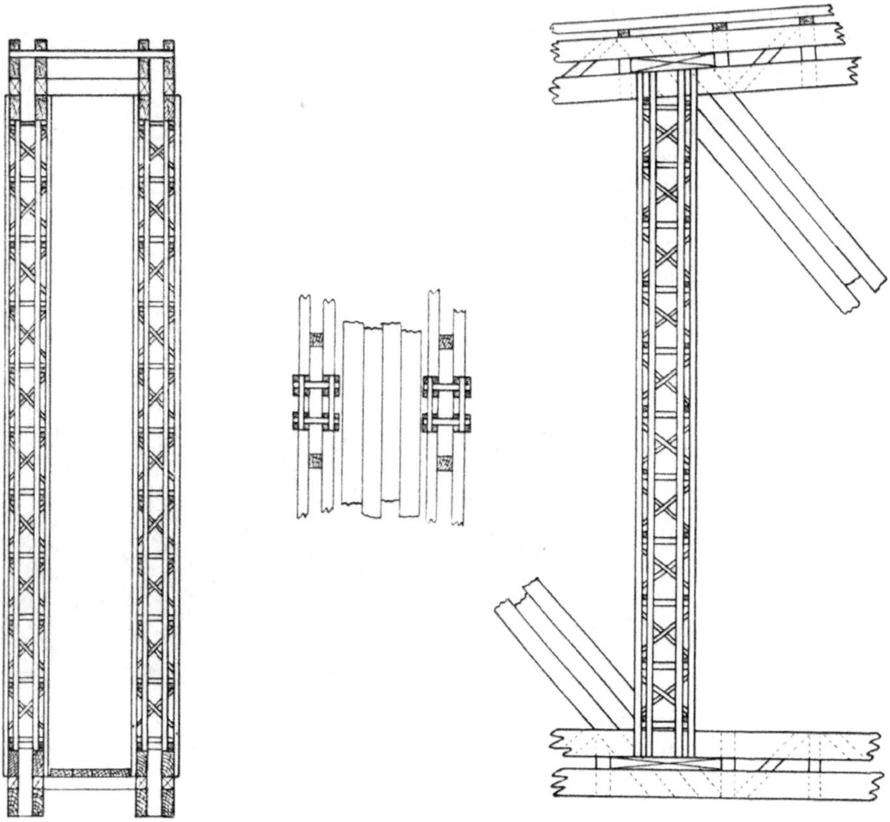

Abb. 20. Konstruktionseinzelheiten zu dem in Abb. 19 dargestellten Entwurf eines Lagerschuppens.

Die folgenden Abb. 19 und 20 zeigen die Holzkonstruktion eines 60 m weiten Lagerschuppens (Projekt). Bei einer derartigen Spannweite ist natürlich zentrische Verbindung aller Binderstabachsen (Abb. 20) sehr wichtig.

Die nächste Abb. 21 zeigt die Holzkonstruktion der Straßenbahnhalle in Halle a. S. Abb. 22 bis 26 veranschaulichen die Ausführung eines Lokomotivschuppens für die Württembergische Staatsbahn.

Eine Zusammenstellung der wichtigsten von der Fa. Meltzer bisher ausgeführten Binderformen zeigen Abb. 27 bis 37.

Diese Meltzer-Konstruktionen haben der Einwirkung der Rauchgase ebensogut standgehalten, wie anderen zersetzenden Einflüssen in Gebäuden für Lagerung von Salz und in Beizräumen, wo der Eisenkonstruktion keine lange Dauer beschieden gewesen wäre. Da die Bauweise auch die Verwendung von Harthölzern gestattet, kann sie (bei Auswahl des besonders tanninhaltigen Jarrahholzes) mit Erfolg in Färbereigebäuden u. dgl. angewendet werden.

Nicht verkannt möchte ein gewisser architektonischer Reiz werden, der uns in den Abb. 1, 11, 12, 13 vermittelt wird.

Neuerdings hat sich die Firma „Holzbau-System Meltzer" auch einem Sondergebiet des Hochbaues, dem Kleinwohnhaus- und Siedlungsbau zugewendet. Der Sonderart, mit der sie die sich hieraus ergebenden Aufgaben behandelt, hat sie die Bezeichnung „Medabauweise" gegeben (Meda abgek. für Meltzer-Darmstadt), welchen Ausdruck sie nunmehr auch auf alle übrigen Gebiete ihrer Bauweise anwendet; die Firma wird daher kurz mit Medawerk bezeichnet. Die folgenden Abb. 38 und 39 mögen einen Einblick in das Wesen des Meltzerschen Hausbaues gewähren. Herr Meltzer schreibt dazu folgendes:

Abb. 21. Straßenbahnhalle in Halle a. S.

„Die neue Bauweise verwendet als tragendes Gerippe Holz, als Wand Stein. Charakteristisch für dieselbe ist die vollständige Trennung des tragenden Gerippes von der Wand. Zu diesem Zweck ist erforderlich:

1. daß das Holzgerippe in sich vollständig steif, also statisch einwandfrei ist,
2. daß das Arbeiten desselben nach Möglichkeit ausgeschaltet ist und
3. daß es durch die Ummantelung in seinem Arbeiten und in seiner Ausdehnung nicht behindert wird.

Diese Erfordernisse werden durch die neue Bauart in idealer Weise erreicht. Das Fachwerk wird aus fabrikmäßig hergestellten Gitterstützen gebildet, die durch Fuß- und Kopfschwelle miteinander verbunden werden. Dadurch wird eine durchaus steife Wand erzielt. Da die Gitterstützen aus mehreren einzelnen Hölzern bestehen, wird das Arbeiten des Holzes in der Querrichtung praktisch ausgeschaltet, weil die einzelnen Querschnitte durch einen durchgehenden Eisenbolzen zusammengehalten werden. Jedes einzelne Holz kann also für sich arbeiten; die ganze Querschnittsbreite wird aber durch die Länge des Eisenbolzens konstant gehalten. In der Längsrichtung arbeitet das Holz natürlich auch etwas; es würde, wenn die steinernen Platten mit dem Holz fest verbunden wären, unter allen Umständen ein Reißen der Wände eintreten. Deshalb werden die Platten nicht an dem Holz befestigt, sondern zu beiden Seiten des Fachwerks, also innen und außen aufgemauert oder durch Eisenbügel mit einem Gurtstab, oder hin und wieder miteinander verbunden. Die Platten lehnen sich also an das Fachwerk an, beschränken dasselbe aber nicht in seiner Höhenausdehnung.

Die Wand des zweiten Stockwerkes kann, um den Unterschied der Dehnung zwischen dem Mauerwerk und der Holzkonstruktion möglichst gering zu halten, auf die Balkenlage aufgesetzt werden. Es bleibt also dann zwischen den Stockwerken eine Trennungsfuge, die durch eine Deckleiste verkleidet wird. Dadurch werden mehrstöckige Gebäude ohne weiteres möglich. Auch bei den Fenstern und Türen ist diese „Arbeitsfuge“ vorhanden.

Soweit der Grundgedanke der Ausführung. Was nun die Vorzüge in der praktischen Ausführung betrifft, so ist alles auf Massenfabrikation unter weitgehendster Verwendung der Meltzerschen Gitterträger zugeschnitten. Alle Stützen sind von einheitlicher Form, ebenso alle Balken. Auch die Dachkonstruktion kann mit Vor-

Abb. 22. Lokomotivschuppen Korn-Westheim der Württembergischen Staatsbahn; Innenaufnahme.

teil aus freitragenden Gittersparren gebildet werden, um möglichst freie Hand für den Ausbau des Dachraumes zu behalten. Durch die weitgehende Verwendung der Gitterträger wird ganz enorm an Holz gespart, was ja in der jetzigen Zeit von großer Wichtigkeit ist. (Gitterbalken mit Gittersparren haben sich als Ersatz von Massivbalken auch beim Bau von Massivhäusern gut eingeführt). Man benötigt kaum ein Drittel von dem Holz, das das normale Zimmerfachwerk erfordern würde. Die ganze Konstruktion wird dadurch ungemein leicht, wodurch die Aufstellung begünstigt und beschleunigt wird. Dadurch, daß die einzelnen Teile genau gleich in der Fabrik hergerichtet werden, kann die Aufstellung von jedem Mann bewerkstelligt werden, ein Vorzug, der augenblicklich ganz besonders ins Gewicht fällt. Auch die Ummantelung mit Platten kann von Laien ausgeführt werden, weil die Wände nichts zu tragen haben, also auf die Mauerarbeit kein so großer Wert gelegt zu werden braucht. Dazu kommt, daß sowohl Platten als Gitterträger (letztere mit Hilfe von Spezialmaschinen) bei größeren Siedelungsanlagen an Ort und Stelle ausgeführt werden können, wodurch erheblich an Fracht und Zeit gespart wird. Solche Bauten sind in unerreicht kurzer Zeit ausführbar und infolge der geringen Wassermenge, die bei dem Plattenvermauern notwendig ist, sofort beziehbar. Dabei ist der Preis ein verhältnismäßig geringer. Zusammengefaßt sind also die Hauptmerkmale: Kürzeste Bauzeit, sofortige Beziehbarkeit, Errichtung durch un-

Abb. 23. Lokomotivschuppen; Stützen der Hauptbinder.

geschulte Kräfte, Billigkeit, größte Materialersparnis, daher geringste Frachten, warme Räume (weil doppelwandig, mit starker Luftisolierung).

Hierzu möchte ich bemerken, daß die Wärmeisolierung erheblich größer ist, wenn, wie Meltzer neuerdings ausführt, in verschiedenen Höhenlagen zwischen den Außenwänden horizontal Holz- oder Steinschichten angeordnet werden (Abb. 39).

Wir haben also gesehen, daß die Meltzer-Bauweise recht vielseitig angewendet wird, mehr wohl als jede andere Bauweise. Ihre Eigenart ermöglicht eine besonders rationelle Verarbeitung des Holzvorrates, erfordert aber eine vorzügliche Fabrikorganisation.

Abb. 24. Lokomotivschuppen; Mittelstützen der Seitenbinder (s. auch Abb. 34).

Nun zur ästhetischen Würdigung der Bauweise.

Wenn sie auch bei einzelnen klar in die Erscheinung tretenden Konstruktionen oder Bauteilen ungemein reizvoll wirkt, so kann andererseits nicht verkannt werden, daß bei der perspektivischen Aufeinanderfolge und Häufung derartiger Glieder ein gewisser, namentlich dem Nichtfachmann verwirrender Eindruck hervorgerufen wird. In architektonischer Hinsicht sind Vollwandbinder ob ihrer körperlichen, geschlossenen Wirkung den Fachwerksbindern überlegen. Deshalb hat die Firma Meltzer neuerdings auch Vollwandbinder konstruiert.

Die etwas ungünstige Wirkung im Raum gehäufter Fachwerksglieder kann aber auch folgendermaßen vermieden werden. Wie in meiner Doktordissertation möchte ich auch hier vorschlagen, die Meltzersche Bauart auf die Schwedlersche Kuppel und die Föpplsche Tonne anzuwenden. Da bei diesen Raumfachwerken

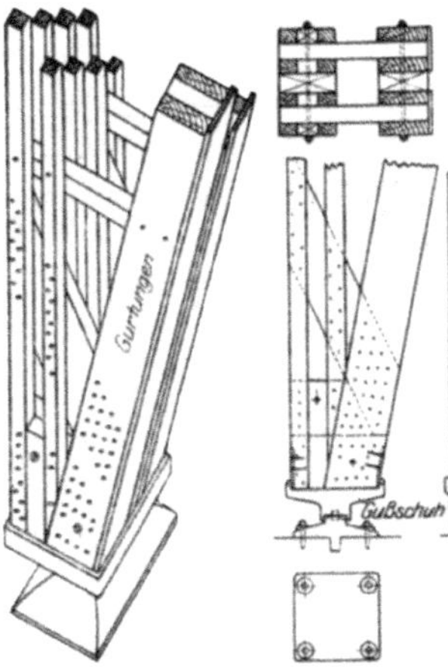

Abb. 25. Lokomotivschuppen Korn-Westheim. Fuß des Binders der Mittelhalle.

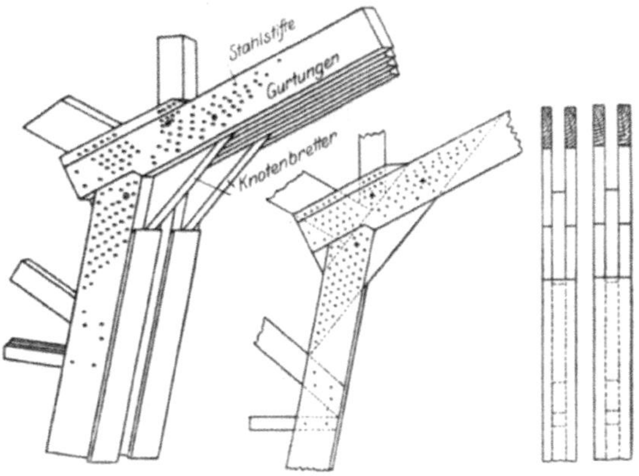

Abb. 26. Lokomotivschuppen Korn-Westheim. Knotenpunkt des Binders der Mittelhalle.

alle Konstruktionsglieder in den Mantelflächen der Raumbegrenzung liegen, und in den meisten Fällen Konstruktionen gewählt werden können, bei denen auf die Auflager kein Horizontalschub übertragen wird, verdienen sie in ästhetischer und

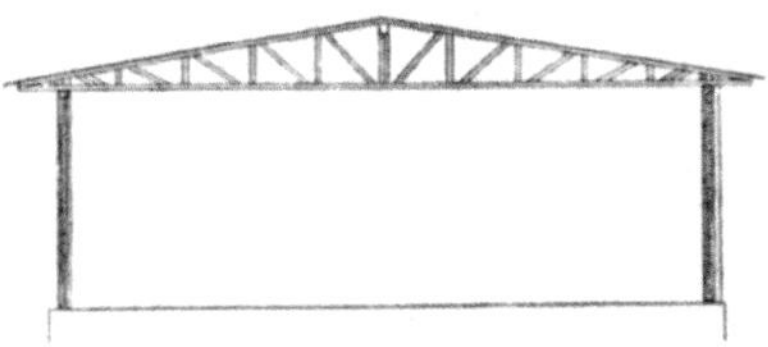

Abb. 27.

Abb. 28.

konstruktiver Hinsicht eine weitgehende Anwendung. Besonders die Föpplschen Tonnen stellen wegen ihrer Klarheit und Einfachheit im Aufbau eine ideale Lösung der häufig in Anwendung kommenden Monumentaltonnen dar. Für den Bau solcher ist m. E. nur die Bauart Meltzer geeignet.

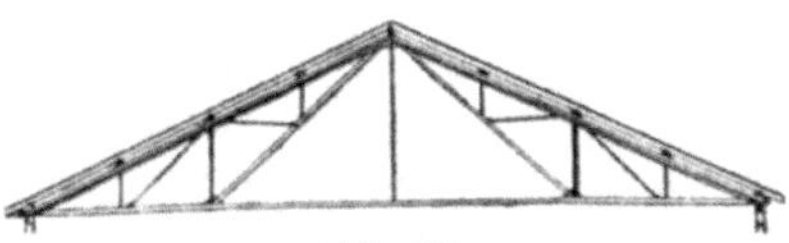

Abb. 29.

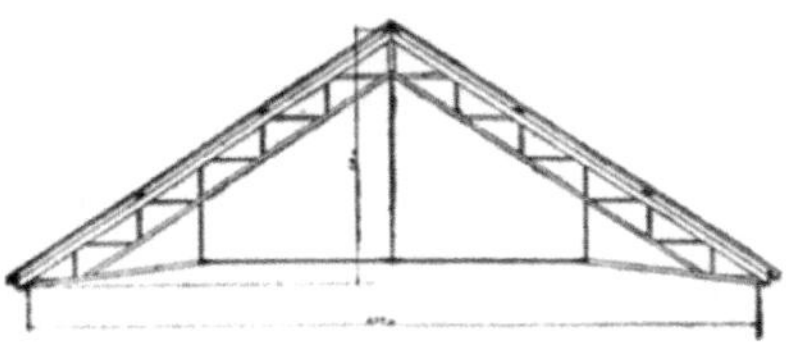

Abb. 30.

Zum Nachweis, inwieweit die Meltzer-Bauweise auf den Bau von Tonnenflechtwerken angewendet werden kann, bediente ich mich in meiner Dissertation der Versuchsergebnisse, welche Prof. Dr. Föppl, München, an einem auf seine Veranlassung hergestellten Modell aus Eisen erzielt hat. (Die Versuchsergebnisse sind

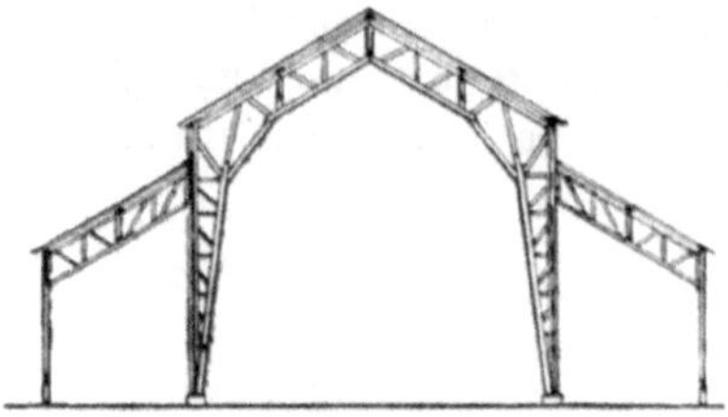

Abb. 31.

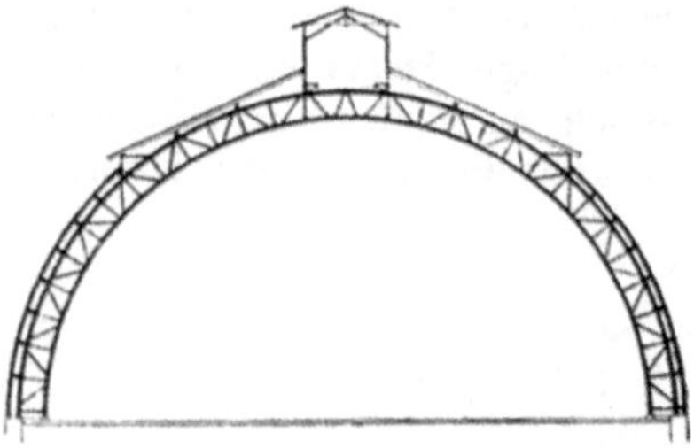

Abb. 32.

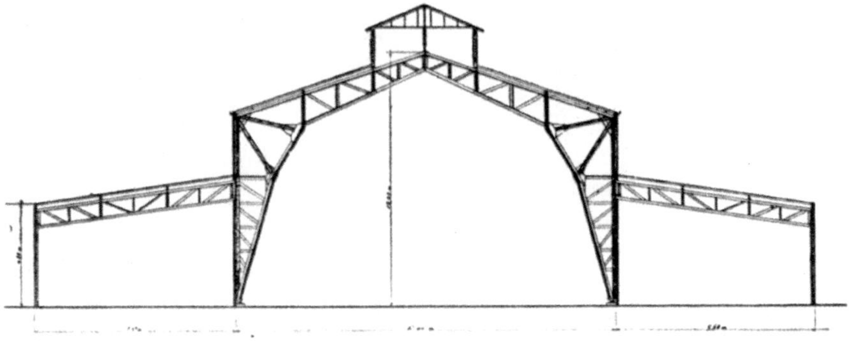

Abb. 33.

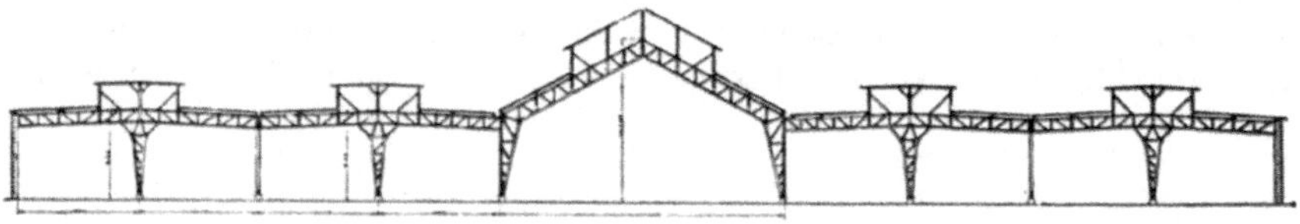

Abb. 34. Binder eines Lokomotivschuppens (s. auch Abb. 22 bis 26).

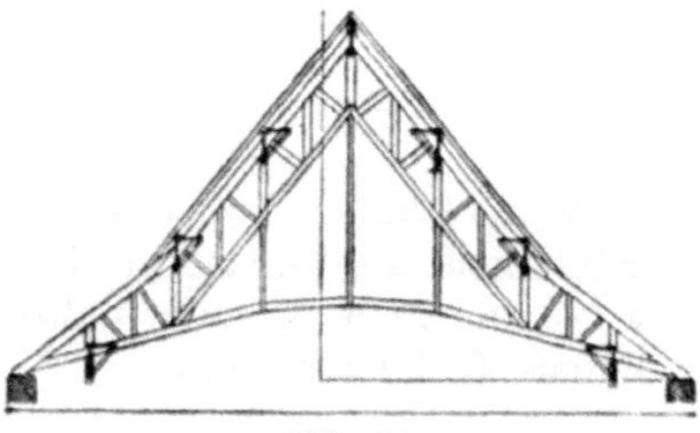

Abb. 35.

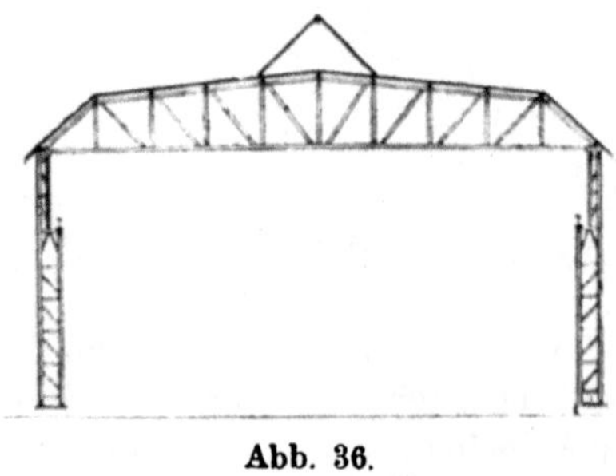

Abb. 36.

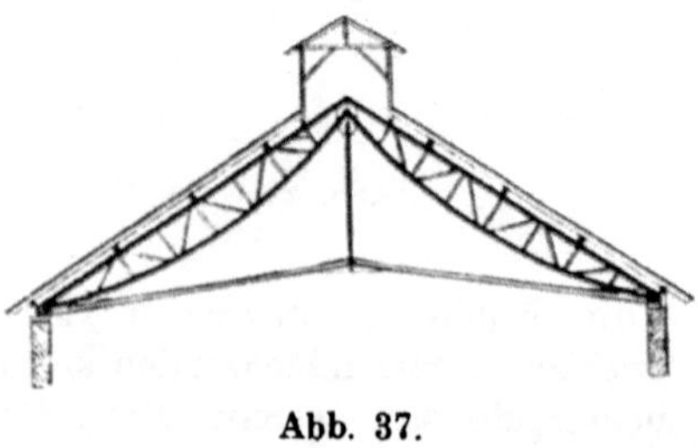

Abb. 37.

veröffentlicht in den Mitteilungen aus dem mechanisch-technischen Laboratorium der Technischen Hochschule München, 1896, Bd. 25). Ich habe die hiernach bei Annahme eines rd. 20 mal kleineren El.-Moduls für eine Holzkonstruktion sich ergebenden Durchsenkungen berechnet. Für eine Holz-Flechtwerktonne von 13,8 m Spannweite und 18,8 m Länge, mit 10 Polygonseiten und 10 Feldern in der Längsrichtung (also 100 Einzelfeldern) würden sich unter den üblichen Lastenannahmen eine Maximal-Durchsenkung von 4,5 cm infolge Eigengewicht, Dachlast und Schnee und 1,7 cm infolge von Wind ergeben. Auch im Raumfachwerk ist somit für die Bauart Meltzer ein weites Feld für die Anwendung und Entwicklung gegeben, auf dem viele architektonische Aufgaben glücklich gelöst werden können.

Die Grenzen der Verwendung des Systems überhaupt sind sowohl in der Art und Form als auch der Größe der Konstruktionen auf dem Gebiete vornehmlich

Abb. 38. Gerippe eines Siedelungshauses in Medabauweise.

des Hochbaues ungemein weit gezogen; mit der Größe der Konstruktion wächst nicht in gleichem Maße die Querschnitts-Dimensionierung der Einzelteile, als vielmehr die ein Bauglied bildende Zahl der Einzelstäbe und eine gewisse Schwierigkeit in der Ausbildung von Knotenpunkten, die jedoch auch bei gewaltigen Ausführungen als nicht unüberwindlich gelten kann. Die Ausführung von beispielsweise großen Bahnhofshallen nach der Bauweise wäre demnach sehr zu empfehlen. Daß dies möglich ist, habe ich an einem Beispiel — den Zughallen des Münchener Hauptbahnhofs — mit 35 m Spannweite — rechnerisch nachgewiesen. Bei Annahme einer Hallenlänge von 150 m wäre nur ein Mittelbinder notwendig. Wichtig ist namentlich bei sehr großen Konstruktionen die Einheitlichkeit der verwendeten Holzart und die Vermeidung fester Verbindungen der Holzkonstruktion mit Konstruktionen aus Stoffen, welche andere elastische Eigenschaften zeigen, z. B. Eisenrahmen für Glasdächer u. dgl. Herr Meltzer ist von Anfang an bei seinen Konstruktionen nach diesem Prinzip verfahren, trotz gegenteiliger Vorschläge.

Die Meltzer-Bauweise ist also auf Gebiete anwendbar, die bisher der Eisenkonstruktion zugewiesen waren. Sie wird ihr als Wettbewerber immer gefährlicher werden, zumal in den jetzigen Zeiten die Eisenvorräte verhältnismäßig knapp geworden sind, und die Beschaffung und Verhüttung von Eisenerzen schwierig geworden ist. Holz hat gegenüber Eisen mancherlei Vorteile: Es läßt sich leichter verarbeiten, ist gegen verschiedene Einflüsse chemischer Natur widerstandsfähiger und mehr körperlich in seiner Wirkung. Bei Feuersbrünsten werden oft Eisenteile betroffen, welche zentrierte Lasten zu tragen haben; die Zerstörung solcher zieht den Fall großer Baugebiete nach sich, die Aufräumung zerstörter Eisenkonstruktionen bereitet große Schwierigkeiten. Holz kann durch Anstriche bis zu einem gewissen Grad gegen Feuer geschützt werden, gegen das auch bereits angekohltes Holz eine gewisse Widerstandskraft hat. Namentlich in der Meltzerschen Bauweise ist uns ein Mittel an die Hand gegeben, erheblich Holz zu sparen und umfangreiche Bauaufgaben verschiedenster Art statisch und architektonisch glücklich zu lösen.

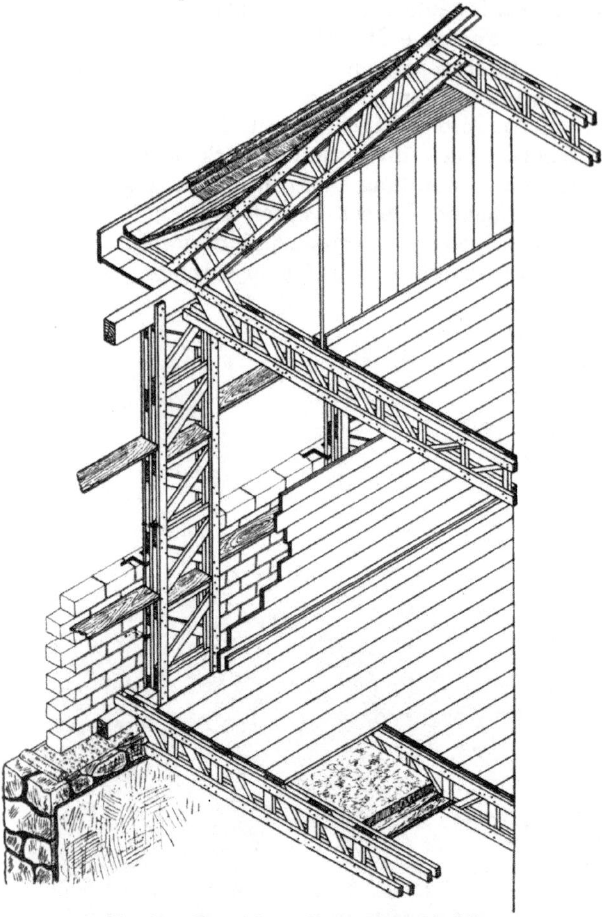

Abb. 39. Einzeldarstellung eines Medahauses.

In der dem Vortrage anschließenden Aussprache äußerte sich Dr.-Ing. Kaufmann-Hannover wie folgt:

In seinem Bericht über die Holzbauweise Meltzer hatte Herr Baurat Dr. Nenning einen Vergleich über die bedeutendsten zurzeit bekannten Holzbauweisen angestellt und kommt zu dem Schluß, daß die Meltzersche Bauart den geringsten Massenaufwand an Baustoff erfordert und deshalb den anderen Holzbauweisen überlegen sei. Zur Beurteilung dieser Frage kann nun naturgemäß nicht allein der Verbrauch an Holz und Verbindungsmitteln maßgebend sein; es spielen vielmehr auch dabei die Arbeitslöhne im Sägewerk und auf der Baustelle eine recht wesentliche Rolle.

Aber abgesehen von diesen Fragen der Wirtschaftlichkeit kann ein derartiger Vergleich nur dann richtig sein, wenn er auch den Vorzügen und Nachteilen der konstruktiven Durchbildung aller zum Vergleich herangezogenen Bauweisen Rechnung trägt. Bei den Holzkonstruktionen kommt hierbei in erster Linie, sofern es sich um Fachwerkkonstruktionen handelt, die Ausbildung der Knotenpunkte in Frage, da diese Systeme im allgemeinen den bekannten und bewährten Formen der Eisenkonstruktion nachgebildet sind, also nichts Neues bieten.

Ihre Bedeutung gewannen die modernen Holzkonstruktionen erst durch die Wahl statisch einwandfreier Tragwerke, welche die Möglichkeit boten, die Hölzer unter Berücksichtigung der behördlich vorgeschriebenen Höchstspannungen zu dimensionieren, daß alle Querschnitte voll ausgenutzt sind und nicht unnötig Material verschwendet wird. Tritt nun bei einer der verschiedenen Holzbauweisen durch irgendwelche in der Ausbildung der Knoten begründeten sekundären Einflüsse, die sich infolge ihrer Wesensart den allgemein üblichen Rechnungsmethoden entziehen, eine Erhöhung der behördlich vorgeschriebenen Spannungen ein, so wird sich der angestellte Vergleich zugunsten dieser Bauweise verschieben, solange diese sekundären Einflüsse außer acht gelassen werden, da zwar die vorgeschriebene Grenze scheinbar nicht überschritten wird, in Wirklichkeit jedoch eine Erhöhung der zulässigen Höchstspannungen vorhanden ist.

Derartige Einflüsse sind z. B. vorhanden, sobald die einzelnen in einem Knoten zusammentretenden Stäbe eines Fachwerkes steif miteinander verbunden werden.

Bekanntlich entstehen bei der Belastung eines ebenen Fachwerkes Verschiebungen der Knotenpunkte, durch welche die Lage der einzelnen Stäbe zueinander eine Veränderung erleidet. Unter der Voraussetzung einer vollkommenen Gelenkverbindung in den Knoten, welche der theoretischen Untersuchung unserer Fachwerkträger zugrunde liegt, treten nur Normalkräfte in Richtung der Stabachsen auf, die lediglich elastische Längenänderungen der Stäbe, sowie eine Vergrößerung oder Verkleinerung der von diesen eingeschlossenen Winkel hervorrufen. Wird nun die freie Drehbarkeit durch steife Knotenpunktsausbildung aufgehoben, so müssen die Stäbe bei der infolge einer Belastung eintretenden Verschiebung der Knoten eine Verbiegung erleiden. Diese Biegemomente erzeugen Zug- und Druckspannungen, deren Größtwerte an den Stabenden auftreten und durch welche eine Erhöhung der aus den axialen Längskräften hervorgerufenen Spannungen herbeigeführt wird. Die größten in einem Stabe auftretenden Spannungen ergeben sich dann nach der bekannten Gleichung:

$$\sigma = \frac{S}{F} \pm \frac{M}{W},$$

wenn S die Längkraft, F der Stabquerschnitt, M das entsprechende Biegemoment und W das Widerstandsmoment des Stabes bedeuten.

Ein Mittel, diese sekundären Spannungen gänzlich auszuschalten, gibt es nicht, da selbst die beste Gelenkausbildung infolge der zwischen den einzelnen Stäben und dem Bolzen oder Dübel auftretenden Reibung die freie Verdrehung der Stäbe einzuschränken sucht. Wieweit bei derartigen Verbindungen eine Herabsetzung der Nebenspannungen eintreten wird, kann durch Rechnung wohl kaum festgelegt werden.

Bei einer steifen Verbindung treten diese Nebenspannungen in voller Größe auf und lassen sich nach dem heutigen Stande der Wissenschaft einwandfrei bestimmen. Da nun bei der Holzbauweise Meltzer alle Knotenpunkte steif ausgebildet werden, entweder durch direkte Verbindung der Stäbe mit Hilfe von Stahlstiften oder durch Vermittlung von Knotenblechen, so ist in den auf diese Weise angeschlossenen Stäben mit dem Vorhandensein von Nebenspannungen zu rechnen, welche eine Erhöhung der auf statischem Wege ermittelten Hauptspannungen herbeiführen, ganz abgesehen von den Zusatzbeanspruchungen aus exzentrischen Stabanschlüssen, die sich in den meisten Fällen bei direkter Verbindung der Stäbe ohne Knotenbleche nicht vermeiden lassen. Die Größe der Nebenspannungen hängt besonders von der Steifigkeit der einzelnen Stäbe, d. h. von der Größe des vorhandenen Trägheitsmomentes und von der Art der Lastverteilung ab. Der letztere Umstand verhindert es, die Nebenspannungen von vornherein für ein bestimmtes System etwa in Prozenten der Hauptspannungen schätzen zu wollen. Die axialen Längskräfte der Fachwerkstäbe werden durch die steife Knotenpunktsausbildung nur unwesentlich beeinflußt, während dagegen — wie aus dem Eisenbau bekannt ist — bei sehr steifen Stäben, bei denen womöglich noch exzentrische Anschlüsse hinzutreten, Biegungsbeanspruchungen in ganz bedenklicher Höhe entstehen können. (Hier sei nur erwähnt, daß die Nachrechnung der im Jahre 1891 eingestürzten Mönchensteiner Brücke Nebenspannungen von mehr als 300% der Hauptspannungen in den Gurten ergaben, die in erster Linie auf exzentrische Anschlüsse der Streben zurückzuführen waren.)

Es besteht aber kein Grund zu der Annahme, daß bei Holzkonstruktionen, die für Ingenieurbauten Verwendung finden, die Verhältnisse bezüglich der Nebenspannungen sich günstiger gestalten sollten als bei Eisenbauten, zumal hier im allgemeinen mit großen Trägheitsmomenten zu rechnen ist.

Daß von seiten der Behörden ein rechnerischer Nachweis der Nebenspannungen nicht verlangt wird, ist kein Grund, sie von vornherein zu vernachlässigen, zumal wenn es sich um die Wahl neuer Systeme und Trägerformen handelt. Bei der Holzbauweise Meltzer kommt als weiterer Nachteil hinzu, daß die Verbindungsmittel, insbesondere die Knotenbleche, Beanspruchungen infolge der Biegungsmomente unterworfen sind, deren Berechnung nahezu unmöglich ist.

Weiter oben wurde bereits betont, daß auch bei denjenigen Holzbauweisen, die gelenkartige Knotenausbildung durch Einschaltung entsprechender Zwischenglieder anstreben, mit dem Auftreten von Nebenspannungen zu rechnen ist, da eben infolge der Reibung und durch die Kontinuität der Gurte die freie Drehbarkeit der Stäbe eingeschränkt wird. Eine Beurteilung der Größe dieser Nebenspannungen ist jedoch nur durch praktische Versuche möglich, und es wäre zu begrüßen, wenn die beteiligten Firmen derartige Versuche zur Klärung dieser sehr wichtigen Frage anstellen würden. Zu dem Zwecke wäre an einem Versuchsträger eine genaue Beobachtung der Winkeländerungen zwischen den Stäben nach aufgebrachter Belastung durch sehr empfindliche Libellen erforderlich. Ein Vergleich der beobachteten mit den durch Rechnung gefundenen Werten würde dann einen Schluß auf die Drehbarkeit einer solchen gelenkartigen Verbindung und somit auf die zu erwartenden Nebenspannungen zulassen.

Die Frage dieser Zusatzbeanspruchungen ist bei Holzkonstruktionen um so aufmerksamer zu behandeln, als es sich hier um einen Baustoff handelt, der nicht in dem Sinne als homogenes Material anzusprechen ist, wie z. B. das Eisen. Beim Holz kann deshalb mitunter eine prozentuale Erhöhung der Spannungen eines Stabes gefährlich werden, die beim Eisen noch keine unangenehmen Folgen zu haben braucht.

Bevor die Frage der bei den verschiedenen Holzbauweisen zu erwartenden Nebenspannungen nicht geklärt ist, kann ein Vergleich, wie der von Herrn Baurat Dr. Nenning angestellte, nur zu unrichtigen Ergebnissen führen, die außerdem geeignet sind, falsche Vorstellungen im Kreise der Abnehmer zu erwecken.

Herr Baurat Dr.-Ing. Nenning erwiderte folgendes:

Auf die Ausführungen des Herrn Dr. Kaufmann habe ich folgendes zu erwidern: Konstruktiv ist zweifellos jene Bauweise die beste, die den geringsten Materialaufwand erfordert. „Die Arbeitslöhne im Sägewerk und auf der Baustelle“ sind wirtschaftliche Faktoren, die für den Konstrukteur natürlich auch eine gewisse Rolle spielen. Durch gute Fabrikorganisation wird jedoch der Unternehmer den allenfallsigen Mehraufwand an Arbeit durch anderweitige Vorteile (Abfallverwertung u. dgl.) auszugleichen suchen.

Da bei der Holzbauweise Meltzer exzentrische Stabanschlüsse nur in untergeordneten Fällen angewendet werden und deshalb keine bedeutende Rolle spielen, seien nur die Nebenspannungen infolge zentrischer Stabanschlüsse besprochen. Wie ich schon betont habe, wird durch die Steifigkeit der Knotenpunktsverbindungen eine ganz bedeutende Minderung der reinen Zug- und Druckspannungen gegenüber den rechnungsmäßig auf Grund eines (Cremona-) Kräfteplans u. dgl. ermittelten erzielt. Dieser Minderung gegenüber haben die Spannungserhöhungen infolge von (aus der Knotensteifigkeit resultierenden) Nebenkräften wenig Bedeutung. Beispielsweise erfuhr ein wichtiger Firstpfettenstab des in meinem Vortrag besprochenen Föpplschen Flechtwerktonnenmodells[1] unter einer hohen Knoteneinzellast laut Messung nur 13% der rechnungsmäßig sich ergebenden Druckspannungen; die Erhöhung der Druckspannung betrug in der stärkst gespannten Faser infolge von Nebenkräften im Mittel nur 2,7%. Bei ebenen Fachwerken liegen diese Verhältnisse im allgemeinen zum mindesten nicht ungünstiger, da dort die elastischen Deformationen etwas geringer sind. Ein Beweis hierfür, der rechenmäßig und empirisch erbracht werden könnte, erübrigt sich hier wohl. Den Eisenfachwerken werden sich die Holzfachwerke dann um so mehr in ihrem Verhalten nähern, als sie ähnlich diesen konstruiert sind. Gerade die Meltzer-Bauweise aber hat die meiste Ähnlichkeit mit dem Eisenbau; dies zeigt sich vor allem in der Knotenpunktsausbildung und in den verhältnismäßig großen Trägheitsmomenten der Druckstäbe. Auf Grund dieser Eigenschaften und Vorzüge muß die Meltzer-Bauweise auch in der Nebenspannungsfrage günstiger abschneiden als die anderen modernen Holzbauweisen.

Tatsächlich beweisen die in meinem Vortrag erwähnten Einzelfälle, daß die Meltzer-Gebilde besonders steif sind und starke Überlastungen ohne Schaden ertragen. Mir ist kein Fall bekannt, in dem die Knoten der Meltzer-Bauweise den zu übertragenden Hauptkräften oder gar nur den geringen Nebenkräften oder beiden nicht gewachsen gewesen wären.

Das in meinem Vortrag erwähnte Vergleichsergebnis kann wohl als stichhaltig gelten. Die Techn. Hochschule München hat es mit meiner Dissertation („Moderne Holzbauweisen“) angenommen.

Herr Ingenieur Czech äußerte sich folgendermaßen:

Da das Meltzersche System, ähnlich wie die Eisenkonstruktionen, mit Knotenplatten arbeitet, wurde in der Diskussion von Dr.-Ing. Jackson an den Vortragenden die Frage nach dem Einfluß der Nebenspannungen gestellt. Bei der Beantwortung der Frage nach der Bedeutung der Neben-(Zwängungs-) Spannungen im Fachwerk muß vom Sicherheitsgrad ausgegangen werden. Nach den bestehenden Bestimmungen und Vorschriften bezieht sich der Sicherheitsgrad auf die Bruch-

[1]) Siehe „Mitteilungen aus dem mechanisch-technischen Laboratorium der Techn. Hochschule München“, 1896, Bd. 25.

beanspruchung des Materials im einzelnen Stabe. Die Praxis hat es nicht mit einzelnen Stäben, sondern mit zusammenhängenden Tragwerken zu tun, die sich anders verhalten als einzelne, aus dem Zusammenhange gelöste Stäbe.

Im Fachwerk mit steifen Knotenpunktanschlüssen wechseln die Nebenspannungen allmählich mit den Hauptspannungen von Null bis zum Höchstwert beim Erreichen der Fließgrenze des Materials, nehmen dann ebenso allmählich ab, um im Augenblicke des Bruches auf Null zurückzugehen. Daß dies der Verlauf der Nebenspannungen im Fachwerk ist, haben durchgeführte Versuche ergeben: das mit Gelenkanschlüssen ausgebildete Fachwerk brach bei derselben Belastung wie das mit steifen Knoten. Da sich die vorgeschriebenen Sicherheitszahlen auf den Bruch des Materials beziehen, kommt der dazwischenliegenden Erhöhung der Beanspruchung keinerlei Bedeutung zu.

Etwas anders fällt die Beantwortung der Frage nach der Bedeutung der durch die steifen Knotenpunktanschlüsse verursachten Zwängungsspannungen aus, wenn der Sicherheitsgrad nicht auf den theoretischen Bruch des einzelnen Stabes, sondern auf den tatsächlichen des Fachwerks bezogen wird — in diesem Falle aber entschieden zugunsten der steifen Knotenpunktsverbindungen und nicht, wie man glauben sollte, zugunsten der nicht nur in der Theorie angenommenen, sondern auch in der Ausführung verwirklichten Gelenke.

Das verschiedene Verhalten beider Fachwerke läßt sich am besten an einem Beispiele verfolgen, das die Diagonale des Mittelfeldes eines ungleichmäßig belasteten Trägers in Betracht zieht. Während bei einem aus irgendeiner Ursache erfolgten Bruch der Diagonale (zu schwach dimensioniert oder angeschlossen, im Material fehlerhaft oder durch äußere Einflüsse geschwächt) der mit Gelenken ausgebildete Träger schon unter der Eigenlast unbedingt einstürzen muß, wird aller Voraussicht nach der mit steifen Knoten ausgebildete auch unter der Verkehrslast noch halten. In dem gewählten Beispiel ist ein Ausnahmefall herausgegriffen, um die praktische Bedeutung der steifen Knotenpunktverbindung deutlich vor Augen zu führen. Beim Fachwerk mit steifen Knoten erfolgt nach Erreichen der Fließgrenze des Materials in einem oder in mehreren, aus beliebigen Gründen überbeanspruchten Stäben eine Verteilung der Spannung auf die weniger beanspruchten Stäbe, so daß bis zu einem gewissen Grade für die Standsicherheit eines solchen Fachwerks nicht der einzelne Stab, sondern eine Art Solidarität sämtlicher Stäbe in Betracht kommt. Eine solche, durch die steife Ausbildung der Knotenpunkte vor sich gehende Verteilung der Spannungen hat ein elastisches Material zur Voraussetzung, wie es das Eisen und in annähernd gleich hohem Grade auch das Holz ist.

In der weiteren Aussprache äußerte sich Herr Oberingenieur Meltzer wie folgt:

Mit Herrn Dr. Kaufmann stimme ich darin vollkommen überein, daß bei einem Vergleich zwischen verschiedenen Binderarten alle Arbeiten, die zur Fertigstellung erforderlich sind, berücksichtigt werden müssen. Wie weit Herr Dr. Nenning das getan hat, ist mir nicht bekannt. Soviel ich beurteilen kann — mir fehlen natürlich die entsprechenden Daten der Vergleichsbinder — ist das Endresultat für meine Bauweise unter allen Umständen günstig.

Den wesentlichsten Einfluß auf den Holzinhalt hat doch die Verbindung der Hölzer; denn durch Verfeinern der Verbindung wurde die althergebrachte Zimmermannskonstruktion in erster Linie überflügelt. Diejenige Verbindung ist die beste, die den Stabquerschnitt am wenigsten schwächt; deshalb ist ein einziger Dübel einer größeren Anzahl stets unterlegen, und je dünner die Einzeldübel, desto geringer die Schwächung und desto wirtschaftlicher die Verbindung, da auch der Eisenverbrauch mit dem Durchmesser erheblich abnimmt.

Was nun die übrigen Ausführungen des Herrn Dr. Kaufmann betrifft, so stelle ich zunächst fest, daß er über meine Bauweise nicht ganz richtig orientiert ist, wenn er annimmt, daß ich Knotenbleche verwende. Ferner möchte ich auf einen Widerspruch in seinen Ausführungen hinweisen, der darin liegt, daß er einmal auf die bewährten Konstruktionen des Eisenbaues hinweist, ein andermal die starre Knotenbildung, die doch im Eisenbau allgemein üblich ist und sich bestens bewährt hat, im Holzbau angreift. Die genaue Nachbildung der bewährten Knotenverbindung des Eisenbaues schätze ich als wesentliche Stärke meiner Bauweise. Die von Herrn Dr. Kaufmann angeführten Übelstände der starren Verbindung, die sich im Eisenbau gezeigt haben, werden meines Erachtens im Holzbau schon durch die größere Elastizität des Holzes gemildert; doch müssen sie vom Konstrukteur stets im Auge behalten werden, wie das in meiner Firma die Regel ist. Ungeschickte Knotenbildungen können in der Tat Katastrophen zeitigen. Im übrigen bin ich der Meinung, daß der Einfluß der durch die Knotenbildungen hervorgerufenen Nebenspannungen im Holzbau überschätzt wird, da der ganze Holzbau ein Kompromiß ist, indem die nicht beseitigbaren Eigenschaften des Holzes, mit dem Wassergehalt zu quellen oder zu schwinden, Äste zu haben, Drehwuchs aufzuweisen usw. usw., mit in den Kauf genommen werden müssen. Welche Kräfte allein durch das Treiben auftreten, dürfte allgemein bekannt sein; ich möchte nur an das Geraderichten von schiefen Schornsteinen durch eingetriebene Holzkeile, die dann angefeuchtet werden, erinnern. Man stelle sich nun einen Binder vor, der vor der Montage mit dem Untergurt im Wasser liegt und mit dem Obergurt der Julisonne ausgesetzt ist: Der Obergurt schrumpft, der Untergurt wird wesentlich länger. Dieser Binder wird nun montiert, und, da als Balken berechnet, auf den starren Auflagern verankert. Das Austrocknen des Untergurtes, das Quellen des Obergurtes durch Aufnahme der Luftfeuchtigkeit im Schatten erzeugen nun Anfangsspannungen, zu denen die durch die Belastung hervorgerufenen hinzutreten. Wo bleibt da die Rechnung? Eine brauchbare Holzverbindung muß bei Überbeanspruchung etwas nachgeben können, ehe sie zum Bruche führt und dann doch noch einwandfrei bleiben, und das trifft in hohem Maße bei meiner Verbindung zu, die, so starr sie zu sein scheint, doch sehr elastisch ist. Selbstverständlich halte auch ich eine intensive Forschertätigkeit auf diesem Gebiet für durchaus erwünscht, aber vor theoretischen Tüfteleien möchte ich warnen, die lediglich ein Hemmschuh werden können. Nur aus zielbewußtem, alle Zufälligkeiten, auch die bei der Montage auftretenden, berücksichtigendem Arbeiten des denkenden Konstrukteurs im Verein mit gesunder Statik resultiert eine brauchbare und wirtschaftliche Holzkonstruktion.

Die weitere Aussprache über die angeschnittene Frage der Nebenspannungen im Holzfachwerk mußte der vorgerückten Zeit wegen abgebrochen werden.

IX. Freitragende Dachkonstruktionen in Holzbauart Tuchscherer.

Von

Oberingenieur S. Voß-Breslau.

Die neueren Dachkonstruktionen für Hallenbauten, die von der Firma Carl Tuchscherer, Breslau, ausgebildet worden sind, lassen sich in 5 Gruppen einteilen:

A. Die Holzeisenkonstruktionen.
B. Die Bogenbinder mit Zugstange.
C. Die parabelförmigen Fachwerkbinder mit überschnittenem Obergurt.
D. Die parabelförmigen Fachwerkbinder mit durchgehendem gebogenem Obergurt.
E. Die Ringdübelkonstruktionen.

Da die letzte Gruppe der Ringdübelkonstruktionen für alle Bindertypen und Holzkonstruktionen die statisch und wirtschaftlich besten Lösungen ergibt[1]), sollen die vier ersten Gruppen an der Hand nur weniger von Tuchscherer ausgebildeten Beispiele kurz besprochen werden.

Die Gruppe A der Holzeisenbinder beruht auf dem allgemein bekannten Grundgedanken, die Druckkräfte durch hölzerne Diagonalen aufnehmen zu lassen und die Zugkräfte durch eiserne Stäbe zu übertragen. — Abb. 1 zeigt die Binderzeichnung zu einem Lagergebäude der Superphosphatfabrik von Carl Koethen in Greiffenberg (Schlesien).

Der Bau ist 24,0 m i. L. weit und 60,0 m lang. Die Höhe beträgt 7,0 m bis

---

[1]) Inzwischen ist von Herrn Dr.-Ing. Dr. Lewe, Privatdozent an der Technischen Hochschule Berlin, eine theoretische Untersuchung über Festigkeit und Formänderung des Ringdübels im „Holzbau" (Beilage der Deutschen Bauzeitung) Nr. 20, Jahrgang 1920, veröffentlicht worden, die folgendes Ergebnis aufweist:

1. Die Annahme einer gleichmäßigen Verteilung der Leibungsdrücke über die horizontale Projektion der gedrückten Ringnutflächen ist bei den für die praktische Ausführung gewählten Ringabmessungen gerechtfertigt.

2. Die maximale Verdrehung des Ringes unter dem zulässigen Leibungsdruck ist äußerst gering und beträgt weniger als $^1/_{10}$ der Holzstauchung, so daß auch hier sich der Ringdübel 2 massiven Dübeln von gleicher Breite und Durchmesserlänge gegenüber als gleichwertig erweist.

3. Die Eisenspannungen bleiben überall weit unter den zulässigen Werten.

4. Der Einfluß des Schwindens äußert sich, wie bei allen Dübeln, in geringen zusätzlichen Leibungsdrücken, ändert aber nichts an der Wirkungsweise des Dübels.

zum Untergurt. Die Dachbinder werden durch Wandstiele getragen, die gegen Winddruck durch Streben abgesteift sind[1]).

Abb. 2 stellt eine Flugzeughalle in Norderney mit Kragbindern im Bau dar. Die Kragträger sind 12,50 m lang und vorn zur Führung der 7,0 m hohen Tore eingerichtet, die über das ganze 40,0 m lange Gebäude verschoben werden können, so daß man Toröffnungen von beliebiger Breite herstellen kann Zum Tragen des Daches ist nur eine aus 4 Hölzern bestehende Stütze, und zwar in der Mitte des Gebäudes, gestattet gewesen. Die neben den Stielen sichtbaren, schräg liegenden Hölzer sind nur zur Montage erforderlich gewesen und dann entfernt worden. Die einzelnen Binder sind bis zu ihrer Mitte durch einen hölzernen Fachwerk-Unterzug von 20,0 m freitragender Länge hindurchgesteckt und werden von diesem getragen. Am hinteren Ende werden sie durch die dortigen Längswände festgehalten. Die Hauptlast hat der mittlere Unterzug zu tragen, während die Pfosten der rückwärtigen Stützwand im Falle einseitiger Schneelast auf der Torseite auf Zug und bei Schneelast auf der Rückseite auf Druck beansprucht werden. Der Binderabstand beträgt rd. 5,0 m. Die Binder sind in der Mitte 2,50 m, am Ende 1,50 m hoch, mit eisernen Zugvertikalen und mit Rücksicht auf den auch zeitweise von unten wirkenden Winddruck mit gekreuzten hölzernen Druckdiagonalen versehen. — Die Tragkonstruktion der Außenwände besteht aus

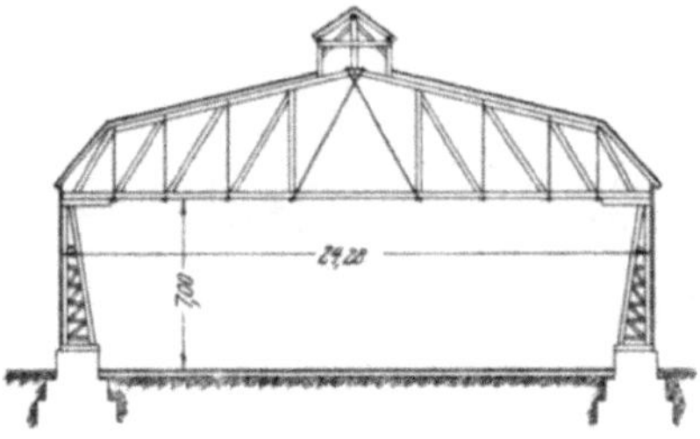

Abb. 1. Superphosphat-Lagerschuppen.

Abb. 2. Flugzeughalle mit 13 m freitragenden Konsolbindern. Das Tor ist in Hallenlänge zu öffnen.

hölzernen Böcken, die den auf die dazwischen gespannten freitragenden Wände wirkenden Winddruck aufzunehmen haben.

Die Zugstäbe bestehen bei allen diesen Bindern aus Rundeisen, die mit Kopf und Muttern und großen Unterlagsplatten versehen sind. Die Anwendung dieser Rundeisen setzt im allgemeinen voraus, daß der Winkel, den der Eisenstab mit den Gurtungen bildet, nicht allzu sehr von einem rechten Winkel abweicht. Daraus

[1]) Einzelne Vertikalen der Binder können bei einseitiger Schnee- und Windlast auch Druck erhalten; infolgedessen mußten für diese neben den eisernen Zugstangen noch hölzerne druckfeste Vertikalen angeordnet werden.

ergibt sich der konstruktive und wirtschaftliche Nachteil, daß die Zugstäbe kurz und die Druckstäbe lang werden und infolgedessen mit Rücksicht auf die Bean-

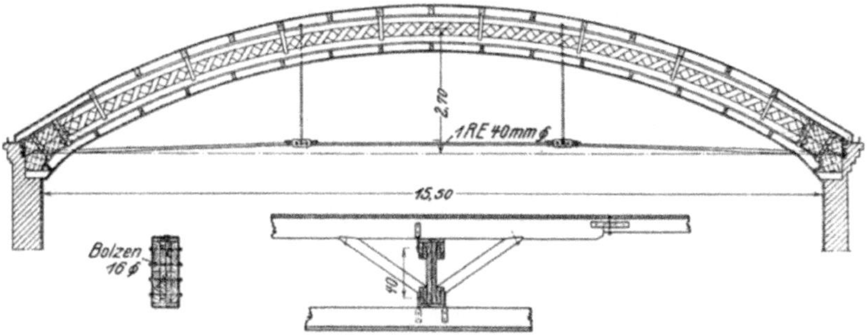

Abb. 3. Saalumbau der Stadt Oberglogau (Kreis Neustadt a. S.).

spruchung auf Knickung recht große Holzquerschnitte erfordern. — Ferner kommt es häufig vor, daß mit Rücksicht auf den Stirnflächendruck die Diagonalen stärker ausgebildet werden müssen, als es die Beanspruchung auf Druck oder Knickung erfordert.

Abb. 4. Hafenhalle für Großflugzeuge. Erster Binder (55 m Spannweite) vor dem Hochziehen.

Die Versatzungen der Diagonalen im Untergurt erfordern eine sehr genaue Arbeit und rufen außerdem beträchtliche Querschnittsverminderungen hervor, die eine wesentliche Erhöhung des auf Zug beanspruchten Untergurtquerschnittes nötig

Abb. 5. Hafenhalle für Großflugzeuge. Innenansicht nach Fertigstellung. Binderspannweite 55 m; Stützenhöhe 18 m; Scheitelhöhe 31 m.

machen. — Außerdem ist zu berücksichtigen, daß infolge Zusammentrocknen des Holzes ein Nachgeben der Knotenpunkte und damit ein Einsacken der Holzeisen-

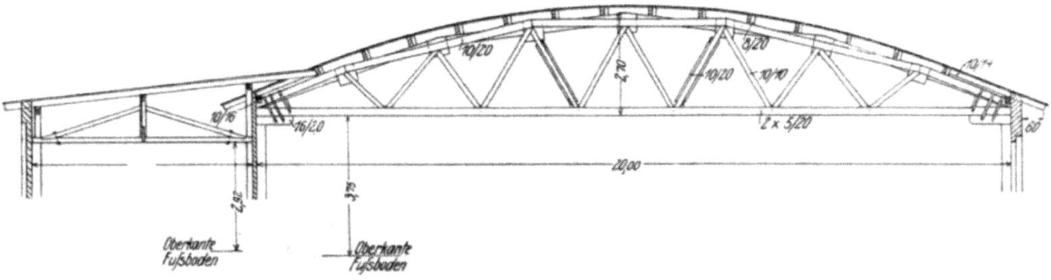

Abb. 6. Lagerschuppen der Altdammer Holzzellstoff- und Papierindustrie, A.-G. in Stahlhammer.

binder eintritt. — Man sucht diesem Einsacken durch eine schwache Überhöhung, die sogenannte Sprengung der Binderuntergurte, zu begegnen. Außerdem ist es möglich, durch Anheben der Binder und Nachziehen der Muttern der Rundeisenstangen den Binder in die ursprüngliche Form zu bringen; aber diese Ausführung wird in der Praxis meist nach Möglichkeit hinausgeschoben oder unterbleibt ganz, wodurch allmählich eine mehr oder weniger starke Deformation des ganzen Daches herbeigeführt wird.

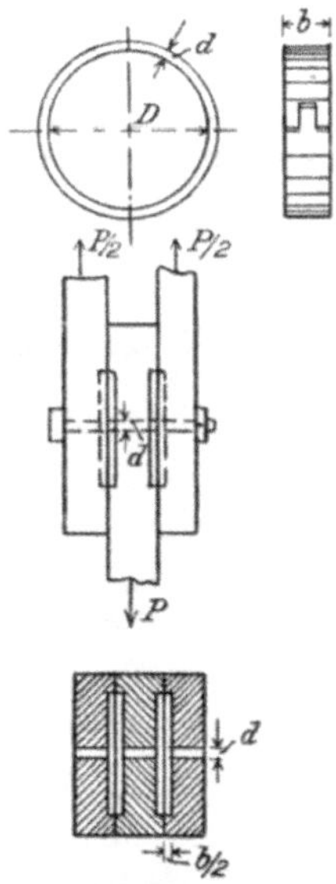

Abb. 8.

Die reichliche Verwendung des Eisens an Zugstangen, Bolzen und Muttern fällt auch wirtschaftlich namentlich bei den jetzigen hohen Eisenpreisen sehr ins Gewicht, so daß diese Binderart nunmehr in ihrer konsequenten Durchführung im Baugeschäft Tuchscherer nicht mehr zur Verwendung gelangt, seitdem durch die neue Ringdübelerfindung eine zugfeste Verbindung der Holzstäbe in den Knotenpunkten erreicht worden ist, wodurch die langen Holzdiagonalen Zugkräfte aufzunehmen haben und die ebenfalls in Holz ausgebildeten

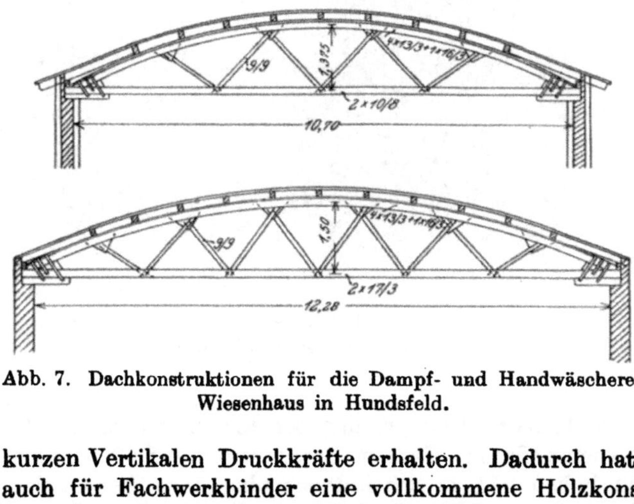

Abb. 7. Dachkonstruktionen für die Dampf- und Handwäscherei Wiesenhaus in Hundsfeld.

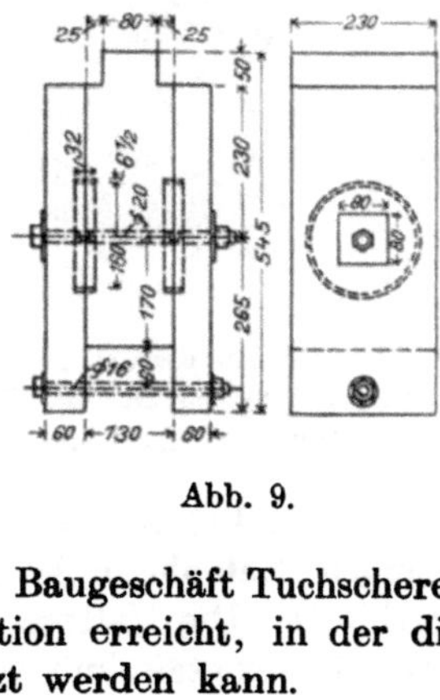

Abb. 9.

kurzen Vertikalen Druckkräfte erhalten. Dadurch hat das Baugeschäft Tuchscherer auch für Fachwerkbinder eine vollkommene Holzkonstruktion erreicht, in der die besonders günstige Zugfestigkeit des Holzes voll ausgenutzt werden kann.

Die Gruppe B dieser Dachbinder ist die der Bogenbinder. Diese sind entweder Vollwandbinder mit I-Querschnitt oder es sind die Stege zwischen den Gurtungen durch Fachwerkstäbe ersetzt, wie aus Abb. 3 ersichtlich ist. Die Gurtungen sind aus hochkant gestellten Bohlen hergestellt, die über die hohe Kante gebogen und durch Nagelung fest miteinander verbunden sind.

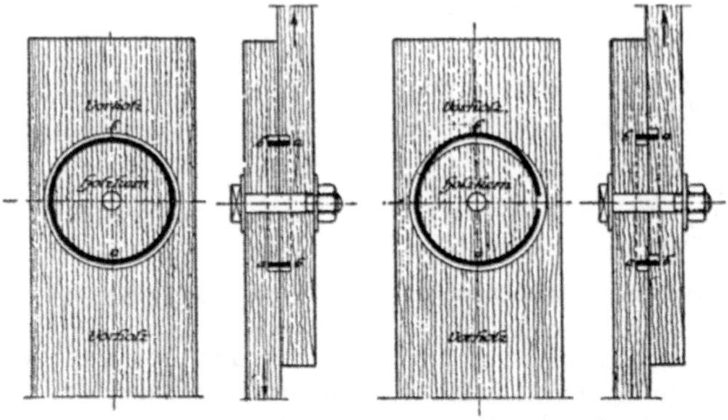

Abb. 10. Wirkungsweise des geschlossenen und des geschlitzten Ringdübels.

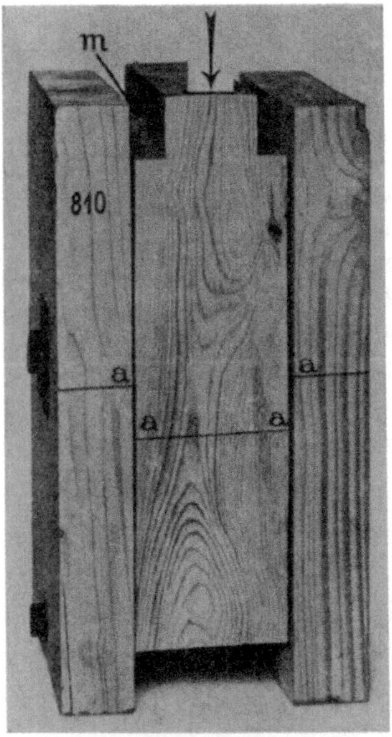

Abb. 11. Prüfungsstück, in der Materialprüfungsanstalt der Techn. Hochschule Stuttgart untersucht.

Abb. 12 u. 13. Mittelstück und rechtes Seitenstück nach erfolgter Probebelastung.

Eine kühne, aber gesunde Konstruktion ist mit der Errichtung der 150,0 m langen Hafenhalle II in Warnemünde bei 55,0 m Spannweite geschaffen worden (Abb. 5). Die Vollwandbogen haben 25,0 m Scheitelhöhe über dem Wasserspiegel. Der Horizontalschub wird durch eiserne Zugstangen aufgenommen.

Die Bogenbinder haben ein schönes Aussehen, sind aber verhältnismäßig teuer; besonders die vollwandigen Bogenbinder benötigen viel Holz und viel Nägel. Auf 1,0 qm Binderfläche kann man ungefähr 3—6 kg Nägel rechnen.

Infolge der durch die Biegung des Holzes verursachten Spannungen muß die Beanspruchung des Holzes auf etwa $^3/_4$ der sonst beim gewachsenen Holze zulässigen Spannungen herabgesetzt werden.

Auch diese Binderformen lassen sich neuerdings durch Verwendung einer geringeren Zahl von Füllungsstäben, die mit Ringdübeln angeschlossen werden, wirtschaftlicher gestalten.

Gruppe C. Das Streben nach einer Verringerung der Diagonalspannungen in den Fachwerkbindern hat zu den Konstruktionen der Parabelfachwerkbinder

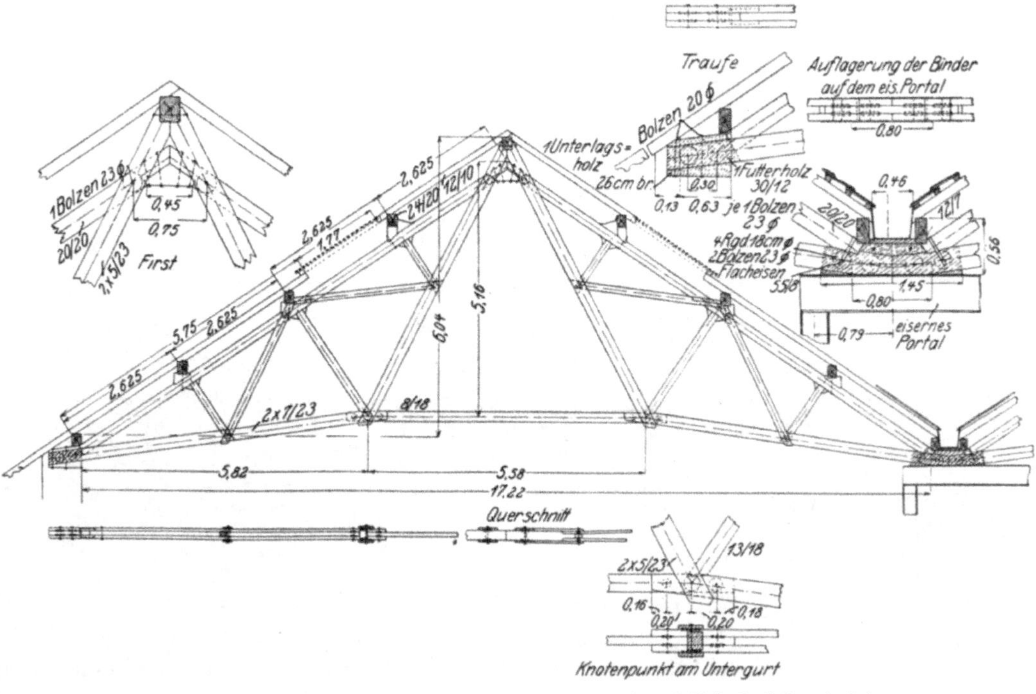

Abb. 14. Binder für den Lokomotivschuppen A auf Bahnhof Osnabrück.

geführt. — Bei diesem System sind die Füllungsstäbe spannungslos, sobald gleichmäßige Vollbelastung vorliegt. Nur bei einseitiger Schnee- und Windlast erhalten sie Zug- oder Druckspannungen. Diese bleiben aber so gering, daß für die Anschlüsse am Ober- und Untergurt je ein Bolzen genügt. Der Untergurt besteht aus 2 Hölzern, die an den Knotenpunkten mit den beiden zwischen ihnen liegenden, überblatteten Diagonalen durch einen gemeinsamen Bolzen verbunden sind. — Neu und durch D.R.P. geschützt ist die Ausbildung des Obergurtes aus geradlinigen, hochkant gestellten Bohlen, deren Stöße gegeneinander versetzt sind, so daß eine gegenseitige Überschneidung eintritt. Die Dachhaut ist trotzdem durchlaufend rund und auf die Pfetten unmittelbar aufgenagelt, die von Binder zu Binder laufen. Der Anschluß der Diagonalen im Obergurt erfolgt mittels $3^1/_2$ cm starker Knotenplatten, die aus 13 Stück kreuzweise aufeinander geleimten Hartholz-Fournierplatten bestehen. Diese Platten besitzen eine sehr große Festigkeit.

Die Binder eignen sich zur Aufnahme von Einzellasten bis zu 3 Tonnen. Sie sind billiger als die vorher besprochenen Bogenbinder und für die üblichen Spannweiten bis zu 45,0 m geeignet.

Ein Beispiel dieses Systems gibt die Konstruktionszeichnung für einen Lagerschuppen in Stahlhammer von 20,0 m Spannweite (Abb. 6).

Die Gruppe D enthält die Parabelfachwerkbinder mit durchgehendem gebogenem Obergurt und eingekeilten $3^1/_2$ cm starken patentierten

Abb. 15. Lokomotivschuppen A auf Bahnhof Osnabrück (vgl. Abb. 14).

Knotenplatten aus Holz für den Diagonalanschluß wie bei der vorigen Gruppe (Abb. 7).

Der Obergurt ist aus einzelnen, 3 cm starken Brettern zusammengesetzt, die zu einem einheitlichen Querschnitt miteinander gut vernagelt sind. Die Stöße der Bretter sind über die ganze Obergurtlänge verteilt, so daß in einem Querschnitt höchstens ein Stoß fällt. Mit Rücksicht auf diese Stöße sowie auf die durch das Biegen des Holzes verursachten Spannungen wird auch hier die Druckbeanspruchung des Holzes auf etwa $^3/_4$ der sonst üblichen Spannungen vermindert.

Abb. 7 veranschaulicht die Dachkonstruktion für die Dampfwäscherei Wiesenhaus in Hundsfeld, mit 12,0 m Spannweite.

Die Gruppe E enthält die neuesten Konstruktionen der Firma Tuchscherer, die durch die Erfindung des Ringdübels gekennzeichnet sind.

Dies ist ein Konstruktionsmittel von verblüffender Einfachheit und hervorragender Leistungsfähigkeit.

Der Ringdübel (Abb. 8) besteht aus einem kreisförmig gebogenen Flacheisen, das an einem Ende mit einem ausgearbeiteten Zahn versehen ist, der in eine Lücke des anderen Flacheisenendes eingreift, und aus einem eisernen Bolzen. Der Ring

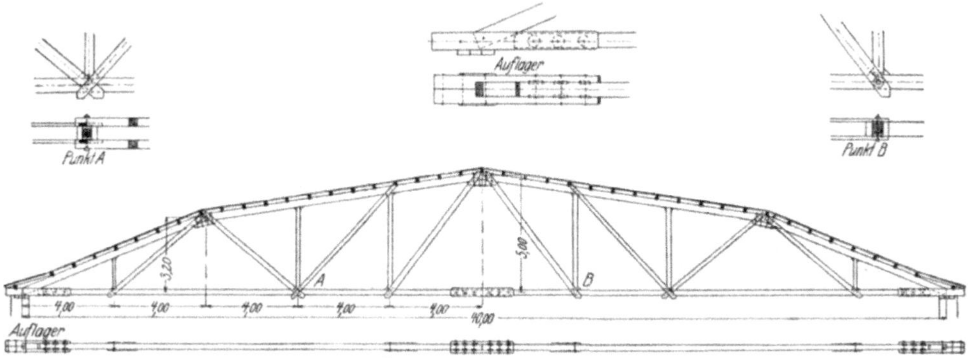

Abb. 16 (vgl. Seite 118).

ist nicht ganz geschlossen und daher in seiner Weite etwas dehnbar. Der Ringdübel wird in eine eingefräste kreisförmige Nute der beiden miteinander zu verbindenden Hölzer eingelegt; dann werden die beiden Hölzer durch einen Schrauben-

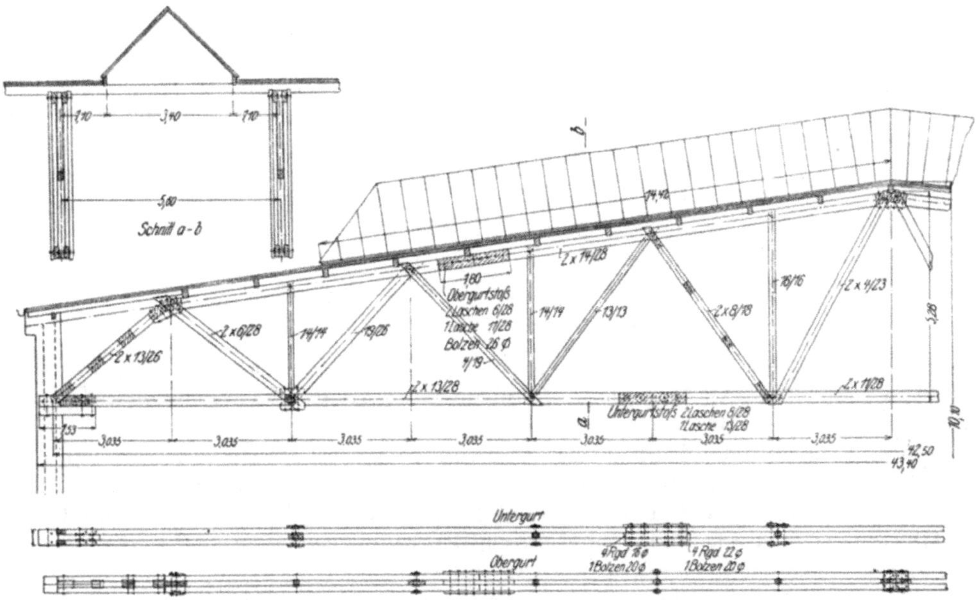

Abb. 17. Binder für den Anbau der Siederohrwerkstatt in der Hauptwerkstätte Oels, E. B. D. Breslau.

bolzen, der nur auf Zug beansprucht wird, zusammengehalten. Bei einfachem Ober- und Untergurt werden die durch Ringdübel angeschlossenen Hölzer doppelt, also zangenartig angewendet. Bei doppeltem Ober- und Untergurt wird der anzuschließende Stab entweder einfach genommen oder bei großen Kräften dreifach, so daß ein Holz zwischen den Gurtungen, die beiden anderen an den Außenseiten befestigt werden.

Suchen sich die Stäbe infolge der auf sie wirkenden Kräfte gegeneinander zu verschieben, so wird der eiserne Ring an die Wandungen allseitig angepreßt. Dies ist nur möglich, weil der Ring nicht völlig geschlossen ist. Auf diese Weise wirkt der Ring mit seiner einen Hälfte auf die Nutenwandung des Außenholzes oder Vorholzes und mit der anderen auf den Kern (Abb. 10).

Wäre der Ring geschlossen, so könnte er sich nicht auf- oder zusammenbiegen. Dann könnte der Fall eintreten, daß wohl der Kern am Ring anliegt, dagegen die Außenwandung der anderen Ringhälfte nicht gegen die äußere Nutenwandung gepreßt wird. Auf diese Weise wirken die Stabkräfte nur auf den Kern. Es müssen dann also sowohl die Leibungsflächen der Nutenwandung, als auch die Scherfläche des Außenholzes bei gleicher Sicherheit doppelt so groß sein als bei dem offenen Ring. Praktische Versuche und Belastungsproben, die in Stockholm von Professor Krüger unternommen wurden, haben das auch erwiesen. Hier wurden geschlossene Ringe von 10 cm und 12,5 cm ϕ verwendet und bis zum Bruch beansprucht. Der Bruch trat bei den geschlossenen Ringen von 10 bzw. 12,5 cm ϕ bei einer Durch-

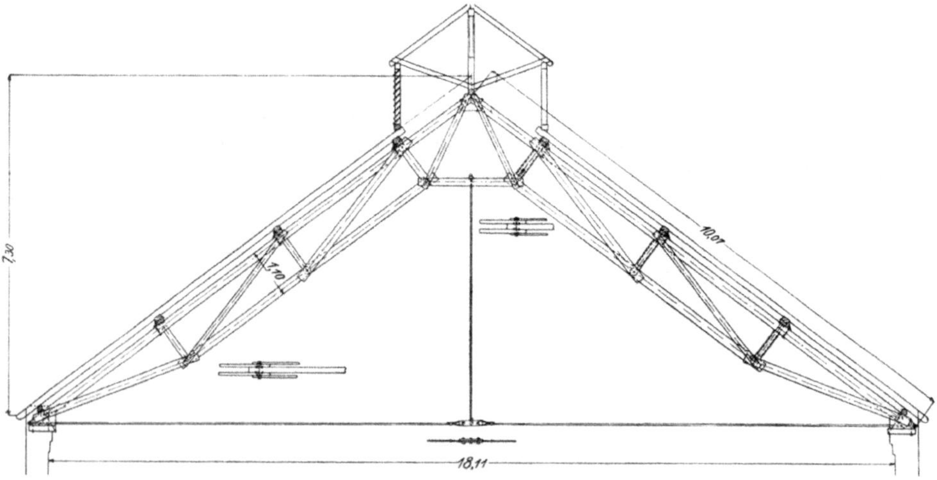

Abb. 18. Dach für Glashütte Neuwerk.

schnittslast von 6100 kg bzw. 8300 kg ein, während die Bruchlast der offenen Ringe 9380 kg bzw. 14650 kg beträgt. Der offene Ring trägt also im ersten Fall $54^0/_0$, im zweiten $75^0/_0$ mehr als der geschlossene Ring[1]).

Abb. 11 zeigt einen Probekörper, der von der Materialprüfungsanstalt der Technischen Hochschule Stuttgart untersucht wurde, in der Konstruktionszeichnung. Der Mittelkörper besteht aus einem 13/24 cm starken Holze, die Seitenteile aus 2 Hölzern, je 6/24 cm; beide sind durch Ringdübel von 16 cm ϕ und einem zugehörigen Bolzen von 20 mm Stärke verbunden.

Der Probedruck wirkt auf einen zapfenartig vorspringenden Teil, so daß das seitlich davon liegende Holz über den Ringdübeln an der Abscherung nicht behindert ist. Die Tragfähigkeit des Ringdübels von 16 cm ϕ ist mit 6000—8000 kg berechnet. Die Zerstörung (Abb. 12) trat bei dem Mittelkörper bei 24000 kg ein, so daß eine drei- bis vierfache Sicherheit gegen Abscherung vorhanden ist. Bei der Zerstörung platzte in dem Mittelstück ein Teil heraus, wobei sich der Ringdübel

[1]) Vgl. weiterhin S. 19 und 77 des „Holzbau", Jahrgang 1920, herausgegeben von der Deutschen Bauzeitung.

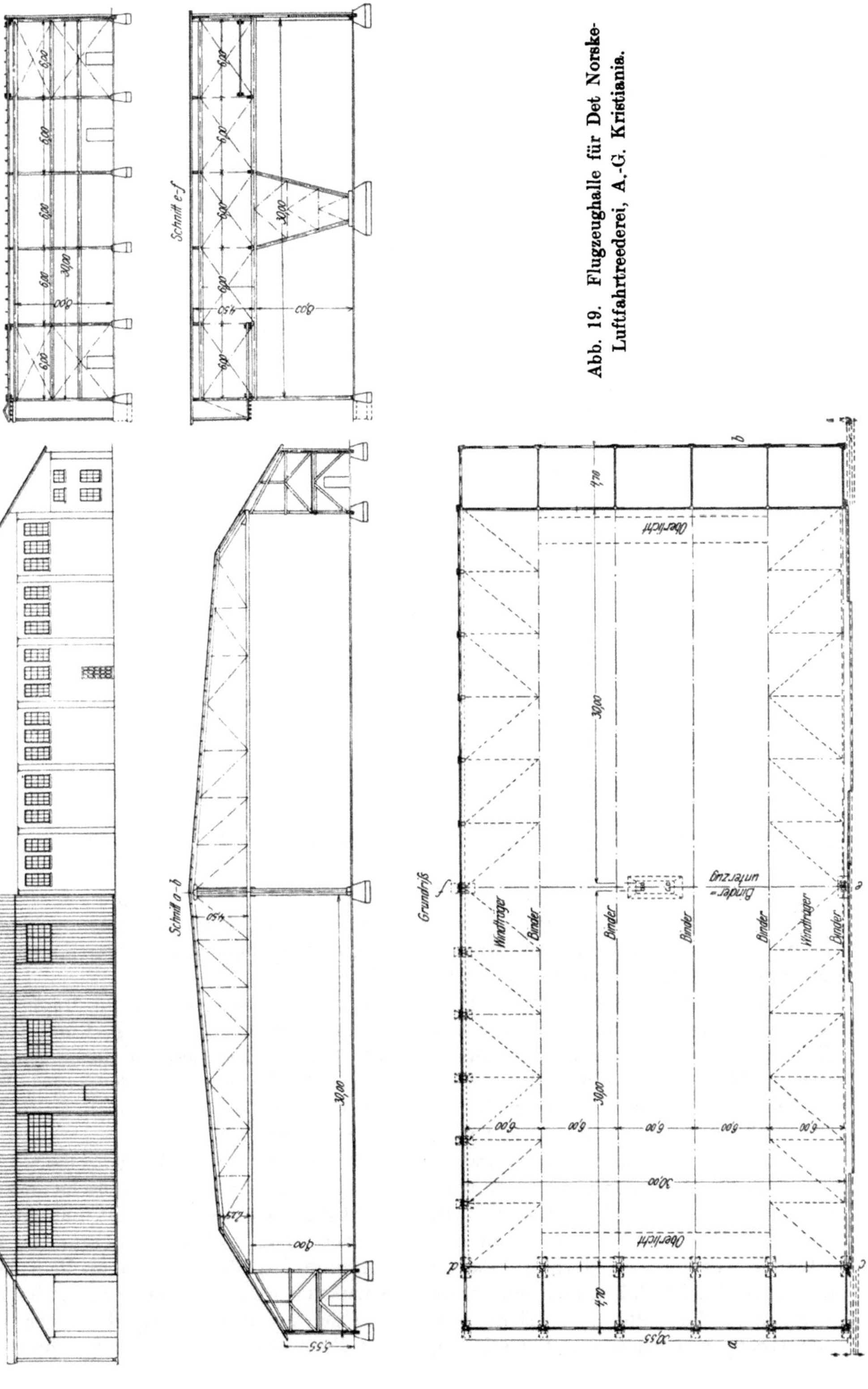

Abb. 19. Flugzeughalle für Det Norske-Luftfahrtreederei, A.-G. Kristiania.

um einige Zentimeter verschob. Bei den seitlichen Hölzern ging die Zerstörung weniger weit. In dem Bolzen trat bei der Zerstörung eine Durchbiegung ein bis zum Bruch, bei dem dann das Mittelstück von den Seitenteilen abrückte.

Die Ringdübel werden in verschiedenen Größen von 8 bis 30 cm ⌀ verwendet, in Abstufungen von je 2 cm. Die Tragfähigkeit der einzelnen Ringdübel wird bei einer Scherbeanspruchung des Holzes von 10 kg pro Quadratzentimeter und einem Leibungsdruck von 80 kg pro Quadratzentimeter berechnet. Bei Kraftrichtungen, welche unter einem beliebigen Winkel oder senkrecht zur Faser angreifen, wird der zulässige Leibungsdruck entsprechend herabgesetzt.

Jedem Laien muß einleuchten, daß durch diese Ringdübel große Kräfte ohne Schwierigkeiten übertragen werden können. Die Tragfähigkeit eines Ringpaares geht bei einem Ringdübel von 30 cm ⌀ über 28 t.

Die Ringdübelbinder eignen sich für Spannweiten bis zu 60,0 m und mehr und für Einzellasten bis zu 20 t. Sie können zur Übertragung von Zug- und Druckkräften verwendet werden. In Frage kommen natürlich meistens Zugkräfte, da die Druckkräfte durch stumpfen Stoß oder einfache Versatzung übertragen werden können. — Die Ringdübel ermöglichen es (was für die statische Wirkung von großer Wichtigkeit ist), die einzelnen Stäbe zentrisch anzuschließen, so daß sich die Systemlinien in einem Punkte schneiden.

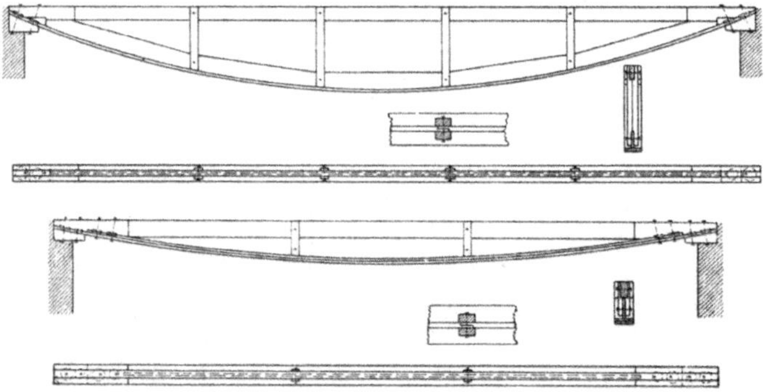

Abb. 20 und 21. Binder mit gebogenem Zuggurt.

Die bei dem Stoß der Hölzer bisher verwendeten eisernen Laschen oder Schuhe werden bei Verwendung des Ringdübels entbehrlich. Nunmehr ist es möglich, Binder mit langen gezogenen Diagonalen und kurzen gedrückten Vertikalen auszuführen, was eine große Holzersparnis bedeutet.

Für die Ringdübelkonstruktion ist jede Binderform geeignet. — Infolge des leichten Zusammenschlusses von Zug- und Druckstäben ist es möglich, Bindertypen, die bisher nur in Eisen ausgeführt wurden (wie die Polonceaubinder), nunmehr auch in Holz herzustellen. Ein solcher Polonceaubinder ist für einen dreischiffigen Lokomotivschuppen in Osnabrück (Abb. 14 u. 15) von je 18,0 m Spannweite und 6,50 m Binderabstand mit einfachen Gurtungen ausgeführt worden.

Abb. 16 zeigt einen Normalbinder von 40,0 m Spannweite. Die Einzelheiten der Konstruktion sind den genannten Abbildungen zu entnehmen. Besonders bemerkenswert ist die Auflagerkonstruktion. Bei derartigen Spannweiten ist eine einfache oder doppelte Versatzung nicht mehr ausreichend. Die drei- oder mehrfachen Versatzungen haben den Nachteil, daß die einzelnen Stirnflächen in derselben Faser beginnen. Es ist daher hier eine neue Konstruktion ausgearbeitet worden, die ohne Versatzung die volle Druckfläche des Obergurtes auf den Untergurt wirken läßt. Der Obergurt wird von 2 hakenförmig ausgeschnittenen Laschen gefaßt, die durch

Bolzen miteinander fest verbunden sind. In die seitlichen Backen dieser Laschen ist der Untergurt eingeführt, der durch mehrere hintereinandergelegte Ringdübel angeschlossen ist.

Einen Binder von ähnlicher Konstruktion mit doppelten Gurtungen stellt Abb. 17 dar, ein Dach für die Siederohrwerkstätte in Öls mit einer Spannweite von 42,0 m.

Abb. 18 veranschaulicht einen Binder für ein Schieferdach für die Glashütte Neuwerk, Spannweite 18,30 m.

Bei der 70,0 m langen Flugzeughalle für Kristiania durfte die Front nur eine Mittelunterstützung erhalten (Abb. 19). Die Binder laufen parallel der Längsachse

Abb. 22. Sägewerkshalle für die Firma Köstner & Gottschalk, Marmorsägewerke, Berlin-Weißensee.

und werden in der Mitte durch einen Unterzug unterstützt, der auf 2 Holzpfosten ruht. Die Torweite beträgt zweimal 30,0 m.

In diese Gruppe der Ringdübelkonstruktionen gehört auch ein Binder mit gebogenem Zuggurt (Abb. 20 und 21). Derselbe eignet sich für Pfetten und Pultdächer von größerer Spannweite. Die Konstruktionshöhe ist niedrig, wie die Darstellung zeigt. Dieser nach unten parabelförmige Binder ersetzt gewissermaßen den verdübelten Balken, hat aber vor diesem den Vorzug eines geringeren Materialverbrauchs. Er besteht aus einem Obergurt und einem 3 bis 7 cm starken Untergurt, der mittels zweier Ringdübel an den Enden des Obergurtes angeschlossen ist. Zwischen Ober- und Untergurt liegt ein segmentförmig geschnittenes Stegbrett, das mit dem Untergurt direkt vernagelt und mit dem Obergurt durch Vertikalen verbunden wird. Das Stegbrett hat keine Schubspannung, sondern nur die auf dem Obergurt ruhenden Lasten auf den Untergurt zu übertragen.

Bei größerer Konstruktionshöhe ist der Raum zwischen Ober- und Untergurt durch das am Untergurt angenagelte Stegbrett nicht ganz ausgefüllt. Das Stegbrett besteht aus einzelnen Teilen, die an der Unterseite bogenförmig ausgeschnitten sind und auf der Oberseite geradlinig verlaufen. Es dient zur Aufnahme der Biegungsspannungen, die durch das Bestreben des Untergurtes, sich gerade zu strecken, in diesem hervorgerufen werden. Die Obergurtlaschen werden durch die Vertikalen auf den Untergurt übertragen.

Bei Pultdächern liegt der Binder entsprechend der Dachfläche geneigt, und es werden die Auflagerschwellen dann so geformt, daß die Auflagerflächen horizontal liegen.

Hiermit soll die Bilderreihe der Ringdübelkonstruktionen abgeschlossen werden. — Die hauptsächlichsten Vorzüge der Ringdübelverbindungen sind kurz zusammengefaßt:

1. Die Anwendung von Holz für beliebige Binderformen, deren Ausführung bisher nur in Eisen möglich war.
2. Die Anschlußmöglichkeit der Stabkräfte in den Systempunkten.
3. Die einwandfreie Beanspruchung des Holzes, die rechnungsmäßig festgestellt werden kann.
4. Die geringe Querschnittsschwächung der Hölzer durch den Ringdübelanschluß.
5. Die leichte Herstellung der Anschlüsse und das leichte Montieren auch auf der Baustelle.
6. Der denkbar geringste Materialverbrauch und die geringsten Abbundkosten.
7. Die Vermeidung der Sperrigkeit beim Transport durch Zerlegen der Konstruktion in einzelne Stäbe.

Die Abbildungen haben gleichzeitig die rasche Entwicklung wiedergegeben, die die Holzkonstruktionen in dem letzten Jahrzehnt innerhalb nur eines Baugeschäftes genommen haben und uns zu der Erwartung berechtigt, daß diese Entwicklung noch keineswegs abgeschlossen ist. Die immer zahlreicher auftretenden Bauaufgaben der gegenwärtigen Hochkonjunktur fördern die Entwicklung der Holzkonstruktion ständig und lassen uns die Blütezeit des Holzbaues in Kürze erwarten.

X. Die Holzbauweise Kübler.

Von

Regierungsbaumeister Dr.-Ing. A. Jackson-Stuttgart.

Die wichtigste Forderung, die man an eine freitragende Holzkonstruktion stellen muß, ist die, daß die Verbindungsteile so durchgebildet sind, daß eine völlige Elastizität der Holzkonstruktion, ähnlich wie beim Eisenbau, gewährleistet ist, d. h. daß jeder Verbindungsteil so bemessen ist, daß die einzelnen Übertragungsflächen auf Grund der zulässigen Beanspruchungen des Holzes bestimmt sind.

Aus diesem Grunde seien anschließend die wichtigsten Daten über die Materialeigenschaften des Holzes kurz geschildert[1]).

Bei Holz sind bekanntlich die Festigkeiten so verschieden, daß streng zwischen Zug- und Druckspannungen in der Längsrichtung der Fasern, sowie quer zur Faserrichtung unterschieden werden muß; ferner ist das Auftreten von Quell- und Schwinderscheinungen zu berücksichtigen.

Auf die vorgenannten Beanspruchungen zurückgreifend, möchte ich hier die von Prof. Lang aufgestellte Tabelle für die zulässigen Beanspruchungsziffern für gesundes, lufttrockenes, möglichst gerade gewachsenes Nadelholz ohne Äste in den gefährlichen Querschnitten mitteilen. (Diese Tabelle wurde seinerzeit in der Deutschen Bauzeitung 1919 Nr. 7 und 9 bekannt gegeben.) Neuere Untersuchungen in Materialprüfungsämtern zeigen ähnliche Werte.

Zulässige Spannungen für gesundes lufttrockenes, möglichst gerade gewachsenes Nadelholz ohne Äste in den gefährlichsten Querschnitten.

Art der Belastung	Für Dauerbauten		Für vorübergehende Bauten	
	ruhig	stark bewegt	ruhig	stark bewegt
Zugspannung, längs σ_l'	100	$\gtreqless$ 80	100	$\gtreqless$ 100
„ quer σ_q'	0	0	0	0
Druckspannung, längs σ_l''	80	$\gtreqless$ 60	100	$\gtreqless$ 80
„ quer σ_q''	12	$\gtreqless$ 8	15	$\gtreqless$ 10
Scherspannung, längs τ_l	10	$\gtreqless$ 8	14	$\gtreqless$ 11
„ quer τ_q	35	$\gtreqless$ 30	40	$\gtreqless$ 34
Biegungsfestigkeit σ_b	90	$\gtreqless$ 70	110	$\gtreqless$ 90
(Österreichische Vorschrift für σ_l)	(80)	(70)	(100)	(90)

[1]) Vgl. auch S. 10 bis 25.

Aus der Tabelle ersehen wir, daß vor allem Zugspannungen senkrecht zur Faser infolge Bildung von Schwindrissen vollkommen vermieden werden sollen. Die Druckbeanspruchungen senkrecht zur Faser sind gegenüber den Beanspruchungen in der Faserrichtung bei Einhaltung der Elastizitätsgrenze des Materials bedeutend zu ermäßigen.

Bei Festlegung der vorliegenden Konstruktionen, die auf den Festigkeitseigenschaften des Holzes aufgebaut sind, habe ich als Grundlage zur Beurteilung der in der Tabelle von Professor Lang aufgeführten Beanspruchungsziffern den anatomischen Aufbau des Holzes herangezogen.

Über die zulässigen Beanspruchungen in den einzelnen Schnittrichtungen wurden bis heute, soviel mir bekannt, nur im Materialprüfungsamt Stuttgart eingehende Materialprüfungen vorgenommen; es wäre wünschenswert, wenn diese bald zur Veröffentlichung gelangen würden[1]).

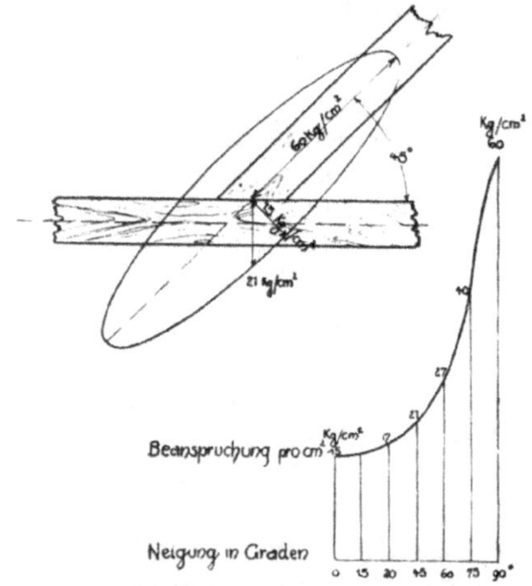

Abb. 1. Spannungsellipse nach Dr. Jackson.

Ich habe mir zur Bestimmung der verschiedenen Spannungsgrößen des Holzes in den einzelnen Schnittrichtungen eine Spannungsellipse konstruiert, die auf der Grundlage einer durch den Zellenaufbau bedingten röhrenförmigen Struktur des Holzes festgelegt und in Abb. 1 wiedergegeben ist.

Betrachten wir den Schrägschnitt der Diagonale gegen den horizontalliegenden Balken bei einer Druckbeanspruchung längs der Faser von 60 kg/qcm, senkrecht zur Faser mit 15 kg/qcm, so müßte die dem Schrägschnitt zugrunde liegende zulässige Beanspruchung einem Wert von 21 kg/qcm gleichgesetzt werden.

Die in der Diagonale zulässige Druckbeanspruchung in der Längsrichtung der Faser mit 60 kg/qcm ist hierbei als maximaler Halbmesser der vorgenannten Spannungsellipse angenommen, während der minimale Halbmesser durch die zulässige Beanspruchung senkrecht zur Faser mit 15 kg/qcm festgelegt ist.

Auf Grund dieser Spannungslinien war es mir ermöglicht, für beliebige Schnittrichtungen des Holzes die dementsprechenden Beanspruchungsziffern unter Einhaltung des Elastizitätsmaßes zu wahren.

Für die Ausbildung der Konstruktion ist die Kenntnis der Eigenschaften des Holzes, insbesondere die des Quellens und Schwindens von allergrößter Bedeutung. Das Holz schwindet bekanntlich in der Richtung der Faser nur um ca. 0,1%, während das Schwindmaß in der Radialrichtung 3%—5% und in der Umfangrichtung 6%—10% beträgt.

Neben den vorgenannten Beanspruchungen möchte ich hier noch kurz auf die Verteilung der Jahresringe hinweisen und erwähnen, daß das Holz der Herbstjahresringe eine vielfach höhere Festigkeit gegenüber demjenigen der Frühjahrsringe zeigt.

Diese ungleichmäßige Festigkeit ist meines Erachtens vor allem bei Herstellung von Druckstößen zu berücksichtigen. Bei der Ausbildung derselben sind zwischen den beiderseitigen Hirnflächen schwache Bleche einzuschalten, damit sich die härteren Schichten der Herbstringe nicht in die weicheren Schichten einfressen können.

Auf die sonst bei Holzkonstruktionen üblichen Verbindungsmittel, wie Nägel, Schraubenbolzen, Reibungsbleche usw. kann ich hier leider nicht eingehen, doch

[1]) Veröffentlicht als „Forschungsarbeit auf dem Gebiete des Ingenieurwesens" vom Verein Deutscher Ingenieure.

möchte ich zur Einführung in die Holzbauweise Kübler als weiteres Bild den gewählten doppelkegelförmigen Dübel, der eine sachgemäße Übertragung der Kräfte gestattet, zeigen.

Die aus dem Bild (Abb. 2) ersichtlichen doppelkegelförmigen Dübel mit kreisrundem Querschnitt dienen dazu, die auftretenden Kräfte auf die anliegenden Hölzer zu übertragen, während die angeordnete Schraube nur zum Zusammenhalten der Hölzer dient.

Um ein Loslösen der einzelnen Konstruktionsteile beim Querschwinden des Holzes zu vermeiden, werden unterhalb der Mutter und der Unterlagsscheiben mit quadratischem Querschnitt von 5/5 cm Federringe mit rechteckigem Querschnitt eingelegt.

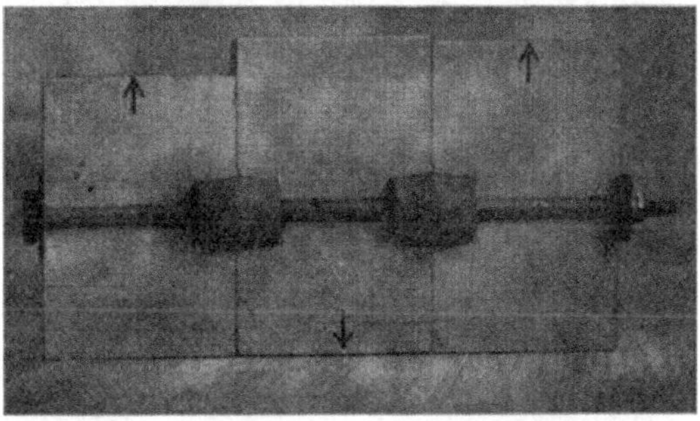

Abb. 2. Doppelkegelförmige Dübel der Bauweise Kübler.

Die Ausbildung der Knotenpunkte bei der Holzbauweise Kübler ist so gestaltet, daß sich die Stabachsen im theoretischen Knotenpunkt schneiden; es fallen dadurch die bei den Systemen mit exzentrischer Anordnung der Stäbe auftretenden Nebenspannungen vollkommen weg.

Die Übertragung der in den Stäben auftretenden Kräfte erfolgt nicht durch Schrauben, Nägel usw., sondern durch Anordnen von Zwischen- und Überlagshölzern, deren Faserrichtung parallel zur Faserrichtung des jeweiligen Stabes ist, und durch zwischen diese Hölzer gelegte vorgenannte doppelkegelförmige Dübel aus Holz, Gußeisen, Eisen

Abb. 3. Knotenpunkt I.

oder Stahl. Diese doppelkegelförmigen Dübel übertragen die Zug- oder Druckkräfte auf die einzelnen Zwischen- oder Auflagerhölzer, die hier die im Eisenbau üblichen Knotenbleche ersetzen.

Bis heute liegen für die Holzbauweise Kübler 3 verschiedene Konstruktionsmöglichkeiten der Knotenpunkte vor. Die Knotenpunkte sind gelenkartig wirkend ausgebildet und zeigen eine statisch einwandfreie Kraftübertragung. Abb. 3 zeigt die Ausbildung des Knotenpunktes I. Die in der Hängesäule wirkende

Zugkraft wird durch die erforderliche Anzahl von doppelkegelförmigen Dübeln auf Überlagshölzer unterhalb des Untergurtes übergeleitet. Diese legen sich mit ihren oberen Schnittflächen gegen die Unterfläche des Untergurts. Die Übertragungsfläche der Hölzer ist durch die zulässige Druckbeanspruchung senkrecht zur Faser festgelegt.

Die lotrechte Kraft der Hängesäule wird durch die lotrechte Komponente der Diagonalkraft ausgeglichen. Die wagrechte Seitenkraft der Diagonale wird durch Anordnen eines Zwischenstückes zwischen dem Untergurt, das sich satt gegen das Holz der Hängesäule anlehnt, abgegeben.

Abb. 4. Knotenpunkt II.

Abb. 5. Knotenpunkt III.

Bei Auftreten von Schwinderscheinungen in den einzelnen Hölzern, so z. B. in dem Untergurt, werden sich die Flächen der Diagonalen, die auf dem Untergurt auflagern, gegen die Übertragungsflächen der an der Hängesäule aufgesattelten Auflagerstücke nähern. Des weiteren werden sich bei Schwinden der Hängesäule die Übertragungsflächen des zwischen den Diagonalen eingesetzten Zwischenstückes gegen die Übertragungsfläche des zwischen dem Untergurt liegenden Zwischenstückes verschieben.

Bei einem maximalen Schwindmaß von 3 % in der Querrichtung betragen die infolge der Verschiebung der Knotenpunkte auftretenden zusätzlichen Durchbiegungen bei Bindersystemen, wie z. B. bei einem dreieckförmigen Dachbinder mit 20 m Spannweite, den ich nachstehend aufführen werde, etwa 1,5 cm in Feldmitte. — Die bei dem Knotenpunkt I ersichtlichen Schrauben dienen jeweils nur zum Zusammenhalten der Hölzer.

Abb. 4 zeigt Knotenpunkt II. Diese Knotenpunktsausbildung unterscheidet sich gegen Knotenpunkt I dadurch, daß die Diagonale nicht auf dem Untergurt aufliegt, sondern daß ihre lotrechte Komponente auf das seitlich an der Hängesäule aufgesattelte Auflagerstück abgegeben wird, während die horizontale Komponente der Diagonalkraft durch die Hängesäule hindurch auf das wie bei Knotenpunkt I angeordnete Zwischenstück zwischen den Gurten abgegeben wird.

Durch diese Anordnung ist es ermöglicht, die bei Knotenpunkt I auftretenden Schwinderscheinungen resp. dadurch bedingten zusätzlichen Durchbiegungen um ca. 60 %—70 % zu verringern.

Das seitlich an der Hängesäule aufgesattelte Auflagerstück erzeugt in bezug auf den theoretischen Knotenpunkt ein Drehmoment, das durch den exzentrisch liegenden Angriff der Horizontalkomponente der Diagonalkraft im Gleichgewicht gehalten wird.

Die Anordnung der Stäbe ist bei diesem Knotenpunkt wie beim vorstehenden so gewählt, daß sich die Stabachsen im theoretischen Knotenpunkt schneiden.

Abb. 5 stellt Knotenpunkt III dar. — Bei diesem Knotenpunkt erfolgt die Übertragung der Diagonalkräfte direkt auf die Zwischen- und Auflagerstücke. Die Horizontalkomponente der Diagonalkraft wird direkt auf das zwischen dem Gurt liegende Zwischenstück übertragen, während die Vertikalkomponente direkt auf das Aufsattlungsstück der Hängesäule gebracht wird. Die Gurte sind hierbei direkt vor den Diagonalen durchgeführt.

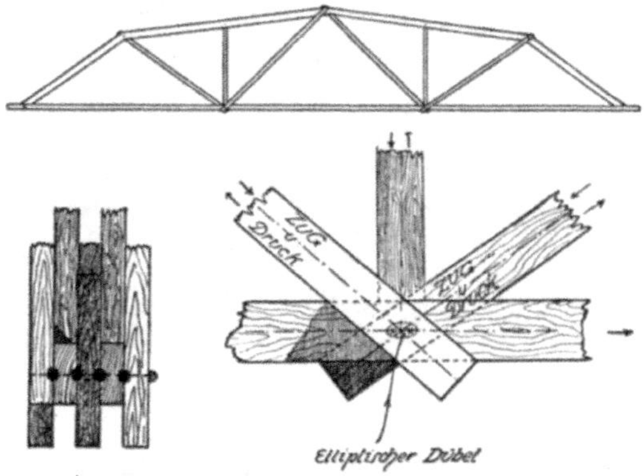

Abb. 6. Mansardbinder mit unmittelbarem Anschluß der Stäbe im theoretischen Knotenpunkt. Binder mit Zug- und Druckdiagonalen.

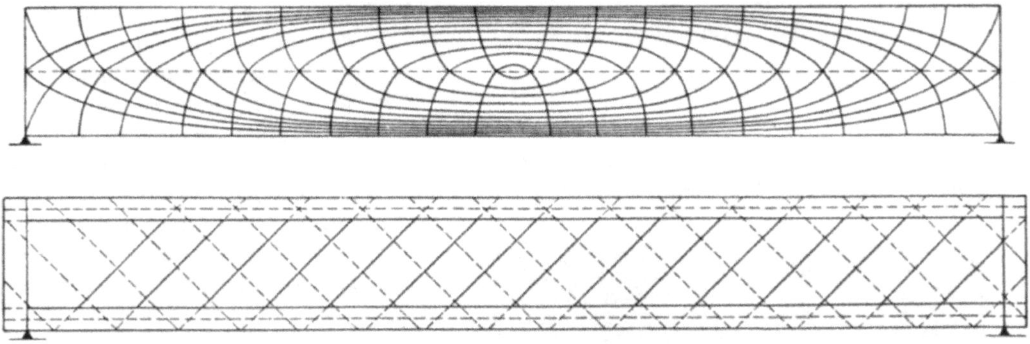

Abb. 7. Verlauf der Spannungstrajektorien.

Abb. 8. Belasteter Träger mit Knotenpunkten I.

Bei dieser Ausführung hätten natürlich auch die Hängesäulen vor den Gurten bei einteiliger Diagonale durchgeführt werden können.

Knotenpunkt III wird im wesentlichen, da er das Schwinden und Quellen der Hölzer fast vollkommen ausschaltet, für Brückenkonstruktionen verwendet.

Zu bemerken wäre, daß natürlich bei vorstehenden Knotenpunktsausbildungen der Gurt, die Diagonale und die Hängesäule mehrgliedrig ausgeführt werden können, was jeweils durch die Größe der Kräfte bedingt ist.

Eine neuere Ausbildung eines Knotenpunktes beruht darauf, die Stäbe direkt im theoretischen Knotenpunkt zu befestigen. Durch diese Anordnung ist es ermöglicht, die längeren Diagonalstäbe als Zugstäbe auszubilden.

Abb. 6 veranschaulicht die Herstellung eines **Mansardbinders** bei direktem Anschluß im theoretischen Knotenpunkt unter Verwendung von einem doppelkegelförmigen Dübel, einerseits mit elliptischem, andererseits mit kreisrundem Querschnitt. Außer dieser Verbindungsmöglichkeit mit dem doppelkegelförmigen Dübel mit verschiedenem Querschnitt, der auf Grund der elliptischen Spannungsverteilung in den Faserrichtungen festgelegt wurde, wird neuerdings der direkte Anschluß der Stäbe am Ober- oder Untergurt durch Bandeiseneinlagen ermöglicht.

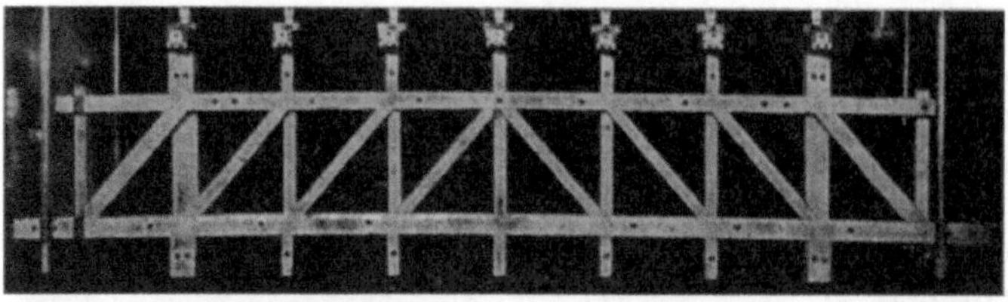

Abb. 9. Träger mit Druckdiagonalen vor der Probebelastung.

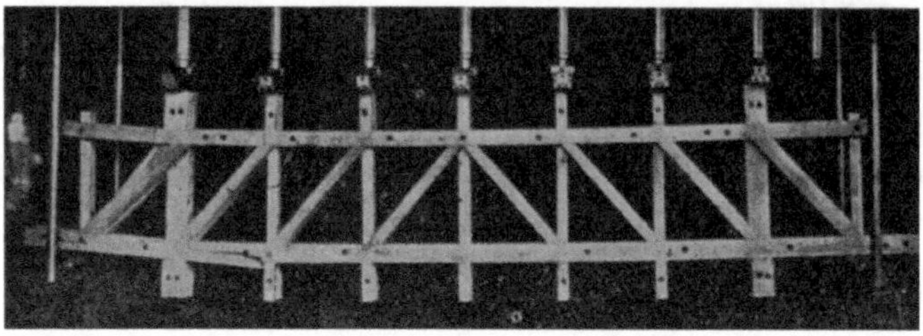

Abb. 10. Träger mit Druckdiagonalen nach erfolgter Belastung.

Außer diesen Fachwerksbindern wurden in der letzten Zeit verschiedene **Vollwandträgerkonstruktionen** ausgeführt. Der Vollwandträger selbst ist wie bei der Eisenkonstruktion mit I-förmigem Querschnitt ausgebildet.

Die konstruktive Ausbildung wurde auf Grund des Verlaufes der Spannungstrajektorien ermittelt, worüber Abb. 7 auf S. 125 Aufschluß gibt.

Der Stab des I-förmigen Querschnittes besteht aus unter 45° gegeneinander gelegten Dielen, die dem Spannungsverlauf der Hauptspannungen entsprechend die inneren Zug- wie Druckkräfte auf den Ober- bzw. Untergurt abgeben. Von einer Nagelung der gegeneinander unter 45° liegenden Lamellen zur Kräfteübertragung wurde abgesehen.

Abb. 11. Prüfung im Materialprüfungsamt Dresden.

Die jeweiligen vertikalen Komponenten der Hauptspannungen werden auf eine Leiste des Obergurtes abgegeben, während die horizontalen Komponenten als Differenzkräfte der Zug- und Druckspannungen im Unter- bzw. Obergurt durch Einlagestücke übermittelt werden.

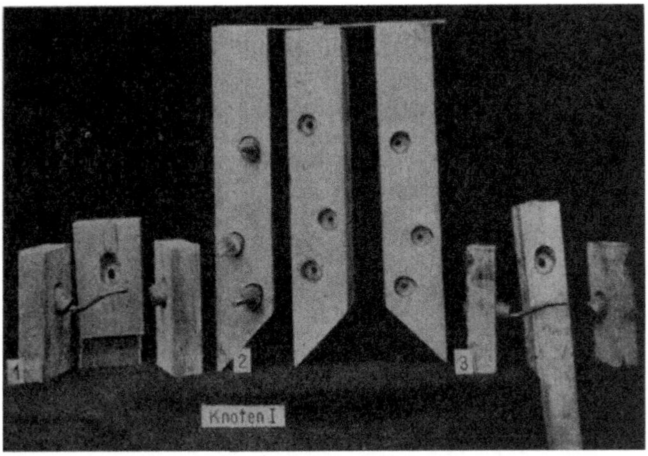

Abb. 12. Prüfung im Materialprüfungsamt Dresden.

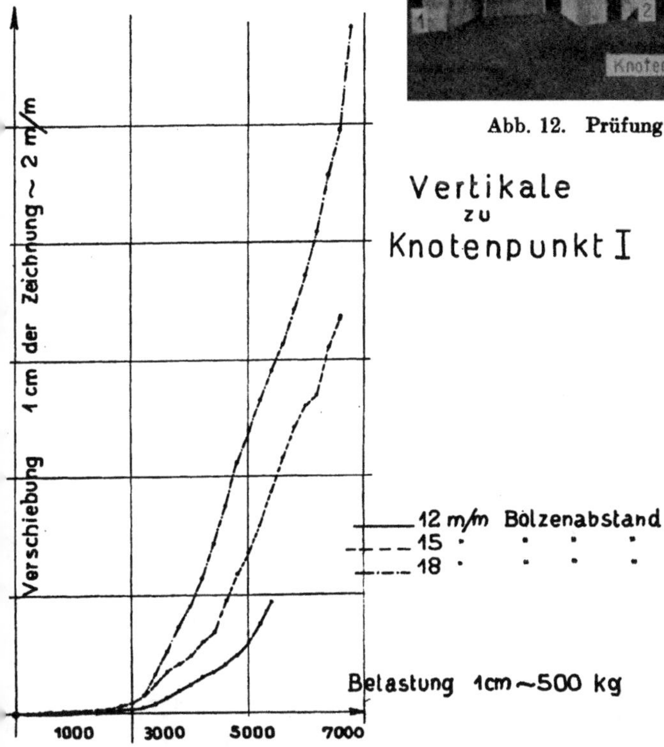

Abb. 13. Prüfung im Materialprüfungsamt Dresden.[1])

Diese Konstruktion findet vor allem Verwendung bei Herstellung von Bogenbindern und Rahmenkonstruktionen. Belastungsproben über Bogenbinder von 22 m und mehr Spannweite wurden zur Prüfung der Konstruktion vorgenommen und haben günstige Resultate gezeitigt.

Die Vollwandkonstruktion kommt, vor allem bei Rahmenkonstruktionen, meines Erachtens zurzeit deswegen weniger zur Ausführung, weil die Herstellung von Vollwandkonstruktionen einen größeren Holzverbrauch bedingt.

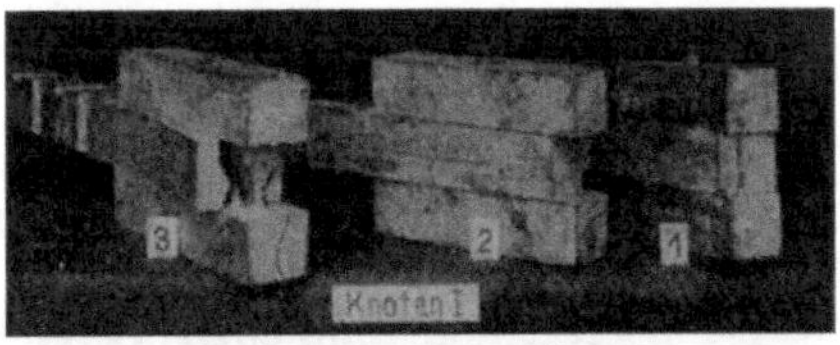

Abb. 14. Prüfung im Materialprüfungsamt Dresden.

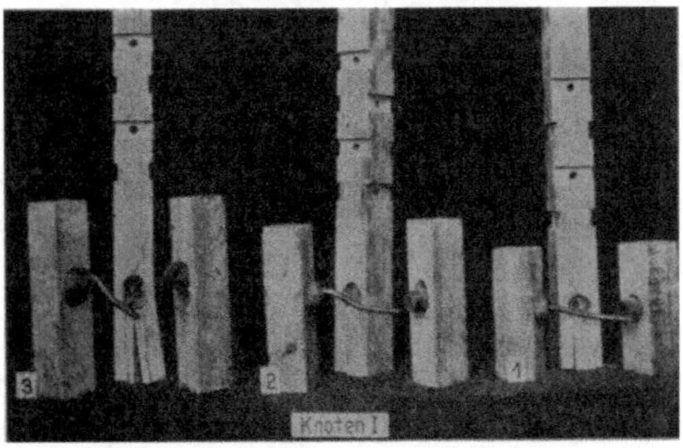

Abb. 15. Prüfung im Materialprüfungsamt Dresden.

[1]) Die Bolzenabstände sind in cm (nicht in m/m, wie irrtümlich angegeben) ausgedrückt, und zwar sind die Abstände jeweilig durch die Entfernung der Achse des Bolzens von der Außenkante des Aufsattlungsstückes, bzw. des Zuggliedes charakterisiert.

Bevor ich auf Ausführungen eingehe, möchte ich noch mitteilen, daß zur Prüfung der Knotenpunktsausbildungen der Holzbauweise Kübler eingehende Versuche, sowohl im Sägewerk der Firma, als auch in den Materialprüfungsanstalten in Stuttgart und Dresden vorgenommen worden sind.

Abb. 8 zeigt einen mit Masseln belasteten Träger von 5,00 m Spannweite mit Zugdiagonalen nach der Ausbildung Knotenpunkt I; Abb. 9 und 10 zeigen denselben Träger mit Druckdiagonalen unter der großen Biegemaschine des Materialprüfungsamtes Stuttgart. Die weiteren Bilder (Abb. 11 und 12) veranschaulichen vorgenommene Prüfungen über die Einlage- bzw. Aufsattlungsstücke bei Knoten I, die im Materialprüfungsamt Dresden vorgenommen wurden. Diese Prüfungen zeigten durchschnittlich eine 4,1—4,7fache Sicherheit, wobei als Sicherheitsgrenze die Bruchgrenze eingesetzt ist.

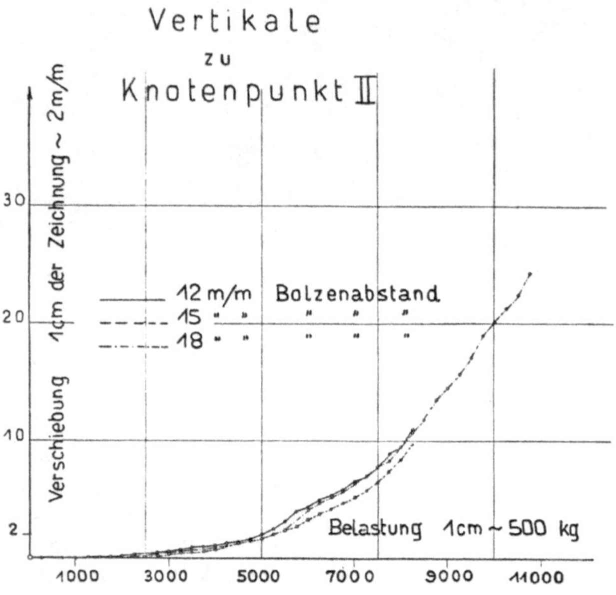

Abb. 16. Prüfung im Materialprüfungsamt Dresden.[1])

Um Aufschluß über den zulässigen Lochleibungsdruck des doppelkegelförmigen Bolzens im Holz zu erhalten, wurden weitere eingehende Versuche von dem Materialprüfungsamt Dresden vorgenommen, die die Bilder 13 bis 17 veranschaulichen.

Aus dem Verschiebungsplan der Bolzen bei den einzelnen Belastungen ist vor allem bei Knotenpunkt I zu ersehen, daß bei einer Grenzbelastung von ca. 3300 kg

Abb. 17. Prüfung im Materialprüfungsamt Dresden.

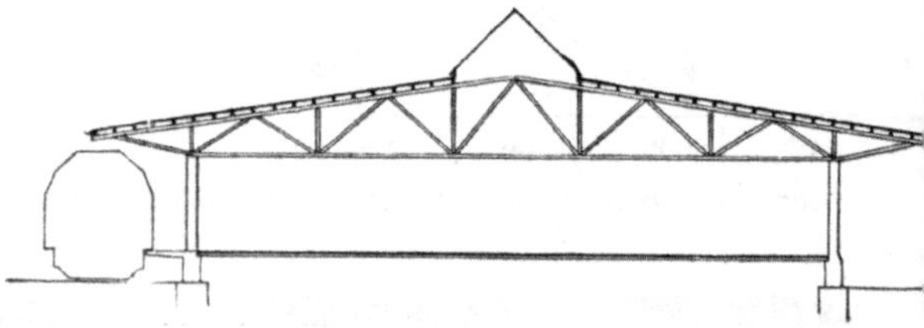

Abb. 18. Bindersystem für eine Güterhalle.

eine örtliche Zerstörung des Materials in Form von Ausknicken der Herbstfasern in die weichen Frühjahrsfasern eingetreten sein muß.

Die Verschiebungstabelle des Knotenpunktes II zeigt einen ähnlichen Verlauf; jedoch ist die Kurve infolge Anordnung von zwei Bolzenstaffeln gegenüber Knotenpunkt I eine stetigere.

Ich möchte bei dieser Gelegenheit darauf aufmerksam machen, daß von der Firma Karl Kübler auf dem Gebiete des Holzbaues zur Erforschung ihrer Holzbauweise eingehende Prüfungen vorgenommen worden sind. Über die mit den

[1]) Vgl. Anmerkung 1 auf Seite 127.

Knotenpunkten I bis III und den neueren Verbindungen ermöglichten Konstruktionsarten von Bindersystemen geben die folgenden Abb. 18 bis 24 Aufschluß.

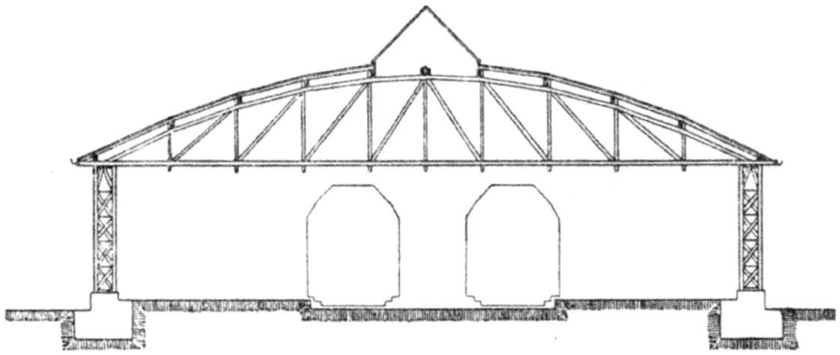

Abb. 19. Binder mit bogenförmigem Obergurt (Spannweite 22 m).

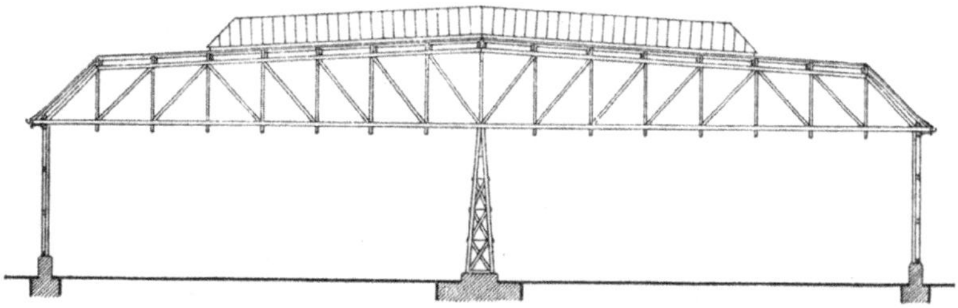

Abb. 20. Binder mit Zwischenstütze.

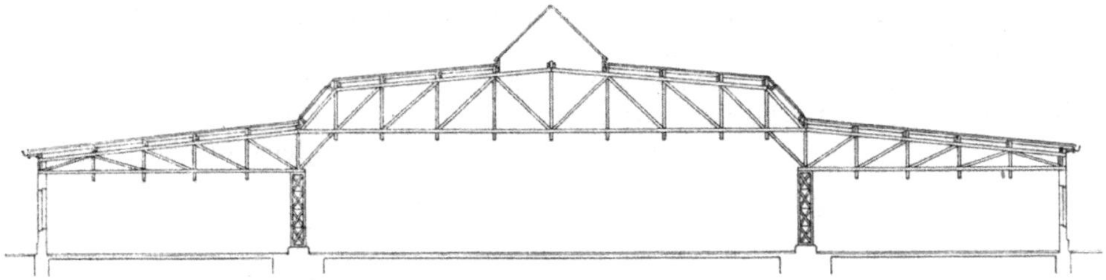

Abb. 21. Fachwerkbinder für eine dreischiffige Halle.

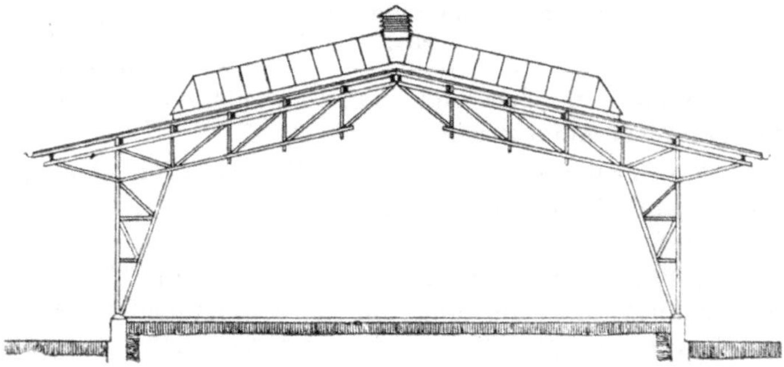

Abb. 22. Dreigelenk-Binder von 20 m Spannweite für ein Sägewerk.

Wie Sie aus den vorgenannten Binderskizzen ersehen, eignet sich die Holzbauweise Kübler nicht nur für Binder in Träger-, sondern auch in Bogenform; sie wird neuerdings bei Vollwandkonstruktionen sogar zur Herstellung von rahmenartigen Gebilden, wie diese vor allem im Eisenbetonbau üblich sind, verwendet.

Die erste Ausführung war ein dreiecksförmiger Dachbinder von 20,00 m Spannweite und 5,00 m Bundweite. Abb. 25 zeigt die Ausführung desselben. Über die einzelnen Konstruktionspunkte habe ich bereits in der Deutschen Bauzeitung, Jahrgang 1919, berichtet.

Zur Vervollständigung möchte ich jedoch nicht versäumen, den für diesen Binder aufgestellten Verschiebungsplan hier aufzunehmen (Abb. 26). Derselbe wurde unter der Annahme eines Elastizitätsmoduls für Zug von 174 200 kg/qcm, für

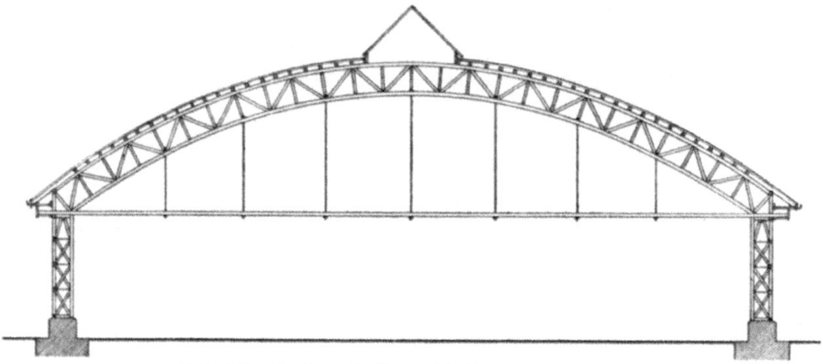

Abb. 23. Fachwerk-Bogenbinder mit Zugband.

Druck von 145 200 kg/qcm errechnet. Für die maximale, gleichförmig über das Dach verteilte Belastung errechnete sich bei einer Spannweite von 20,00 m eine Durchbiegung von rund 20 mm.

Zur Beurteilung des elastischen Verhaltens des Binders wurde eine Belastungsprobe mit einem der Dachbinder vorgenommen und bei Aufbringung der vorgenannten gleichförmigen Belastung eine maximale Durchbiegung in Feldmitte von 21,7 mm gemessen. Die im Durchbiegungsplan, Abb. 26, strichpunktierte Linie zeigt die Größe der Zusatzdurchbiegungen infolge Schwindens nach Knotenpunkt I. Die errechneten Größen sind hierbei jeweils von den Knotenpunkten des Durchbiegungsplanes aus aufgetragen.

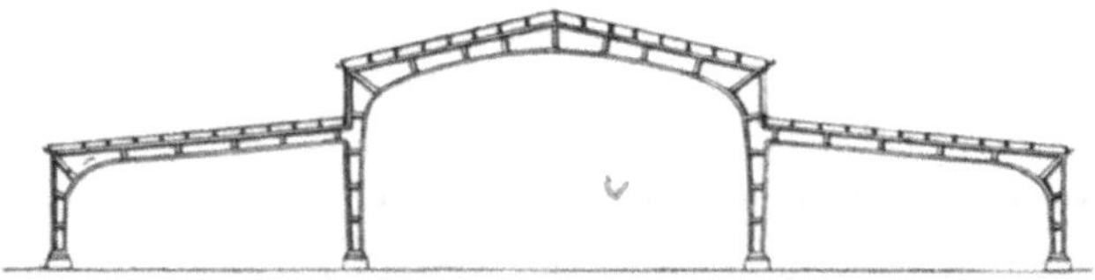

Abb. 24. Vollwandbinder für eine dreischiffige Halle (22 m und 2·16,50 m Spannweite).

Als zweite Ausführung sei hier auf die Konstruktion einer Flugzeughalle bei 25,00 m Breite und 20,00 m weiten Einfahrtstoren, die in Abb. 27 und 28 wiedergegeben ist, verwiesen.

Bei dieser Ausführung ist noch zu bemerken, daß die Tore an den jeweiligen Torbindern aufgehängt und die auf die Tore anfallenden Winddrücke durch horizontalliegende Windträger auf die rahmenartigen Fachwerksgebilde übertragen wurden.

Abb. 29 stellt eine Arbeitshalle mit 100,00 m Länge und 42,00 m Breite dar, bei welcher Eisenbeton zur Herstellung der Stützen verwendet wurde.

Die Stützen in den Außenwänden haben die auf die ausgeriegelten Fachwerks-

Abb. 25. Dreiecksförmiger Dachbinder von rd. 20 m Spannweite.

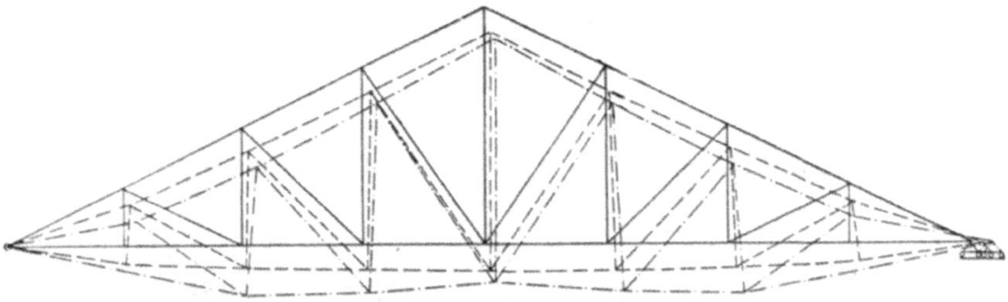

Abb. 26. Verschiebungsplan zu dem in Abb. 25 gezeigten Binder. Vollstrich = Bindersystem. Gestrichelt = Durchbiegungsplan für die Belastung. Strichpunktiert = Durchbiegung mit Berücksichtigung des Schwindens.

Abb. 27. Flugzeughalle mit 20 m breiten Einfahrtstoren. Bauausführung.

wände anfallenden Winddrücke auf die Fundamente zu übertragen. Die Mittelstützen dienen als Pendelstützen, wie Abb. 30 zeigt.

Die Bundweite der Binder beträgt 7,50 m. Der Abstand der Mittelstützen beträgt 15,00 m und ist zur Auflagerung des jeweiligen Zwischenbinders ein in der Achse der Mittelstützen verlaufender Parallelgitterträger, der als Gerber-Fachwerks-

Abb. 28. Gesamtansicht der Flugzeughalle (siehe Abb. 27).

Abb. 29. Arbeitshalle von 42 m Breite.

träger ausgebildet ist, angeordnet. Die Pfetten sind bei 7,50 m als Gerberpfetten mit rechteckigem Querschnitt konstruiert.

Die Ausbildung als Mansardbinder fand in der Zwischenzeit reiche Anwendung. Die hier abgebildete Autogarage (Abb. 31) hat eine Spannweite von 20,0 m und eine Bundweite von 7,5 m bei Verwendung von Gerberpfetten mit durchschnittlichen Dimensionen von 16/24 cm. Die Beleuchtung der Halle erfolgt durch Raupen-Oberlichter.

Eine andere Ausführungsform, wie sie vor allem in letzter Zeit für verschiedene Lagerhallen Verwendung fand, ist in den Abb. 32 und 33 wiedergegeben. Bei dieser Halle wurden die Binder als rahmenartiges Gebilde mit beiderseitigen Auskragungen ausgeführt. Zur Aufnahme der in der Mitte der Halle quer verlaufenden Laufkatze wurden besondere Trägersysteme mit Parallelgurtung ausgebildet. Die beiderseitige Auskragung betrug 4,50 m bei einer Spannweite von

Abb. 30. Blick in die in Abb. 29 gezeigte Arbeitshalle.

Abb. 31. Autogarage von 20 m Spannweite der Binder.

17,00 m, die Bundweite war mit 5,00 m eingehalten. Die Lagerhalle ist so ausgebildet, daß sie auf jeder Giebelseite ohne weiteres vergrößert werden kann. Die Beleuchtung der Halle erfolgt durch eine aufgesattelte Firstlaterne in gewöhnlicher Zimmerkonstruktion.

Wieder eine andere Konstruktionsart, bei der die Binder der Holzbauweise Kübler Verwendung finden, zeigt die Shedkonstruktion Abb. 34 (S. 135), bei einer freien Spannweite von rund 20,00 m, bei der jeweils in den Dachflächen des Oberlichtes und der Dacheindeckung besondere Trägersysteme eingebaut wurden.

Die Konstruktionsmethode beruht auf genau denselben Annahmen wie bei dem in der Eisenkonstruktion verwendeten Föppelschen Tonnendach, bei dem ebenfalls in den jeweiligen Dachflächen des gebrochenen Daches freitragende Dachbinder eingelegt sind, die zur Übertragung der Dachlasten auf die Endportale oder Außenwände dienen. —

Neben all den vorgenannten Konstruktionsarten möchte ich nicht versäumen, die Ausführung einer Maschinenhalle, bei der Kranlasten zu berücksichtigen

Abb. 32. Ladehalle mit beiderseits überkragendem Dach.

Abb. 33. Ausführung der in Abb. 32 dargestellten Ladehalle.

waren, aufzunehmen. Die Abb. 35 und 36 stellen den Querschnitt der Halle mit der im Mittelfeld auf der rechten Hälfte dieses Feldes liegenden Kranbahn dar. Die Bundweiten der Binder betragen bei dieser Ausführung 8,0 m und haben die im Querschnitt angedeuteten Kranbahnträger, die in die Hauptträger eingehängt sind, die Kranbahnlasten von maximal 5 t Einzellast auf diese Bundweite von 8,0 m zu übertragen.

Die Abb. 36 ist ein Blick in die Halle mit Kranen und angehängter Einzellast. Nach Fertigstellung der Arbeiten wurden eingehende Versuche mit angehängten Kraneinzellasten vorgenommen, die recht günstige Ergebnisse hatten. Bleibende Durchbiegungen waren nach Entlastung der Kranbahnträger nicht wahrzunehmen; es waren die maximalen Durchbiegungen gleich den errechneten bei Zugrundelegung eines Elastizitätsmoduls von 110000 kg/qcm.

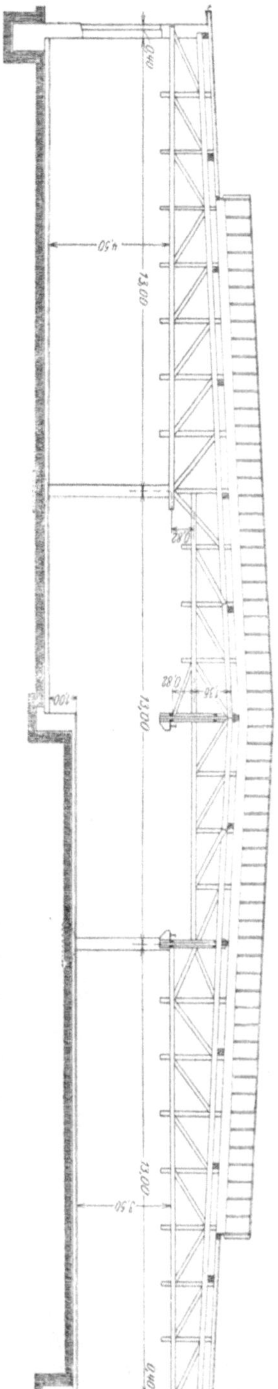

Abb. 35. Querschnitt einer Maschinenhalle mit Krananlage.

Bevor ich zur Ausführung der Dachkonstruktion mit gewölbter Dachhaut übergehe, möchte ich noch Hallenausführungen nach der Zeppelin - Hallenbauweise erwähnen und auf die noch folgende Abbildung 37, welche die Ausführung einer großen Maschinenhalle mit ebener Untersicht darstellt, verweisen.

Abb. 34. Shedkonstruktion mittels Fachwerkbinder.

Die weitere Abb. 39 zeigt eine solche Halle mit in den Achsen der

Abb. 36. Blick in die in Abb. 35 dargestellte Halle.

Oberlichter liegenden Hauptträgern bei Einhaltung von Bundweiten mit 6,9 bzw. 9,2 m, unter Verwendung von aufgehängten Pfetten mit rechteckigen Querschnitten von 14/24 cm.

Diese Konstruktionsart dürfte wohl bekannt sein. Die Firma Karl Kübler hatte seinerzeit das Ausführungsrecht für diese Halle von der Zeppelin-Hallenbau G. m. b. H. erworben.

Neben mannigfaltigen Ausführungen von Lagerhallen, Maschinenwerk-

Abb. 37. Halle nach der Zeppelin-Hallenbauweise.

Abb. 38. Offene Halle in fachwerkartiger Rahmenausbildung.

stätten usw. möchte ich hier nur im besonderen zwei Konstruktionsarten von Dächern mit gewölbter Dachhaut kurz schildern.

Die erste Ausführung (Abb. 38) zeigt ein fachwerkartiges Rahmengebilde mit steif angeschlossenen Ständerstützen bei beiderseitiger Auskragung von ca. 2,50 m und einer mittleren Spannweite von 25,00 m bei Bundweiten von 7,50 m, das sich für die Herstellung von Lagerhallen eignet. — Die Pfetten sind bei dieser Konstruktion ebenfalls als Gerberpfetten mit verschränkter Gelenkanordnung hergestellt; die Aussteifung der Halle in der Längsrichtung erfolgte durch Anordnung von Bügen. Die Ständerstütze ist auf einem Betonfundament unter Verwendung von eisernen Schuhen, die in das Fundament verankert sind, gelagert.

Bei diesem rahmenartigen Gebilde treten infolge der einseitigen Winddrücke in den Stäben an der steifen Ecke zwischen Ständer und Stütze Wechselspannungen

Abb. 39. Lagerhalle mit Parabel-Fachwerkbinder und Firstoberlicht.

Abb. 40. Außenansicht der in Abb. 39 gezeigten Halle.

auf, die durch Anordnung von Auflage- und Zwischenstücken und eisernen Laschen unter Verwendung von halbkegelförmigen Dübeln mit sattsitzender Schraube übertragen wurden. Auf die Einzelausbildung der Knotenpunkte kann ich hier leider nicht weiter eingehen.

Die zweite Ausführung ist eine großräumige Lagerhalle mit gewölbter Dachhaut. Die Binder derselben haben Parabelform, die Ausbildung der Knotenpunkte erfolgte nach System II.

Die jeweiligen auftretenden Wechselspannungen wurden durch Anordnen von weiteren Zwischenstücken und eisernen Laschen aufgenommen; letztere sind mittelst halbkegelförmiger Dübel und einer sattsitzenden Schraube angeschlossen. Die Schraube wird hier auf reine Abscherung beansprucht.

Die Halle hat eine Länge von 105 m, eine Breite von 20 m.

Die Fachwerkswände sind in ausgeriegelter Konstruktion hergestellt. Der auf sie wirkende horizontale Winddruck wird durch eingespannte Eisenbetonstützen aufgenommen. Diese tragen parallel zur Längsachse der Halle verlaufende Eisenbetonkranbahnträger.

Zur Aufnahme der auf die Giebelwände anfallenden Winddrücke wurden auf Höhe des Untergurts des Dachbinders horizontal liegende Fachwerksträger in Holz mit 20 m Spannweite vorgesehen, die auf den Außenstützen der Seitenwände aufgelagert sind.

In den Giebelwänden selbst wurden keine Eisenbetonstützen vorgesehen, sondern dieselben als reine Fachwerkswände mit Ausriegelung ausgebildet. Zur

Abb. 41. Wagenhalle mit Parabel-Fachwerkbinder.

Herstellung von Einfahrtstoren usw. wurden oberhalb derselben entsprechende Sprengwerke in den Fachwerkskonstruktionen angeordnet. Abb. 40 veranschaulicht die Ausbildung der Fachwerkswände. Die eigentliche Beleuchtung der Halle erfolgt außer durch Fenster durch ein Firstoberlicht.

Abb. 41 veranschaulicht eine Wagenhalle, in der ebenfalls Parabel-Fachwerksbinder von ca. 18,00 m Spannweite zur Anwendnng kamen.

In letzter Zeit sind auch freitragende Brückenkonstruktionen nach der Holzbauweise Kübler ausgeführt worden.

Um einen Einblick in diese Konstruktion zu gewähren, möchte ich hier das Bauwerk eines Fußgängersteges mit 22,6 m und 8,3 m Spannweite, und 5,0 m Gehwegbreite anführen (Abb. 42). Die Nutzlast infolge Menschengedränge war seinerzeit mit 400 kg/qm anzunehmen. Die Hauptträger wurden als kontinuierliche Fachwerksträger ausgebildet und das ganze System als einfach statisch unbestimmt berechnet.

Die Herstellung der Knotenpunktsausbildung erfolgte nach Knotenpunktssystem III. Abb. 43 zeigt einen Längenschnitt durch die Brücke mit beiderseitigem

Treppenaufgang, der Mittelpfeiler ist als Pendelsäule ausgebildet, Abb. 44 stellt den Brückenquerschnitt dar.

Der Gehwegbelag war in halber Höhe des Trägersytems angeordnet.

Abb. 42. Ansicht eines Fußgängersteges über Staatsbahngeleise.

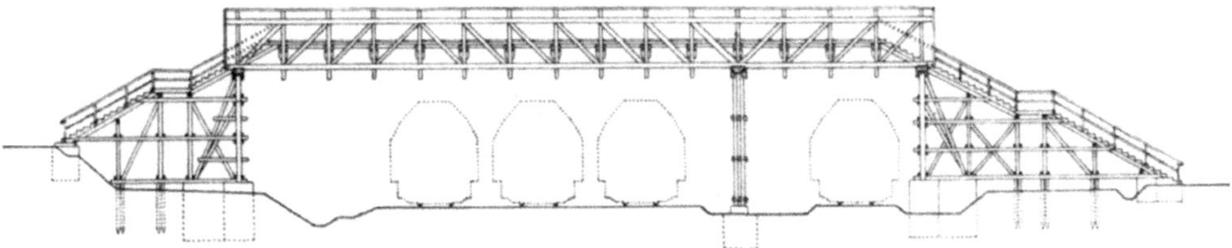

Abb. 43. Längenschnitt des Fußgängersteges.

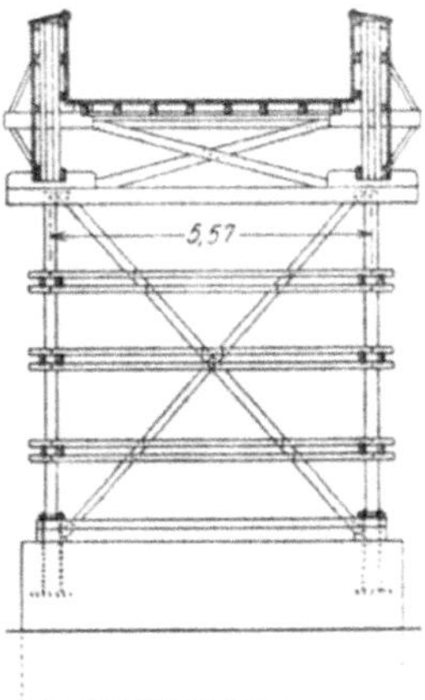

Abb. 44. Querschnitt (5 m Gehwegbreite).

Die zur Aufnahme des Belages erforderlichen Zangenpaare wurden durch Anordnen von Bügen gegen den Ober- und Untergurt versteift. Dadurch wurde der Obergurt knicksicher gemacht.

Der auf die Seitenfläche der Hauptträger entfallende Winddruck wurde durch einen unterhalb des Gehwegbelages eingebauten horizontalen Fachwerkträger auf die Stützen übertragen.

Die Stützen sind in den Fundamenten verankert und wurden als statisch bestimmt berechnet.

Zum Schutze gegen Regen wurde die gesamte Tragkonstruktion der Hauptträger verschalt und mit einem Karbolineumanstrich versehen. Für den Eintritt von Luft waren Ventilationsöffnungen vorgesehen. Die Anordnung von Ventilationsöffnungen ist notwendig, damit das zwischen der Schalung liegende Verbandholz der Hauptträger durch Luftabschluß nicht erstickt und die Haltbarkeit des Holzes gewahrt bleibt.

Die gesamte Tragkonstruktion wurde, wie dies allgemein bei der Holzbauweise

Kübler üblich ist, in einzelne Stücke zusammengelegt zum Versand gebracht, die Träger an der Baustelle zusammengesetzt und mittels zweier Richtbäume auf die bereits aufgerichteten Böcke verlegt.

Alle weiteren Einzelheiten dürften wohl aus den beigegebenen Schaubildern ersichtlich sein. Zu bemerken wäre nur noch, daß zum Schutz der Holzkonstruktion gegen Rauchgase an der Unterseite der Brückenkonstruktion auf Höhe

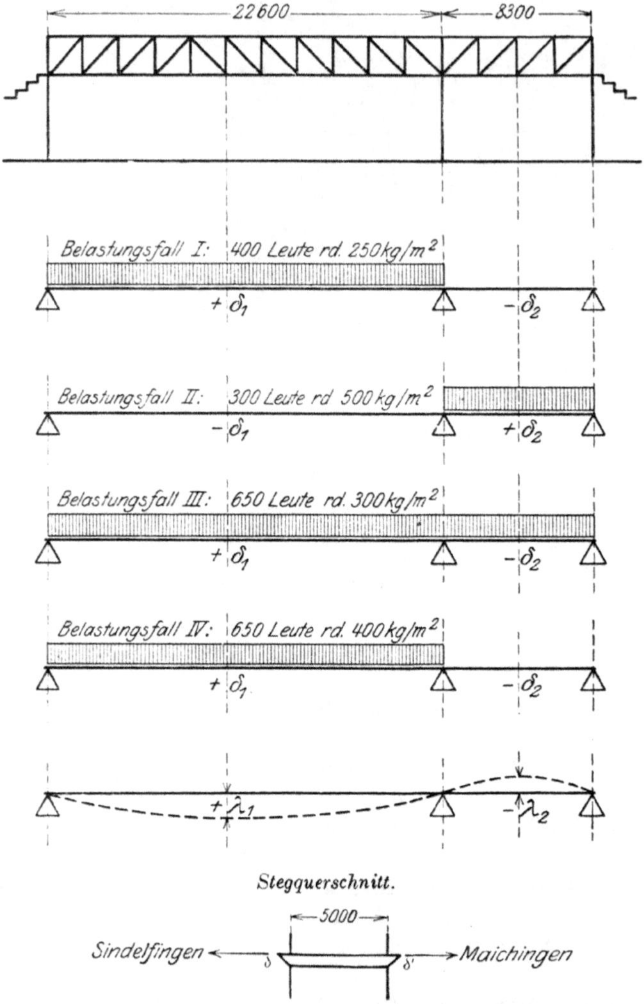

Die gemessenen Einsenkungsziffern für die vier Belastungsfälle sind folgende:

I.	$+\delta_1 = 32{,}3$ mm	$+\delta_1' = 36$ mm
	$-\delta_2 = 4{,}8$ mm	$-\delta_2' = 4{,}8$ mm
II.	$-\delta_1 = 2{,}8$ mm	$-\delta_1' = 3{,}0$ mm
	$+\delta_2 = 4{,}8$ mm	$+\delta_2' = 5{,}1$ mm
III.	$+\delta_1 = 37{,}0$ mm	$+\delta_1' = 31{,}0$ mm
	$-\delta_2 = 2{,}6$ mm	$-\delta_2' = 2{,}1$ mm
IV.	$+\delta_1 = 45{,}0$ mm	$+\delta_1' = 43{,}0$ mm
	$-\delta_2 = 4{,}4$ mm	$-\delta_2' = 3{,}2$ mm

Abb. 45. Belastungsprobe des Fußgängersteges.

des Untergurtes eine Schutzdecke aus Tektondielen angehängt wurde. Diese Konstruktion hat sich bis heute recht gut bewährt.

Nach Fertigstellung der gesamten Brückenkonstruktion wurde von seiten der Generaldirektion der Württ. Staatseisenbahnen eine Belastungsprobe vorgenommen, die in obenstehendem Schaubild 45 wiedergegeben ist. Hierbei bedeuten δ_1 und δ_2 die Senkungsziffern für den vorderen Träger, während δ_1' und δ_2' die Durchbiegung für den hinteren Träger ist. Diese Einsenkungsziffern wurden jeweils am ungünstigsten Punkt mit Hilfe von Griotschen Durchbiegungsmessern aufgenommen.

Zum Vergleich der gemessenen gegen die errechneten Durchbiegungen wurde der Durchbiegungsplan (Abb. 46) für die Nutzlasten aufgestellt und die Durch-

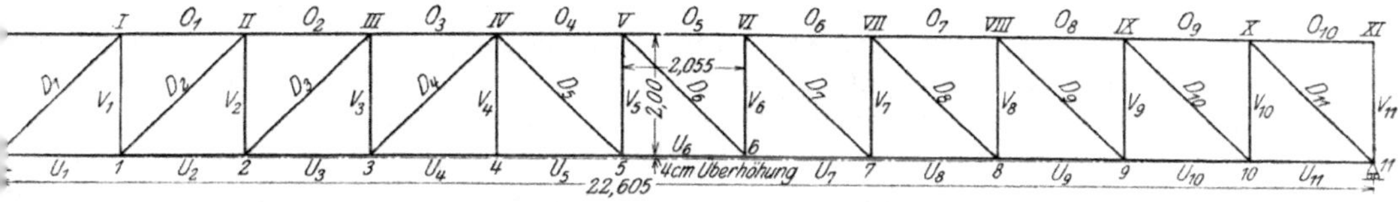

Verschiebeplan.

Biegelinie des Untergurtes.

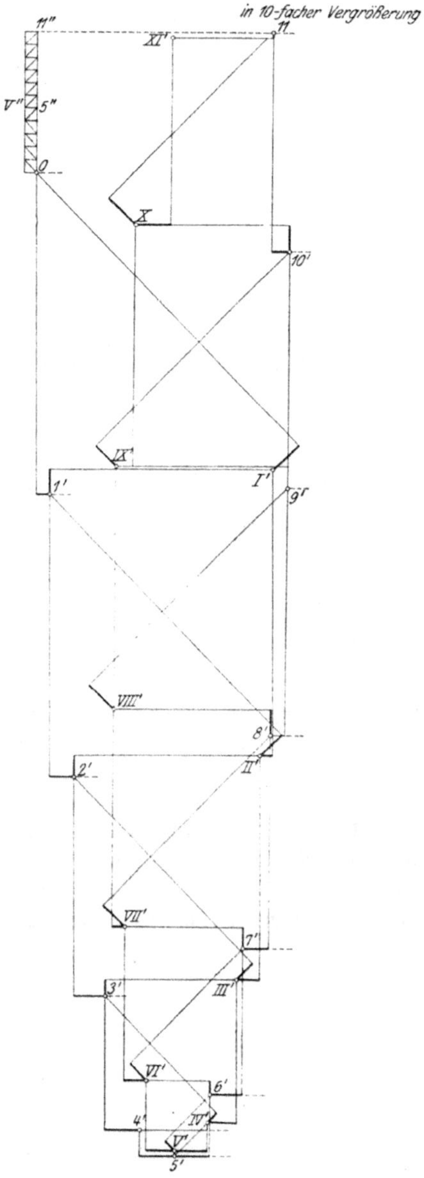

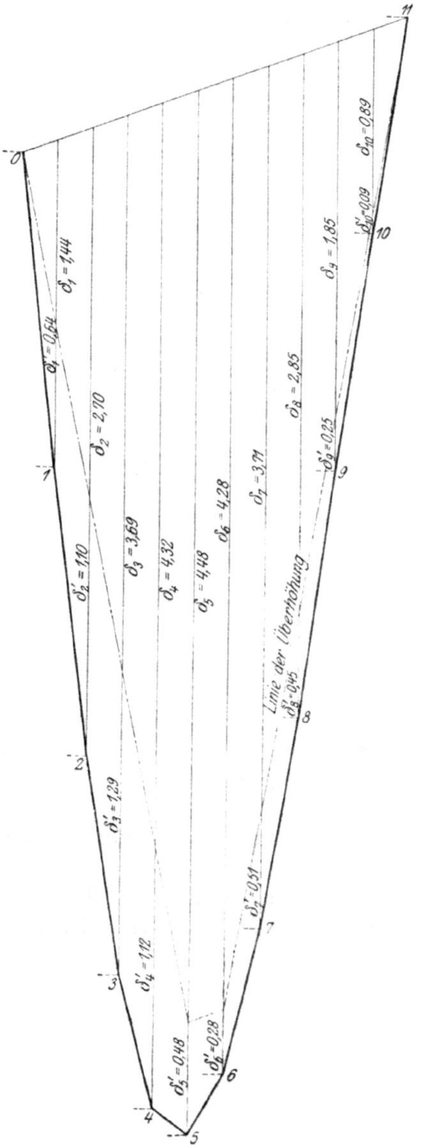

Abb. 46. Durchbiegungsplan zu Abb. 45.

biegungen unter Annahme eines Elastizitätsmoduls für Holz von 100000 kg/qcm errechnet. Als maximale Durchbiegung bei der ungünstigsten Stelle ergab sich mit Hilfe des Durchbiegungsplanes eine Durchbiegung von 47 mm, während die gemessene, maximale Durchbiegung 45 bzw. 43 mm betrug. — Wir sehen also die gute Übereinstimmung zwischen Ausführung und Theorie.

Neuerdings ist die Firma Karl Kübler noch einen Schritt weiter gegangen, indem sie auch Straßenbrücken nach ihrer Bauweise ausgeführt hat.

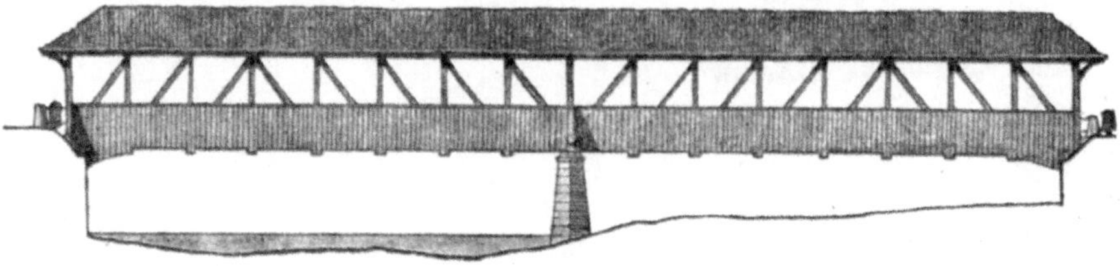

Abb. 47. Straßenbrücke mit 2 Öffnungen von je 27 m Spannweite.

Die zwei weiteren Schaubilder (47 und 48) zeigen die Ausführungsmöglichkeiten mit Querschnitten.

Weitere Ausführungen sind Transportbrücken, die von Feldbahnen befahren werden und Spannweiten mit 20,00 m haben; sie stehen zurzeit in Ausführung.

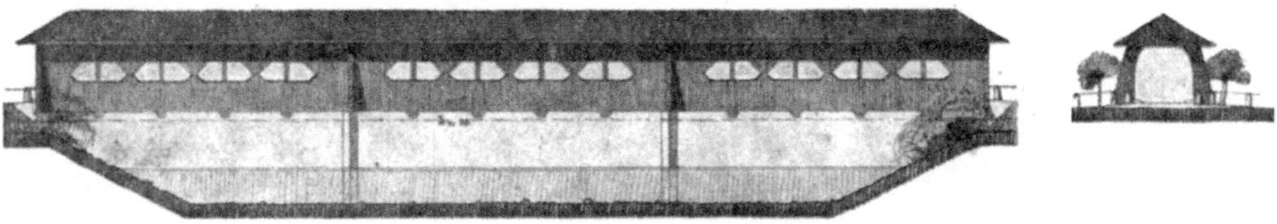

Abb. 48. Straßenbrücke mit 3 Öffnungen.

Wie aus diesen Darstellungen wohl hervorgeht, eignet sich die Holzbauweise Kübler für jegliche Art von Ausführungen. In der letzten Zeit wurden noch neuere Konstruktionsarten für Herstellung von Silobauten mit Zelleneinbauten festgelegt.

Dadurch, daß es bei der Holzbauweise Kübler möglich ist, in jedem Knotenpunkt bzw. in jeder Stoß- und Auflagerfläche die auftretenden Pressungen einwandfrei zu berechnen, ist die Firma Kübler imstande, mit ihrer Bauweise bei geringstem Holzverbrauch freitragende Konstruktionen bis zu jeder Spannweite auszuführen.

XI. Freibau in Holz

(System Christoph & Unmack, Akt.-Ges., Niesky O/L.).

Von

Direktor Otto Hetzer-Niesky.

Seit dem Jahre 1882 verwendet die Firma Christoph & Unmack, Akt.-Ges., Niesky O/L. zu ihren Doeckerbaracken sowie für Lazarette und Bauten jeder Art (Turn- und Lagerhallen, Werkstättengebäude usw.) freitragende Binder in den verschiedensten Formen, nach eigenen bewährten und sachgemäß erprobten Systemen. Zuerst gelangten zumeist eiserne Fachwerksbinder nach Abb. 1 zur Ausführung, wobei die Dachlasten von den Wandstützen übernommen wurden. Bei Anbringung von Einzellasten an den Bindern (Rundlauf und Ringe) mußte das Dach steiler gestaltet werden. Die Kraftübertragung erfolgte dann unmittelbar durch die Binder auf die Fundamente (Abb. 2).

Abb. 1. Doecker-Turnhalle mit eisernen Fachwerksbindern, Stützweite 8—12,0 m.

In der Praxis ergab sich, daß die Anschlüsse der hölzernen Pfetten, Dach- und Wandtafeln an den eisernen Bindern verhältnismäßig schwierig herzustellen waren, weshalb man dazu überging, einfache, standsichere und leicht fortzubewegende Holzbinder nach einheitlichen Normen fabrikmäßig herzustellen. So zeigt Abb. 3 ein leichtes und statisch einwandfreies System für Spannweiten bis zu 10 m.

In vielen Fällen störten bei größeren Spannweiten Säulen im Raume nicht und so stellte man unter Anwendung von Stützen zerlegbare Hallenbinder aus dreieckigen und rhombischen Einzelteilen für jede Gebäudebreite her (Abb. 4).

Für Turn- und Reithallen, Werkstatträume usw., die stützenfrei mit Holzbindern geringen Gewichtes und schwachen, transportablen Wänden ausgeführt werden mußten, war man gezwungen, mit den bisher gebräuchlichen Systemen fabrikmäßig hergestellter Normal-Dreiecks- und Rhombusbinder zu brechen.

Abb. 2. Doecker-Turnhalle mit eisernen Fachwerksbindern und angehängten Turngeräten.

Für leichte, flache Dächer wurden einfache Flachbogen mit eisernen Zugstangen (Abb. 5 u. 6) und für Dächer steilerer Neigungen mit hoher Traufkante halbkreisförmige Bogenbinder nach de l'Ormescher Art ausgeführt (Abb. 7). Dieselben bestanden aus 3 bis 4 hochkant gestellten, bogenförmig ausgeschnittenen, versetzt gestoßenen Bohlenstücken, die durch Vernagelung, Verschraubung oder Verbolzung miteinander zum rechteckigen Binderquerschnitt verbunden wurden. Diese einfachen Binderarten, wie sie die Abb. 6 u. 7 zeigen, haben sich für Spannweiten bis 25 m seit über 20 Jahren gut bewährt.

Architektonisch befriedigten derartige Hallen aber weniger, da bei einem Binderabstand von nur 2 m das innere Gesamtbild der Halle unruhig wirkte. Noch störender waren die eisernen Zugstangen der Flachbogenbinder. Transmissionen und Turngeräte konnten an derartige Binder nicht angehängt werden, da die einzelnen Hölzer infolge Unzulänglichkeit der Verbindungsmittel und der Schwinderscheinungen der Lamellen in der Stärkenrichtung keine festen, statisch rechenbaren Einheitsbinder-Querschnitte darstellten. Ebenso fehlte ihnen bei größeren angehängten Lasten die

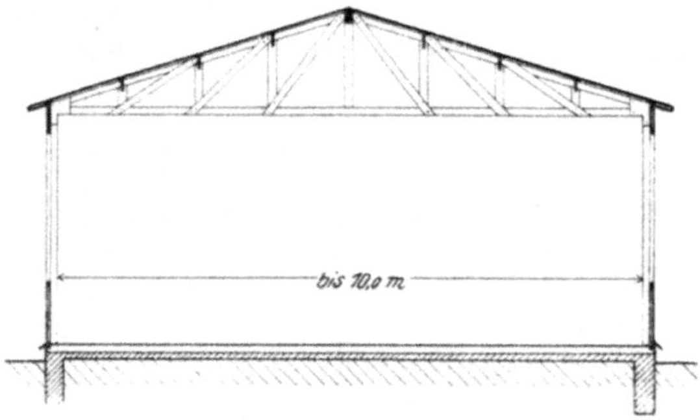

Abb. 3. Doeckerscher Normalbinder in Holz für transportable Bauten, Stützweite bis 10,0 m.

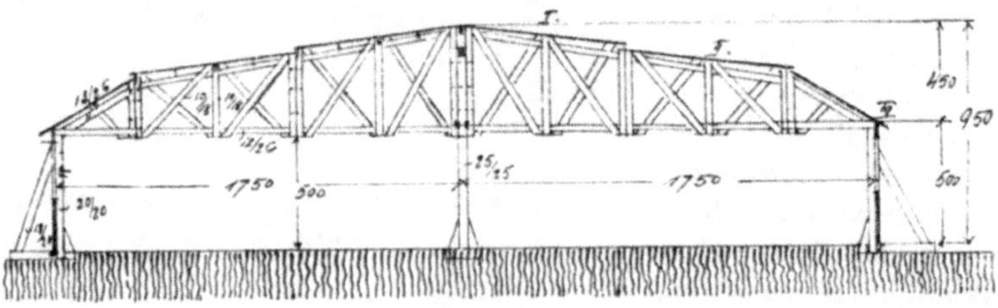

Abb. 4. Doeckerscher Normalbinder für größere Stützweiten, bestehend aus leicht fortbeweglichen Einzelstücken.

Steifigkeit gegen seitliches Ausknicken infolge der geringen Breite des Querschnittes.

Mit dem Einsetzen der Bestrebungen, neuzeitliche Holztragwerke an Stelle der Eisenbinder zu verwenden, begann die Firma Christoph & Unmack, A.-G., Versuche, die in den Abb. 1 und 2, sowie 4 bis 7 gezeigten, bisher von ihr verwandten Binderformen durch statisch einwandfrei berechenbare Holztragwerke in Vollwand- und Fachwerksystem zu ersetzen.

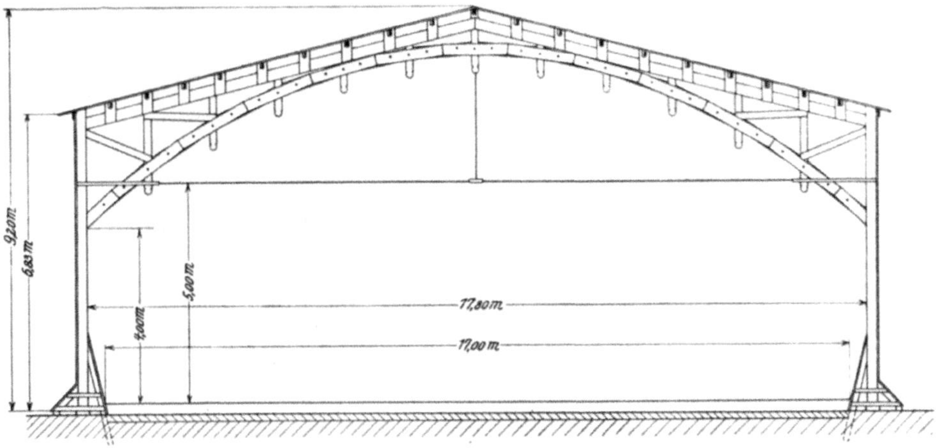

Abb. 5. Doeckerbinder, Stützweite 17,8 m, für transportable Exerzier- und Reithallen.

Der neuzeitliche Nieskyer „Freibau in Holz“ verwendet auf Grund eingehender statischer Berechnungen die folgenden Tragwerksformen:

Abb. 6. Militärhalle Lötzen, ausgeführt 1905, Stützweite 17,8 m.

1. Gebogene Vollwandbinder in I-Form, bei denen die Lamellen mit eisernen Spezial-Schraubnägeln und gesetzlich geschützten Gruppendübeln zum Einheitsquerschnitt verbunden werden,

2. Vollwandbinder mit parallelen oder geknickten Gurten, bei denen außer den Schraubnägeln und Gruppendübeln in besonderen Fällen die Verbindung der Gurte und Stege durch eine in Feuchtigkeit unlösliche Spezialverbundmasse erfolgt,

Abb. 7. Rundbogenförmiger Doeckerbinder mit 18,0 m Stützweite für Richte- und Lagerhallen mit schwacher Wandkonstruktion.

3. Fachwerke, bei denen Spezialsperrholzknotenplatten und gesetzlich geschützte Stoßrippen, sowie gesetzlich geschützte Eiseneinlagen („Nieskyer Tellerdübel") verschiedenster Formgebung im Verein mit Bolzen, je nach den statischen Erfordernissen, die auftretenden Kräfte ordnungsgemäß aufnehmen.

1. Gebogene Vollwandbinder.

Für Turnhallen und ähnliche Gebäude mit schwachen Wänden war der Vollwandbinder mit I förmigem Querschnitt der beste Ersatz für Eisenbinder nach Abb. 1 und 2. Die Standfestigkeit war eine hohe; Turngeräte und sonstige Lasten konnten leicht angebracht werden. Zugstangen, die unschön wirkten, konnten, wenn keine angehängten Lasten in Frage kamen, wegfallen oder doch wenigstens sehr hoch gelegt werden. Die Umfassungswände brauchte man in nur geringer Stärke herzustellen (Abb. 8).

Abb. 8. Doecker-Turnhalle mit Vollwandbindern und schwacher Wandkonstruktion, Stützweite 8,0 m und mehr.

Eine gefällige architektonische Wirkung der Binder läßt sich durch farbige Behandlung der Gurte und der senkrecht dazu laufenden Verstärkungsrippen erzielen, die rahmenartig die tieferliegenden Stegflächen einfassen.

Eine gute äußere Gesamtwirkung des Bauwerkes kann durch aufgesetzte Mansarddächer erzielt werden.

Die beste heute fast allgemein bei der Firma gebräuchliche Form derartiger Turnhallenbinder mit sparsamstem Materialverbrauch zeigt Abb. 9.

Die Ausbildung des Nieskyer Spezial-Holzprofils bringt Abb. 10[1]). Für gerade und bogenförmige Träger legt man Bretter zusammen und verbindet sie durch Nagelschrauben und andere geeignete Hilfsmittel fest und unverschiebbar mitein-

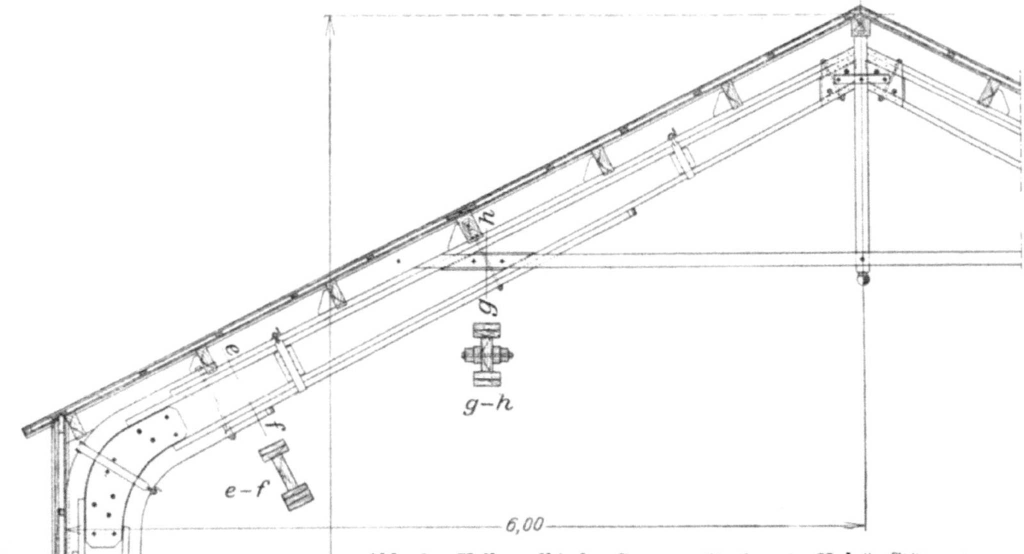

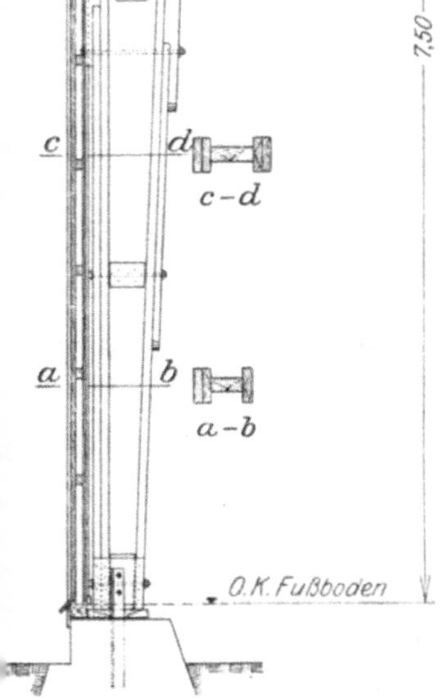

Abb. 9. Vollwandbinder System „Freibau in Holz“, Stützweite 10,0 m und mehr.

ander. Das I-Profil ergab bei statisch günstiger Wirkung ein geringes Gewicht, große Tragfähigkeit und sparsamen Holzverbrauch besonders in den Gurten.

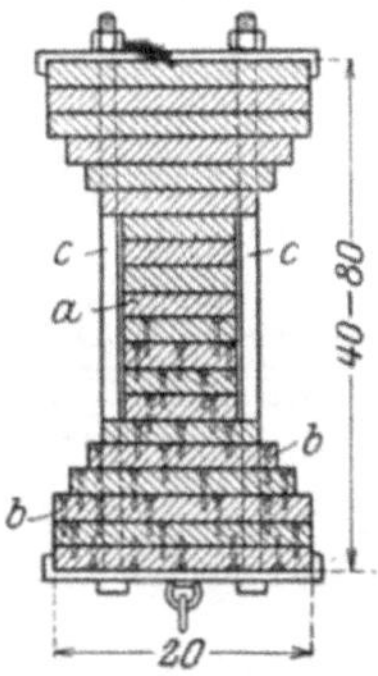

Abb. 10. Querschnittsprofil eines Nieskyer Vollwandbinders.

Neben großer Haltbarkeit und Festigkeit der verbundenen Lamellen ist schnelle Herstellung der Binder gewährleistet. Es werden bei diesem Nieskyer Spezialprofil wenige, jederzeit benutzbare Lehren gebraucht, im Gegensatz zur Herstellung verleimter Binder, bei denen die Elemente bis zum Abbund der Leimmasse auf dem

[1]) Vgl. auch Richard Sonntag: Über die Entwicklung und den heutigen Stand des deutschen Flugzeughallenbaues. Deutsche Bauzeitung. Berlin 1914.

Preßgerüst liegen müssen. Infolge des guten Haftens der Schraubnägel im Holz ist auch ein Zurückgehen der gebogenen Binderteile nach der Wegnahme vom Biegegerüst, wie es bei Anwendung gewöhnlicher Drahtstifte vorkommt, vermieden.

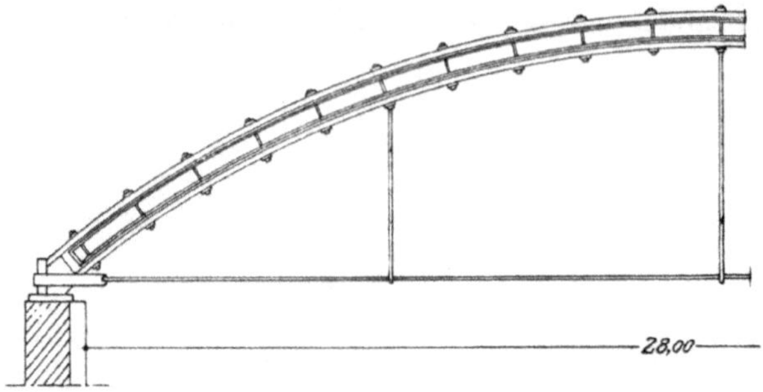

Abb. 11. **Vollwandbinder aus hölzernen Lamellen mit Nagelschrauben- und Bolzenverbindung.**

Bei sehr hohen Binderquerschnitten bzw. bei stark belasteten Bindern wurden zur Übersicherung noch Zugschrauben in bestimmten Abständen verwendet (Abb. 11) oder Eisenbänder herumgelegt.

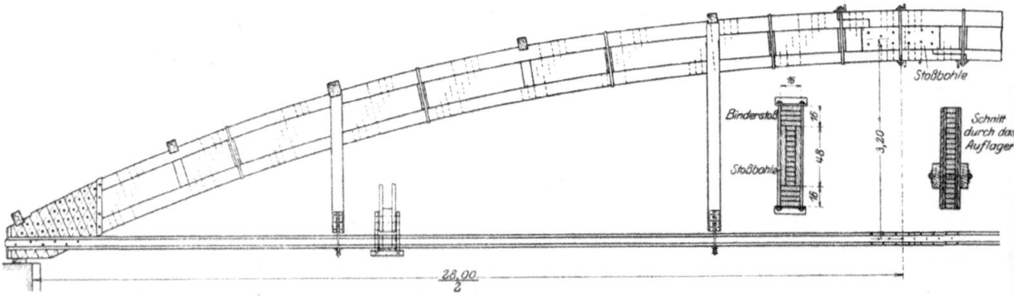

Abb. 12. **Vollwandbinder mit Gruppendübelung (gesetzlich geschützt) mit Vorrichtung zum Anhängen von Kranlasten.**

Um bei den steigenden Preisen an Bolzen und Nagelschrauben zu sparen und um die Verbindung der Lamellen zum Einheitsquerschnitt noch inniger zu gestalten,

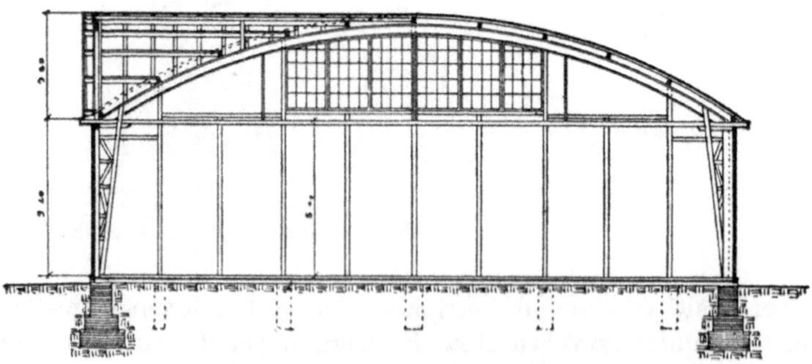

Abb. 13. **Schnitt durch die Flugzeughalle Saarbrücken, ausgeführt 1914.**

wird heute bei den Nieskyer Vollwandformen die gesetzlich geschützte Hartholzgruppendübelung angewendet (Abb. 12). Durch diese Anordnung ist jede Lamellengruppe mit der vorhergehenden fest verbunden, bis die Gesamtträgerhöhe durch die nebeneinander angeordneten Dübel erreicht wird.

Trägerquerschnitte von mehr als 40 cm Höhe kann man maschinell nicht auf die ganze Profilhöhe durchbohren. Es werden dann die Dübel gemäß Abb. 12 in der Länge gestoßen. Die Sicherung der Stoßstelle übernehmen links und rechts danebengesetzte kürzere, einfache oder doppelt angeordnete Stoßsicherungsdübel.

Abb. 14. Vollwandbinder mit Nagelschrauben- und Bolzensicherung.

Die Gruppendübel werden, sofern sie aus Holz hergestellt sind, unter Anwendung einer Spezialverbundmasse straff in die Bohrlöcher eingeschlagen. Durch die innige und feste Verbindung der Lamellen und Holzdübel bildet der Träger einen Einheitsquerschnitt. Die Zahl und der seitliche Abstand der Dübel, sowie die

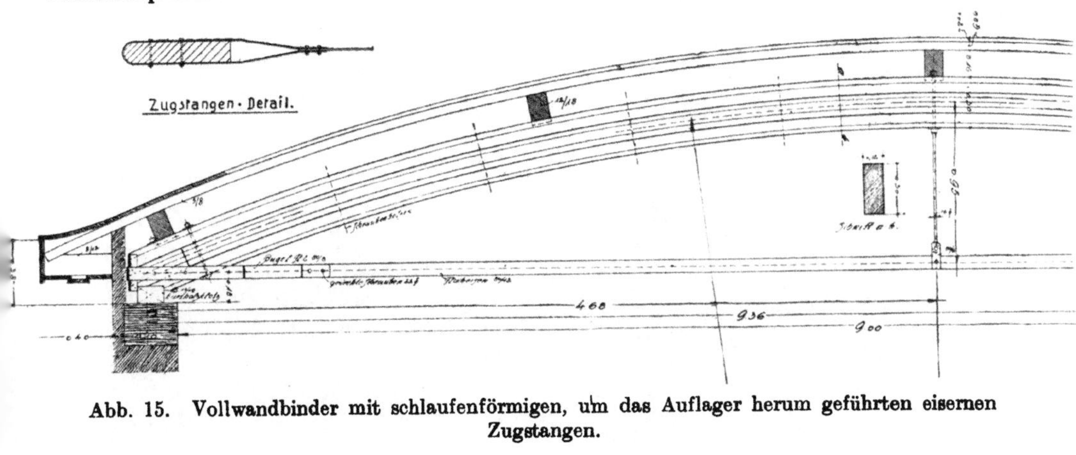

Abb. 15. Vollwandbinder mit schlaufenförmigen, um das Auflager herum geführten eisernen Zugstangen.

Menge der noch zu verwendenden Schraubnägel wird nach genauen Arbeitsplänen, der Schubspannung entsprechend, von vornherein fest bestimmt.

Die seitliche Versteifung der I förmigen Profile erfolgt durch Füllstücke, die auf die Stege aufgeleimt sind und deren Entfernung sich aus Bogenstich, Steghöhe und den in Frage kommenden Binderbelastungen ergibt.

Binder von über 18 m Länge und mehr als 3,20 m Stich sind auf der Eisenbahn nicht verladbar. Sie müssen, je nach der Spannweite, ein- oder mehrmals gestoßen werden. Die einwandfreie Ausbildung einer solchen Stoßstelle ist in der Mitte von Abb. 12 wiedergegeben. Der Stoß erfolgt durch Verzahnung. Die Binderelemente werden an der Baustelle zusammengesetzt und die Horizontalfugen mit einer besonderen, in Feuchtigkeit unlöslichen Klebmasse fest verbunden. An den Stoßstellen angeordnete Bolzen bewirken die für das Leimen nötige Pressung, des-

Abb. 16. Doppelreithalle der Cheveauxlegerkaserne Regensburg, Stützweite 17,8 m, ausgeführt von A.-G. Christoph & Unmack, 1914.

Abb. 17. Turnhalle Landau mit Nieskyer Vollwandbindern als Dreigelenkbögen mit hoch gelegten Zugstangen, Stützweite 14,0 m.

gleichen die rechts und links davon angeordneten Umlegebänder. Auch können Holzgruppendübel in ausreichender Länge eingesetzt werden, so daß Gurt und Steg fest und einwandfrei miteinander verbunden sind.

Bei schwer belasteten Bindern werden rechts und links an den Stegen Bohlen angeordnet und alle drei Teile durch eine ausreichende Anzahl von Bolzen fest miteinander verbunden.

Die Ausbildung der Auflager zur Übernahme der Kräfte ist in Abb. 12 in Schnitt und Ansicht gezeigt. Die Gurte werden bei Bindern für schwere Lasten bis auf Stegstärke ausgeklinkt. Auf das ganze Binderprofil — Steg und Gurtlamellen — werden 2 Lagen kreuzweise verleimter, gespundeter Bretter mit Verbundmasse aufgeleimt, und mit ersterem verschraubt und verdübelt. Eine einfachere Ausbildung der Auflager zeigt Abb. 13 (Flughalle Saarbrücken, ausgeführt 1914).

Bei kleineren Spannweiten werden der ein-

Abb. 18. Turnhalle mit Vollwandbindern, Stützweite 14,0 m; Stege und Gurte sind farbig behandelt.

Abb. 19. Fachwerksbinder Bierrestaurant Iba 1913, Stützweite 14,0 m.

facheren Herstellung halber nicht I-Träger, sondern rechteckige Querschnitte verwendet. Bei diesen zieht man nach einem gesetzlich geschützten Verfahren am Scheitel und an den Auflagern unter Verwendung von Verbundmasse keilförmige Bohlenstücke ein. Ein Ver-

Abb. 20. Außenansicht des Bierrestaurants Iba 1913.

Abb. 21. Tanzpalast Iba Leipzig 1913, in Nieskyer Fachwerksbindersystem.

schieben der Lamellen ist dadurch ausgeschlossen. Man spart auf diese Weise Dübel- und Schraubnägel und steift obendrein den Binder gut aus.

Besondere Sorgfalt erfordern die einwandfrei herzustellenden Anschlüsse der eisernen Zugstange bzw. hölzernen Zangenpaare an den Auflagerpunkten. Zugstangen aus Eisen führt man am besten um die Auflager herum. Dies gibt einen einfachen, sicheren und wirtschaftlich guten Anschluß unter wesentlicher Bolzenersparnis (Abb. 14 und 15).

Die Formen der Vollwandbinder sind vielseitig; sie können als Flachbögen mit Zugstange (Abb. 16) und als Rundbögen auf Mauerwerk, Holz- oder Massivsäulen

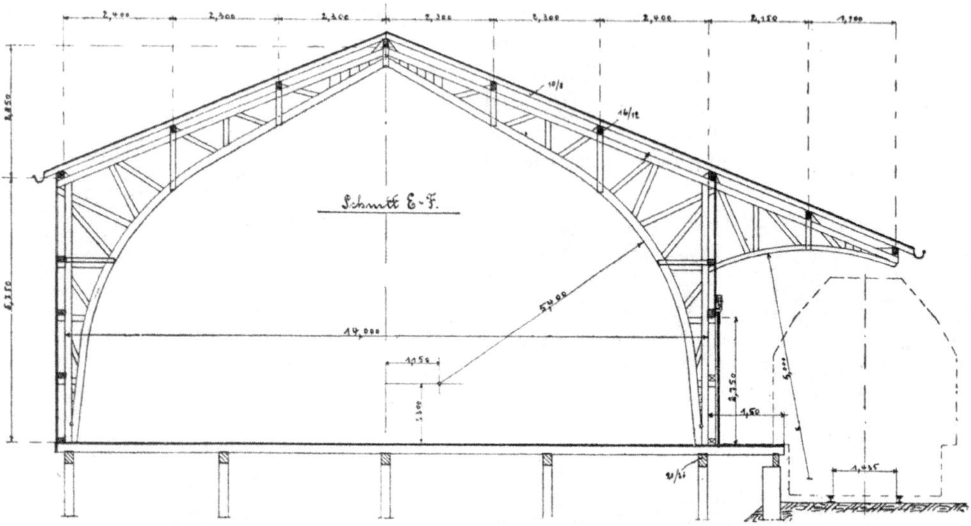

Abb. 22. Verladehalle Tschernhausen (Tschecho-Slowakei), ausgeführt 1914.

oder unmittelbar auf die Fundamente, Massivdecken oder Bundbalken aufgesetzt werden. Als Zwei- und Dreigelenkbinder für steilere Sattel- und Mansarddächer werden sie unmittelbar auf die Mauern montiert (Abb. 17) oder mit auf das Fundament herabgezogenen Binderfuß hergestellt (Abb. 18).

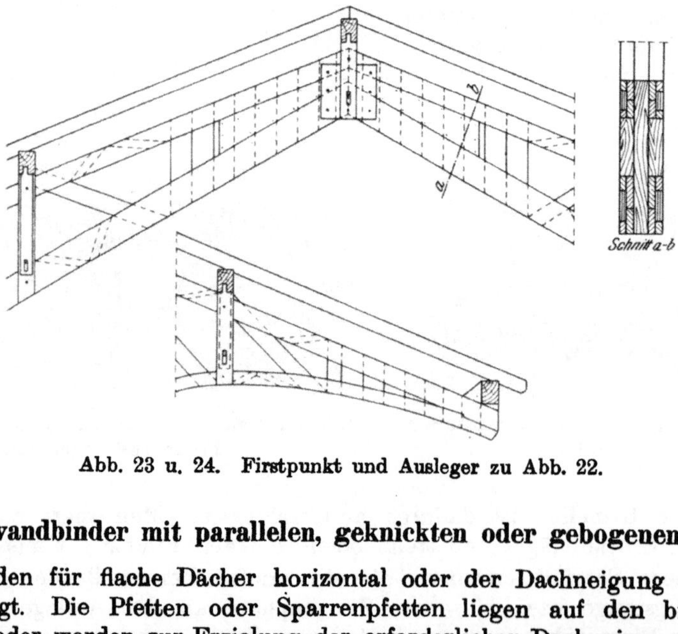

Abb. 23 u. 24. Firstpunkt und Ausleger zu Abb. 22.

2. Vollwandbinder mit parallelen, geknickten oder gebogenen Gurten.

Sie werden für flache Dächer horizontal oder der Dachneigung entsprechend schräg verlegt. Die Pfetten oder Sparrenpfetten liegen auf den biegungsfesten Gurten auf oder werden zur Erzielung der erforderlichen Dachneigung von zangenförmigen Stelzen getragen. Die gleichen Systeme werden auch zu Wandstützen und Pfetten von größerer Freilänge verwendet.

Durch Rabitzputz sind alle Systeme unter 1. und 2. leicht ohne allzu große Kosten feuersicher zu ummanteln.

3. Nieskyer Fachwerksbinder.

Vielseitig hinsichtlich der konstruktiven Durchbildung und Anpassung an jede Dachform sind die Nieskyer Fachwerksbinder. Die einfachste Form zeigen Abb. 19 und 20 (Bierpalast „Iba“, Leipzig, 1913) sowie 21 (Tanzpalast „Iba“ 1913) mit parallelen bzw. geneigten Gurten. Die Lamellen werden gebogen, genagelt und verdübelt, und die Anschlüsse der Diagonalen durch Nägel und Bolzen unter Verwendung von Keilen und Paßstücken in bekannter Weise bewirkt. Die Ausbildung der Auflager und Stoßstellen erfolgt sorgsam, genau wie beim Vollwandbinder, unter Anwendung von Brettern und Bohlen. Abb. 20 veranschaulicht die gefällige Gesamtwirkung eines solchen Holzhallenbaues.

Abb. 25. Fachwerksbinder der Werdandihalle Iba 1913, mit 10,0 m Wandhöhe.

Leichte Fachwerke als Gegenstück zu Abb. 8 zeigen die 1913 erbaute Verladehalle Tschernhausen (Abb. 22) mit überaus einfachen Verbindungen (vgl. First und Ausleger in Abb. 23 und 24), die ebenfalls 1913 in Leipzig erbaute Werdandihalle auf der Iba (Abb. 25), sowie eine in Abb. 26 veranschaulichte Holzlagerhalle.

Grundsätzlich Neues bringen die Nieskyer Fachwerke für Industriebauten mit Spann-

Abb. 26. Nieskyer Fachwerksbinder für eine Holzlagerhalle auf Gitterstützen, Stützweite 15,5 m.

weiten bis 40 m nach Abb. 27. Vermöge ihrer guten Durchbildung sind sie befähigt, schwere Lasten (Kranbahnen usw.) einwandfrei aufzunehmen.

Bei den alten Zimmermannskonstruktionen vermied man es, den Stoß stark gedrückter Stäbe unmittelbar von Hirnholz auf Hirnholz zu übertragen, um ein Aufspalten der Langholzfasern zu verhindern. Es ist eine alte Zimmermannsregel, im Stoß gedrückter Stäbe ein Langholz durchgehen zu lassen, und so zeigen die bekannten doppelten Sprenge- und Hängewerke im Druckstoß zwischen Strebe und Riegel durch Einschaltung der Hängesäule die einfachste und sicherste unmittelbare Verbindung gegeneinanderlaufender Hölzer.

Die neuzeitlichen Holzbauweisen müssen für die Herstellung der Fachwerke Verbesserungen anstreben. Sie benutzen die vorbesprochene Verbindung zwi-

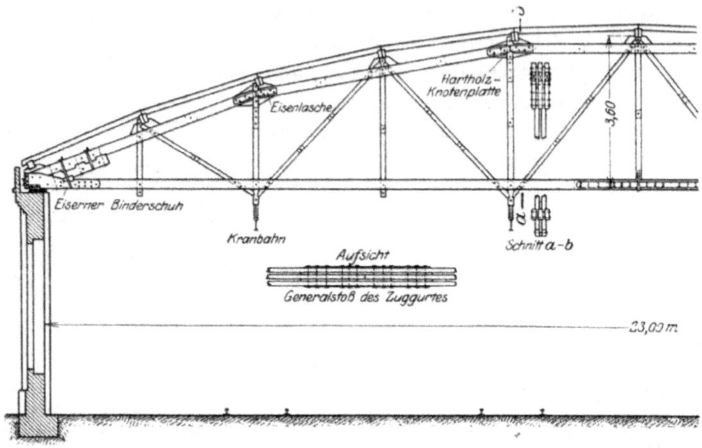

Abb. 27. Nieskyer Fachwerksbinder mit Sperrholz- und Knotenplatten, sowie Stoßrippen, berechnet für 4 Kranbahnlasten von je 4000 kg.

schen Streben, Hängesäule und Riegel durch Einschaltung einer gesetzlich geschützten „Langstoßrippe" am Stoß der Obergurtstäbe. Die wesentlich neuen Gesichtspunkte der „Nieskyer Fachwerke" gegenüber den alten Holzbindern sind die folgenden:

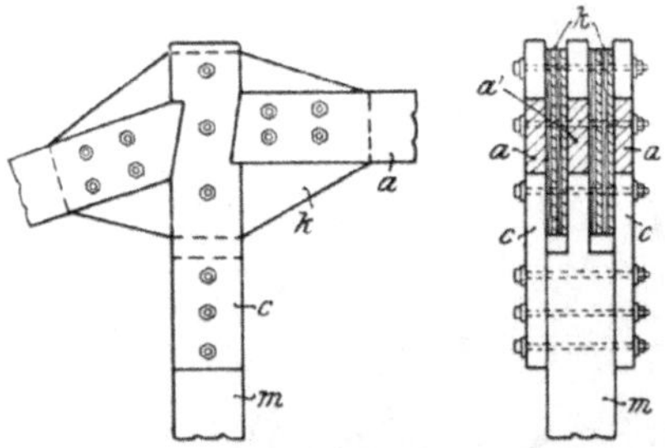

Abb. 28 u. 29. Knotenpunkt mit Sperrholzknotenplatten.

1. Aufteilung der Hauptquerschnitte in mehrere Einzelteile, und zwar sowohl für die gedrückten Ober-, als auch für die gezogenen Untergurtstäbe.

2. Die Möglichkeit, die Diagonalen tragsicher an die Knotenpunkte anzuschließen.

Man verwendet infolgedessen bei den Nieskyer Holzfachwerken zumeist Knotenplatten aus Holz, wie solche vom Eisenbau her bekannt sind. Um nun die volle Tragkraft der anzuschließenden starken Stäbe auszunutzen, erfolgt der Anschuß der Knotenplatten möglichst ohne Schwächung der Profile durch besondere Hilfsmittel.

Ein indirekter Stoß ist im Eisenbau wirtschaftlich und einfach durch Knotenbleche unter Verwendung von Nieten möglich. Da die Holzquerschnitte wesentlich stärker als die Eisenprofile sind, so muß man die Nieten durch Schraubenbolzen, Stifte und Vernagelungen ersetzen, die nicht ganz so tragsicher wie die Nieten der Eisenkonstruktionen sind, sofern man nicht noch andere zuverlässige Verbundmittel anwendet. Aus diesem Grunde führt die mechanische Übertragung der Knotenplatte aus dem Eisenbau beim Holzbau zu schwerfälligen und teuren Anschlüssen.

Die Nieskyer Spezialfachwerkskonstruktion vereinigt nun die Vorteile der alten Zimmerkonstruktion mit denen der Knotenverbindungen des Eisenbaues. Sie benutzt die vorteilhafte, unmittelbare Stoßverbindung durch „Langstoßrippen“ znsammen mit den im Eisenbau bewährten mittelbaren Stoßverbindungen, durch Stoßknotenplatten.

Infolge der unmittelbaren Verbindung werden die Knotenelemente kürzer und dadurch sicherer, und außerdem infolge der Materialersparnis auch billiger. Die gesetzlich geschützte Langstoßrippe verstärkt gleichzeitig die Knotenplatte erheblich

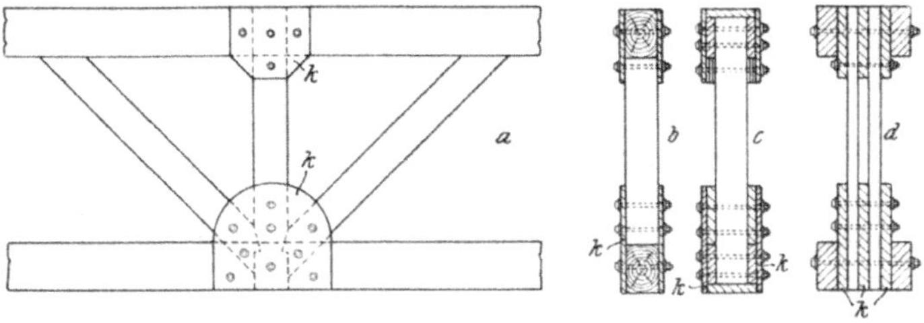

Abb. 30 u. 31. Fachwerksknotenpunkt mit Sperrholzknotenplatten (gesetzlich geschützt).

und steift sie aus. Die Kraftübertragung wird also sicher und gleichmäßig bewirkt. Somit sind alle die Vorteile, die die Knotenbleche des Eisenbaues aufweisen, auch bei dieser Holzknotenverbindung gewahrt.

Die Abb. 28 und 29 zeigen die Eigenart des Nieskyer Fachwerksknotenpunktes, und zwar Abb. 28 die Knotenverbindung in der Seitenansicht und Abb. 29 dieselbe

Abb. 32. Vollwandbinder mit Gruppendübelung (s. S. 148) für eine Holzbearbeitungswerkstatt, Stützweite 28,0 m; berechnet für 4 Kranlasten von je 2000 kg.

Abb. 33. Montagehalle Niesky O/L. Fachwerksbinderkonstruktion, mit Stoßrippe ausgeführt 1919.

im Querschnitt. Die Langstoßrippe und die Obergurtstäbe sind durch Bolzen mit den aus Sperrholz hergestellten, zur Aufnahme großer Kräfte befähigten Knotenplatten verbunden. Beim Bohren der Löcher ist größter Wert auf straffes Sitzen der Bolzen zu legen. Die Unterlagsscheiben sind quadratisch und von ausreichender Größe, um ein Eindrücken der scharf angezogenen Bolzen zu vermeiden.

Der Obergurt (Abb. 29) wird zwei- oder dreiteilig ausgebildet. Die Mittelrippe *m* ist unterhalb der Knotenplatte *k* auf den Abstand zwischen den beiden äußeren Langstoßrippen verstärkt und mit diesen verschraubt. Der verstärkte Teil *m* ist nach unten bis zum Untergurt fortgesetzt und als Fachwerkstab ausgebildet. Naturgemäß kann die Mittelrippe *m* in gleicher Weise wie die Seitenrippe *c* ausgebildet und gemeinsam mit den beiden Außenrippen zum unmittelbaren Anschluß für neue Stäbe verwendet werden, die zwischen die Seiten- und Mittelrippe einzusetzen und, durch Verschraubung mit diesen verbunden, bis zum Untergurt weiterzuführen sind. Der Anschluß durch die Rippen hat hierbei noch einen wesentlichen Vorteil. Im Holzbau bildet der Stoß die konstruktiv und wirtschaftlich schwächste Stelle. Beim Nieskyer Fachwerk ist der Stoß gedrückter Stäbe durch die Neuerung in vorteilhafter Weise gelöst, so daß es bei der Durchbildung und Formgebung der Fachwerke keineswegs darauf ankommt, Druckstöße zu vermeiden. Man kann sich daher mit dem Obergurt der Gestaltung jeder gewünschten Dachform leicht anpassen.

Ganz anders liegt der Fall bei gezogenen Stäben. Der Stoß kann hier nur auf indirektem Wege erfolgen, sofern die zu stoßenden Zugstäbe in gleicher Ebene liegen. Infolge der hohen Kosten der indirekten Stoßausbildung gezogener Stäbe, die durch Ausführung von Überplattungen, Verlaschungen und Knotenplatten erwachsen, muß man grundsätzlich dahin streben, die Untergurtstäbe möglichst un-

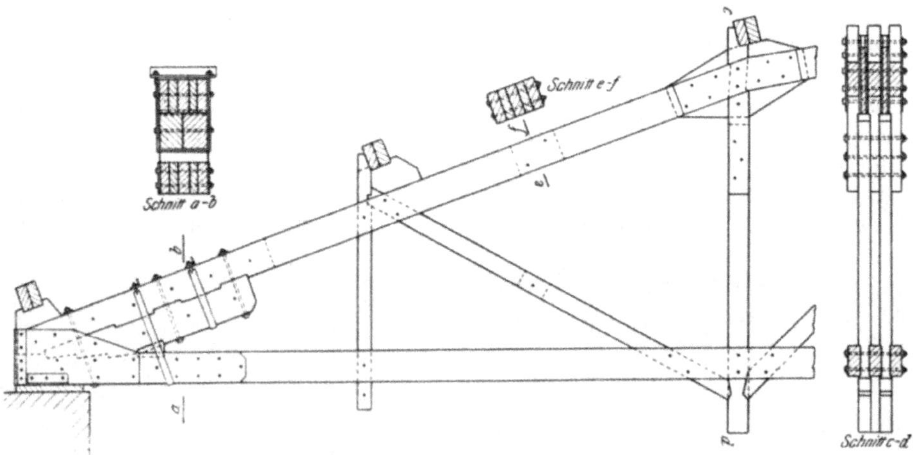

Abb. 34. **Auflagerpunkt eines Fachwerksträgers.**

gestoßen durch den ganzen Binder hindurchzuführen, oder man muß zum mindesten die Stoßanzahl auf das äußerste beschränken. Dies gestattet die Ausbildung der Knotenverbindungen der Nieskyer Fachwerke ohne weiteres. Sie ermöglicht die unmittelbare Verbindung der zwischen der Seitenrippe *c* und der Mittelrippe *m* angeschlossenen vertikalen Stäbe mit dem Untergurt, ohne daß ein Stoß an demselben erforderlich wird.

Anstatt besondere Stäbe zwischen die Seitenrippe *c* und die Mittelrippe *m* einzusetzen, kann jede dieser Rippen auch als Ganzes nach unten fortgesetzt werden, so daß sie einen Stab des Fachwerks bildet.

Die Nieskyer Fachwerksbauweise gestattet weiterhin eine vorteilhafte Ausbildung des ganzen Tragwerkes dadurch, daß Diagonalen an die unter Verwendung von Stoßrippen und Knotenplatten gebildeten Druckstöße nicht herangeführt werden (Abb. 27). Im Obergurt schließt man vielmehr die Diagonalen aus Gründen der Einfachheit und Wirtschaftlichkeit nur an solche Knotenpunkte an, die keinen Stoß erhalten. Der Stoß selbst erfolgt in den meisten Fällen direkt durch Verbindung der Diagonalen mit den ungestoßen durchlaufenden Gurtstäben. Auch bei Verwendung von indirekten Anschlüssen vermittelst Knotenplatten wird der Anschluß wesentlich vereinfacht. Die Verbindung der Knotenplatten mit den Stäben des Fachwerks erfolgt durch den Bolzen, wobei, wie schon erwähnt, noch besondere Einlagen („Tellerdübel") angeordnet werden können. In diesem Falle wird ein absolut unverschiebbarer Knotenpunkt erzielt. Die Anordnung von Federringen

Abb. 35. Wagenreparaturhalle Waggonfabrik Niesky, Stützweite 28,6 m, ausgeführt 1919.

an den Bolzen kann unterbleiben, da fast alle Hölzer der Nieskyer Fachwerksysteme in der Stärkenrichtung nur kleine Abmessungen aufweisen. Die Schwinderscheinungen sind somit gering, um so mehr, als die Firma größten Wert

Abb. 36. Sägewerkshalle 30 m Stützweite, mit zentrischen Stabanschlüssen.

darauf legt, nur sachgemäß gepflegtes und abgelagertes trockenes Holz für derartige meist aus Vorrats-Normalprofilen hergestellten Tragwerke zur Ausführung zu bringen.

Eine weitere Anwendung von Nieskyer Sperrholzknotenplatten zeigen die Abbildungen 30 und 31. Hierbei wird die Übernahme der auftretenden Kräfte zwischen den Knotenpunkten und den ein- oder mehrteiligen Fachwerkstäben außer durch Bolzen durch eine in Feuchtigkeit unlösliche Klebmasse bewirkt, deren Haftfähigkeit größer ist, als die Haltbarkeit der Holzfaser selbst. Die Anordnung derartiger, mit den Stäben des Fachwerks verleimten Knotenplatten ist natürlich nicht auf Parallelträger beschränkt. Sie können für Fachwerke jeder Formgebung verwendet werden. Die Verbindung der abgebundenen Teile untereinander mit Verbundmasse kann in der Fabrik oder an der Baustelle erfolgen. Gut gepflegtes Holz ist erwünscht, Lufttrocknung dabei vorausgesetzt, da sonst eine Verbindung durch Verbundmasse unmöglich ist. Die Zahl der Knotenplatten ist abhängig von der Zahl der Stäbe. Druckstäbe wird man meist einstielig, Zugstäbe dagegen mehrteilig und aus möglichst astfreiem Holze wählen.

Abb. 37. Montagehalle mit Fachwerksbindern System „Freibau in Holz“, Stützweite 39,5 m, mit zentrischem Stabanschluß.

Einige Tragwerksformen aus dem reichen Anwendungsgebiet des „Freibau in Holz“ sollen noch kurz besprochen werden.

Abb. 32 stellt ein Dach über einer Holzbearbeitungswerkstatt dar. Die Stützweite beträgt 28 m, die Systemhöhe aus baulichen Gründen nur 3.2 m. Die Zugkräfte im Untergurt übernimmt ein Paar hölzerner Doppelzangen. Um diese wurde ein Flacheisenband schlaufenförmig am Auflager herumgeführt. Der Binderfuß ist durch ein halbkreisförmig ausgearbeitetes Hartholzpaßstück abgeschlossen, da die Kraft durch eine bogenförmige Schlaufe naturgemäß besser übernommen wird als von einem rechteckigen Eisenzugband. (Siehe auch Abb. 14 und 15.) Vor dem Vernieten war der Binder durch Zusammenpressen künstlich auf eine kleinere Stützweite gebracht worden. Beim Lösen der Preßvorrichtung spannte sich dann das Zugband straff. Erst nach dem Vernieten des eisernen Zugbandes wurden die

Holzzugstangen mit den Futterstücken verbunden, nachdem man die Löcher für die Bolzen maschinell gebohrt hatte. Auf diese Weise paßten die Längen von Zugband und Zange genau.

Abb. 33 zeigt die Ausführung der Fachwerksbinder in der Montagehalle der Waggonfabrik Niesky mit 28,6 m Stützweite. An 4 Vertikalstäben werden 4 Kranbahnen mit je 500 kg Eigengewicht und 1500 kg Nutzlast angeordnet. Die Verbindung der Gurte mit den Vertikalen und Diagonalen ist bereits bei Abb. 27 näher beschrieben worden.

Große Sorgfalt ist bei Tragwerken für schwere Lasten der Ausbildung der Auflagerpunkte zuzuwenden, um die auftretenden Kräfte sachgemäß zu übernehmen. Aus Abb. 34 ist die sachgemäße Ausbildung eines eisernen Schuhes am Auflager zu ersehen. Der Obergurt ist durch 2 ausreichend bemessene Kanthölzer mit Verzahnung verstärkt, die durch Versatz die Kräfte in den Untergurt überführen. Obergurt, Obergurtverstärkung und Untergurt sind durch Keile, Bolzen und umgelegte Zugbänder einwandfrei verbunden.

Abb. 38. Fachwerksbinder mit hochgelegtem Untergurt, für den Fernsprechsaal Postneubau Berlin W. 15, Stützweite 15,9 m, ausgeführt 1919.

Bei leichten Konstruktionen ohne Kranbahnen werden derartige eiserne Schuhe überflüssig. Da Holzlängen von über 15 m wegen des hohen Preises und wegen Transportschwierigkeiten unverwendbar waren, so wurden die Untergurte in der Mitte unter Verwendung von Futterstücken und Hartholzdübeln gestoßen. Zur Übersicherung wurden bei der schweren Konstruktion Eisenplatten am Hauptstoß mit ausreichenden Bolzenmengen, zum Teil auch unter Anwendung besonderer Eisendübel angeordnet.

Eigenartig ist bei dieser Konstruktion die nichtzentrische Zusammenführung der Stäbe an den Punkten II. Ordnung, die zwischen den mit Knotenplatten und Stoßrippen ausgebildeten Lastpunkten liegen. Es ist auf Grund rechnerischer und praktischer Nachprüfung gegen diese Anordnung nichts einzuwenden. Die in diesen Punkten trotz der großen Binderlasten auftretenden Kräfte betragen maximal nur 4,75 ts. Naturgemäß kann an diesen Stellen die Übernahme der Kräfte auch zentrisch durch Laschen, Knotenplatten und Paßstücke zug- und druckfest erfolgen. Auf jeden Fall leidet die Haltbarkeit des Tragwerkes nicht durch die im allgemeinen ungewöhnliche meist einfacherere exzentrische Zusammenführung der Stäbe. Bei gebrochenen Dachflächen ist die Anordnung der Pfetten in der erforderlichen Höhe über dem Obergurt möglich, wenn dieser in einer anderen Form als die Dachhaut verläuft, und zwar durch einfache Verlängerung der Vertikalen nach oben. Bei Aufstelzungen bis 60 cm über den Obergurt hinaus wendet man als Pfettenauflager drei- oder mehreckige Bohlenplatten an; bei größeren Höhen geben die Kopfbänder den verlängerten Stielen die erforderliche Steifigkeit.

Eine weitere neuzeitliche Fachwerkskonstruktion für ein schweres Mansarddach zeigt Abb. 38, ausgeführt für den Fernsprechsaal des Postgebäudes Berlin W 15. Die Ober- und Untergurte sind mehrteilig, die Vertikalen und Diagonalen einteilig ausgebildet. Der Untergurt liegt etwa 1 m über dem Auflagerpunkt, um für die Anordnung einer schweren Stuckdecke noch einen Meter Raumhöhe zu gewinnen.

Abb. 37 veranschaulicht eine weitgespannte Konstruktion mit 39,5 m Stützweite unter Anwendung von Stoßrippen und Knotenplatten bei genau zentrischer Zu-

Abb. 39. Montagehalle mit 18,0 m Stützweite und leichter Wandkonstruktion in Holz.

Abb. 40. Fußgängersteg Wurzen i. Sachsen. Stützweite 18,0 m; Belastung 400 kg/qm.

sammenführung der Stäbe. Der auf der Erde liegende Binder läßt die Dreiteilung der Gurte und die Zweiteilung der Stäbe erkennen.

Zum Schluß sei noch eine besonders leichte Fachwerkskonstruktion erwähnt, die insbesondere für Holzlagerschuppen Verwendung findet (Abb. 39). Bei einer Spannweite von z. B. 18 m und bei einem seitlichen Binderabstand von 5 m wurden einschl. der Bindersäulen nur 2,2 cbm Holz benötigt. Die Herstellung dieser Binderform ist einfach und billig. Die Stabanschlüsse erfolgten durch Bolzen. In den Obergurten sind Langstoßrippen angeordnet. Die Überführung der Kräfte vom Obergurt zum Untergurt erfolgte wie bei Abb. 34 durch Versatz und Bolzen bzw. Umlegebänder. Dieser Dreiecksbinder ist der Nieskyer Einheitstyp für Massenfabrikation billiger, standfester Hallen.

Die Formen des „Freibau in Holz“ können für Bauten und Dachausbildungen jeder Art, sowie für alle Belastungsverhältnisse, wie sie der neuzeitliche Industriebau erfordert, mit gutem Erfolg angewendet werden und unter Benutzung geschützter „Tellerdübel“-Einlagen Lasten bis zu 15 tons aufnehmen.

XII. Holzbauweise Sommerfeld.

Von

Dr.-Ing. Th. Gesteschi, Zivilingenieur in Berlin.

Als Berater der Bauunternehmung Adolf Sommerfeld und zugleich als Entwurfsverfasser der von genannter Firma ausgeführten Bauten habe ich es übernommen, diese Firma in der Vortragsfolge über „Neuzeitliche Holzbauweisen" zu vertreten.

Als die Firma Sommerfeld damit begann, weitgespannte Hallenkonstruktionen in Holz — um die es sich hier hauptsächlich handelt — auszuführen, fiel mir die Aufgabe zu, Tragwerke zu entwerfen, die sowohl schnelle und einfache Herstellung gestatteten, als auch möglichst geringen Materialaufwand, also geringe Kosten erforderten; denn die Firma konnte nur auf Aufträge rechnen, wenn die Kosten sich nicht höher als die Angebote anderer Firmen stellten. Die zahlreichen Ausführungen der Firma, die ich Ihnen bald in Lichtbildern zu zeigen die Ehre haben werde, beweisen, daß das erstrebte Ziel erreicht worden ist.

Ich entschied mich für das Fachwerk als Haupttragsystem, da dieses eine gute Ausnutzung des Baustoffes erlaubt, großen Belastungen, auch bei beträchtlichen Stützweiten, gewachsen ist und eine einfache und schnelle Ausführung ermöglicht.

Der Fachwerkträger mit parallelen Gurtungen in Holz wurde zuerst um das Jahr 1830 in Amerika hergestellt, wo dieser Baustoff sich in reichem Maße vorfand, während Eisen, fern von der Industrie, nur teuer und schwer zu beschaffen war. Es handelte sich hauptsächlich um Brücken, die in Gegenden ausgeführt wurden, welche erst der Kultur erschlossen werden sollten.

Während diese hölzernen Träger als Vorläufer unserer eisernen Fachwerkbrücken anzusehen sind, benutzen wir heute umgekehrt die inzwischen vervollkommneten Eisenkonstruktionen als Vorbilder für unsere weitgespannten Holzbinder.

Als Ausgangspunkt für die Bildung des Fachwerks diente in Amerika das schon seit Jahrhunderten in Europa im Gebrauch befindliche Hängewerk. Der Fachwerkträger entstand auf die Weise, daß in ein Hängewerk ein zweites, drittes, viertes usw. so eingebaut wurde, daß die Enden der Hängesäulen H mit den Fußpunkten der Streben S zusammenfielen (Abb. 1a und b). So bildete der Amerikaner Long (1830) Fachwerkträger ganz in Holz, mit Gegenschrägen in allen Feldern, aus, deren Pfosten durch Verkeilungen gegen die Gurtungen angespannt wurden, wodurch die Schrägen Druck erhielten (Abb. 1c). Howe nahm (1840) statt der hölzernen Pfosten Zugstangen aus Rundeisen, die durch Anziehen von Schraubenmuttern die Schrägen in Spannung brachten (Abb. 1 d). Weder Long noch Howe haben ihre Systeme genauer berechnet. Beim Howeschen Träger besitzen die sogenannten Haupt- und Gegenschrägen auch im unbelasteten Zustande Anfangsdruckspannungen; ist das letztere nicht der Fall, so entstehen leicht schädliche Formänderungen. Das System ist innerlich statisch unbestimmt und daher rech-

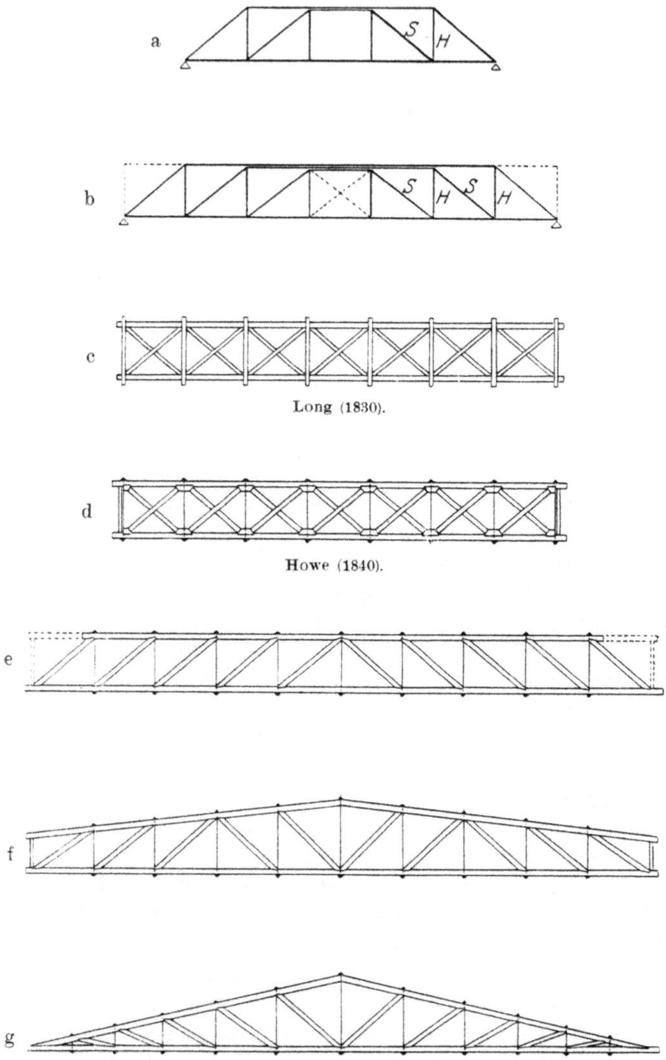

Abb. 1. Fachwerkträger verschiedener Art.

nerisch unbequem. Man begnügt sich jedoch in der Regel mit einer Annäherungsberechnung, indem man dieses sogenannte Doppelfachwerk in zwei einfache Fachwerke zerlegt und jedes für sich mit halber Belastung berechnet.

Ich habe für meine Binder und Unterzüge das sogenannte Ständer- oder Pfostenfachwerk gewählt, d. h. ein einfaches Fachwerk mit Pfosten und Schrägen, und zwar sind die Schrägen so gestellt, daß sie bei Vollbelastung und auch fast immer bei

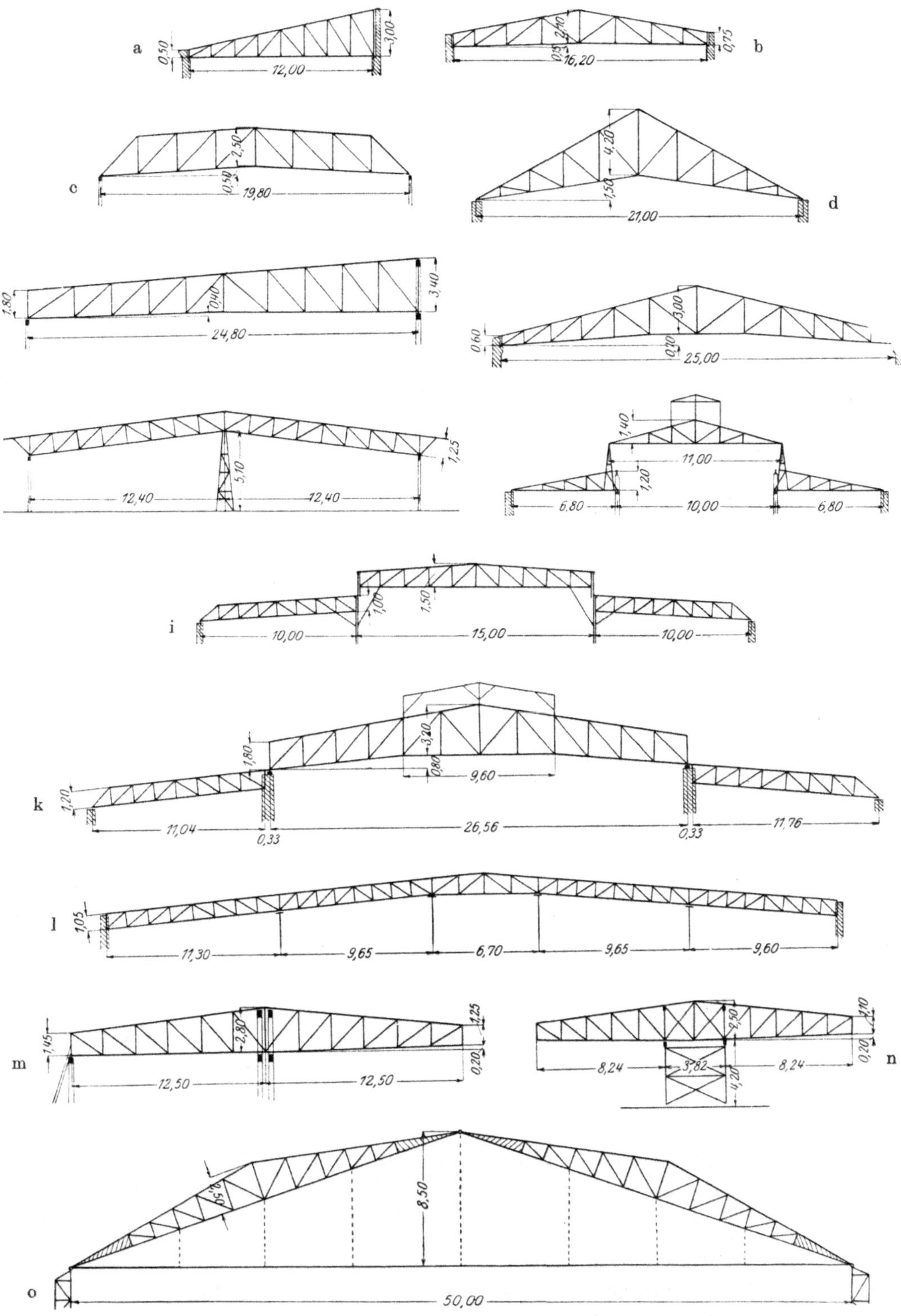

Abb. 2. Verschiedene Binderformen von Ausführungen der Firma Sommerfeld.

einseitiger Belastung Druck erhalten, während die Pfosten gezogen werden (Abb. 1e). Auch auf dieses System hatte Howe 1840 bereits sein Patent genommen. Beim Parallelträger (Abb. 1e) sind die rechtssteigenden Schrägen der linken Trägerhälfte gedrückt.

Bei geneigtem Obergurt (Abb. 1f) wechseln sie von der Mitte ab allmählich die Richtung und werden beim sogenannten englischen Dachstuhl mit spitz zu-

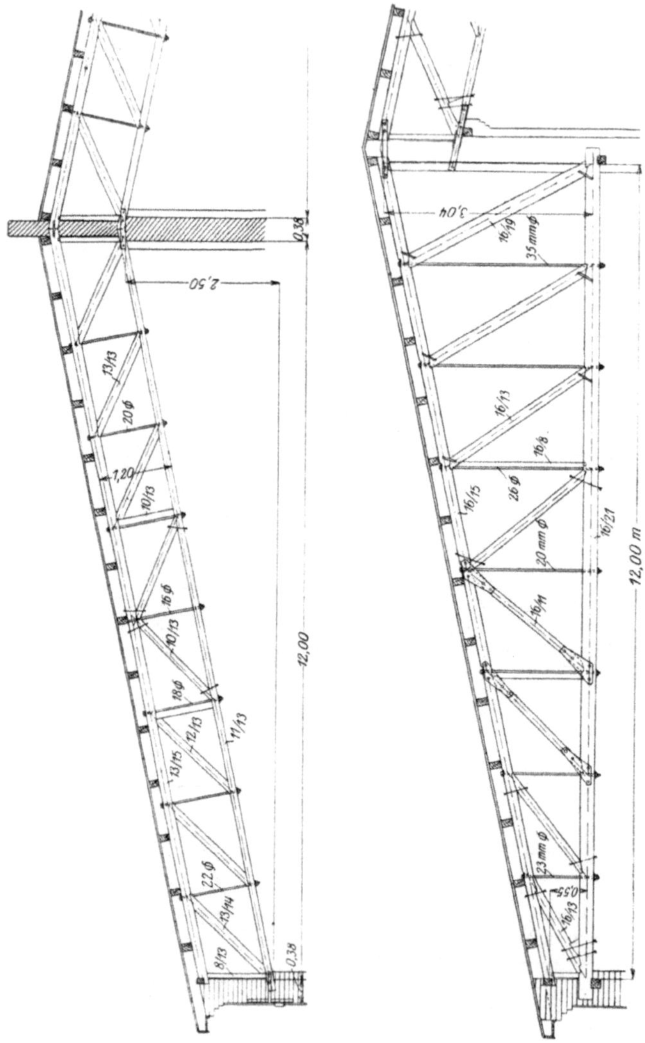

Abb. 3. Werkstattgebäude der deutschen Erdöl-A.-G. Fichtenhainichen.

sammenlaufenden Gurtungen (Abb. 1g) linkssteigend. Das Fachwerksystem ist vollkommen klar, innerlich statisch bestimmt und jede Stabkraft ist einfach zu ermitteln. Die Stabanschlüsse lassen sich einwandfrei ausführen. Die Pfosten bestehen aus Rundeisen mit beiderseitigen Muttern, so daß sie bei Sackungen infolge Schwinden des Holzes oder ungenauer Arbeit nachgezogen werden können. In einzelnen Fällen, insbesondere bei kleineren Bindern, sind die Pfosten, um an Eisen zu sparen, als Doppelzangen, die die Gurtungen umfassen, ausgebildet. Hier geht der Vorteil der Nachspannbarkeit natürlich verloren; bei kleinen Bindern kann jedoch auf diesen verzichtet werden. Die Schrägen liegen in der Regel in der Ebene der Gurtungen und greifen in diese mit Versatz ein. Gekreuzte Schrägen sind nur

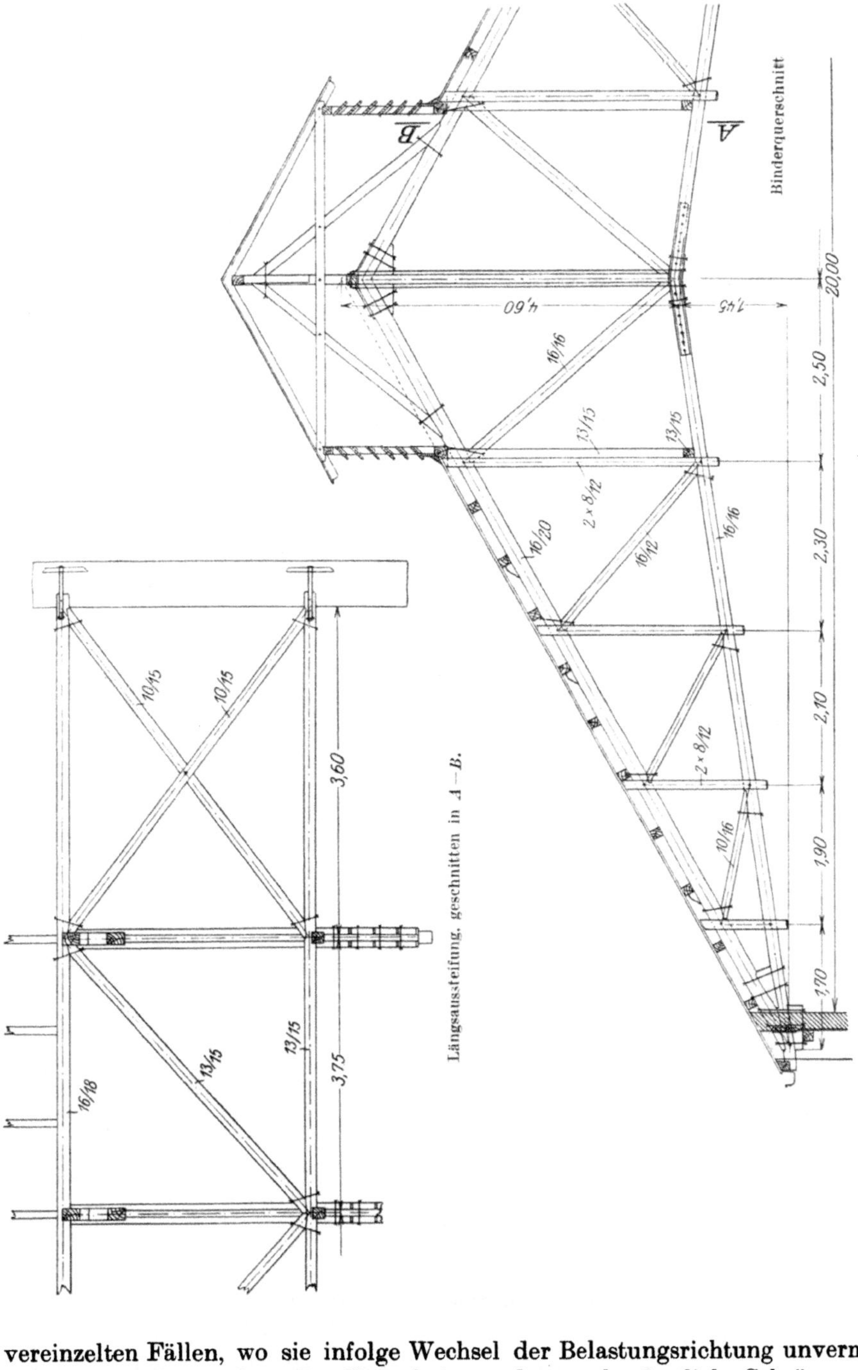

Abb. 4. Magazingebäude für das Glashüttenwerk G. m. b. H. in Finkenherd bei Frankfurt a. O.

in vereinzelten Fällen, wo sie infolge Wechsel der Belastungsrichtung unvermeidlich waren, angewandt worden. Zur Sicherheit werden noch sämtliche Schrägen mit den Gurtungen durch Bolzen verbunden, wodurch sie in die Lage versetzt werden, kleine

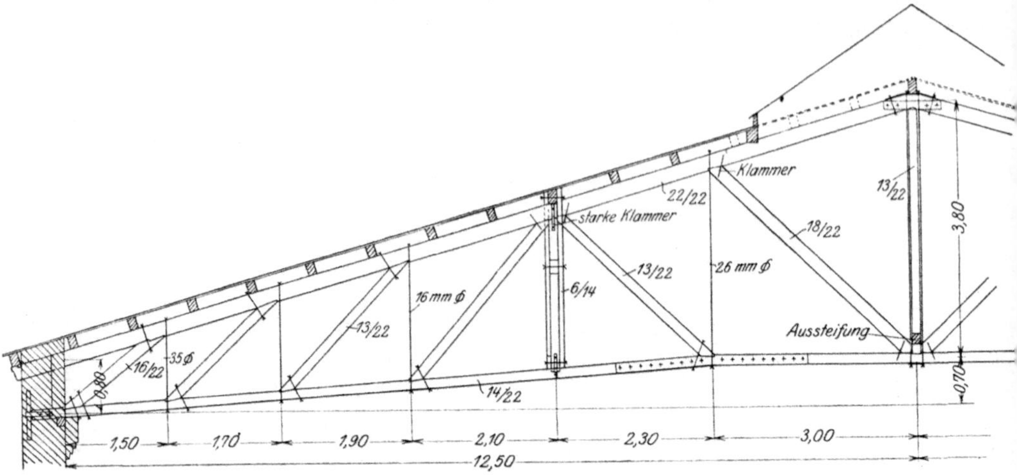

Abb. 5. Kesselhaus der Kursächsischen Braunkohlen-Gas- und Kraftanlage G. m. b. H., Lützkendorf.

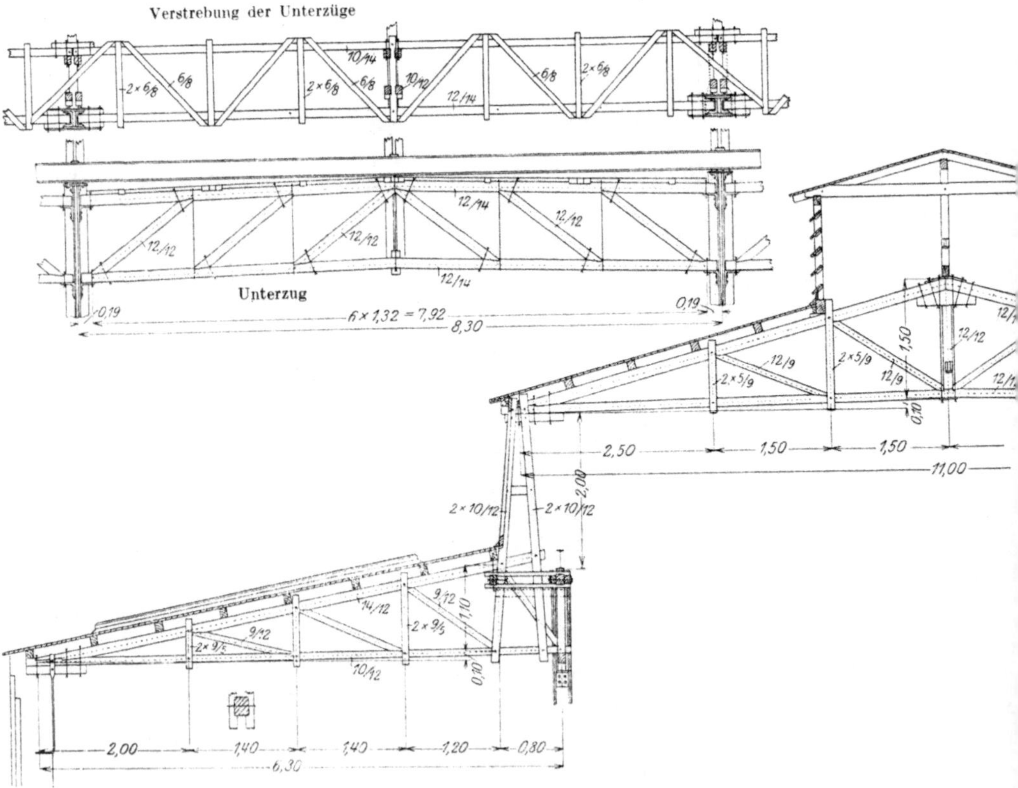

Abb. 6. Gießerei in Landsberg a. W.

zufällige Zugkräfte aufzunehmen. Die Stöße sind auf die einfachste und billigste Art, nämlich durch eiserne Laschen und Bolzen, gebildet. Die letzteren werden auf Biegung berechnet, wobei eine Beanspruchung von 1400 bis 1600 kg/qcm zugelassen wird, da sich die Bolzen nicht frei durchbiegen können.

Bei Festsetzung der Beanspruchung des Baustoffes ist allgemein zu beachten, daß die Verhältnisse bei Dachkonstruktionen ganz anders wie bei Brücken liegen. Es fallen einerseits die stoßweisen Belastungen durch Eisenbahn- oder Straßenver-

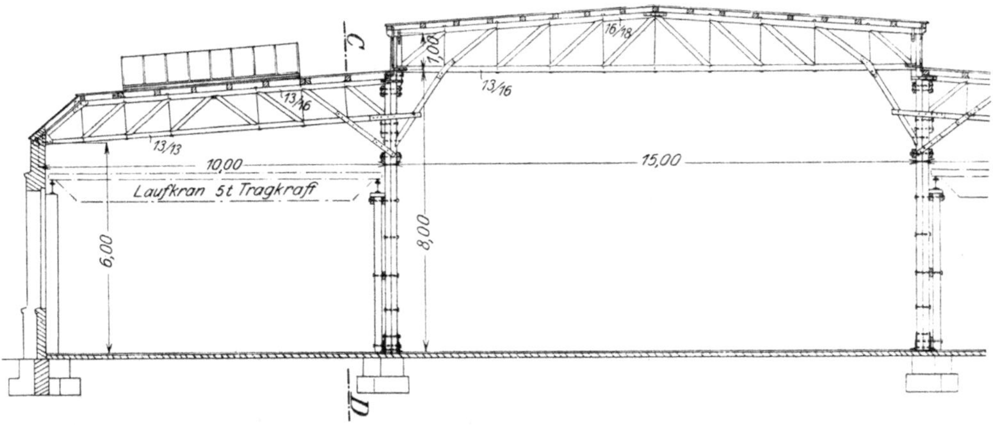

Querschnitt der dreischiffigen Halle.

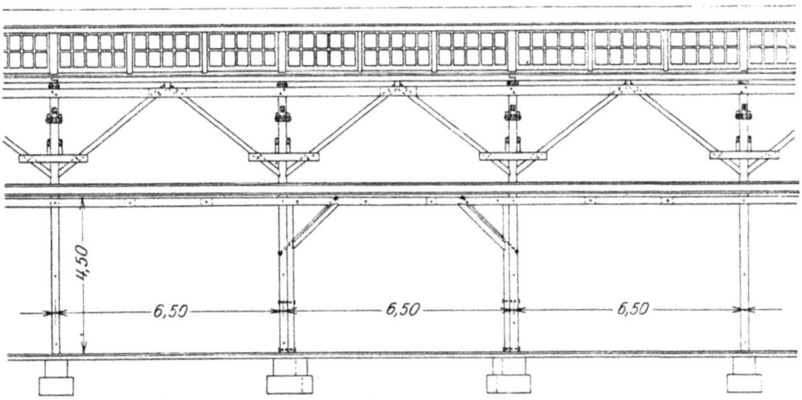

Längenschnitt C—D.

Abb. 7. Gießereihalle der A. E. G. in Berlin-Oberschöneweide.

kehr fort, da man es nur mit ruhenden, allmählich aufgebrachten, gleichmäßigen Lasten zu tun hat; in sehr vielen Fällen, wie z. B. bei Hallen mit flachen Dächern kommt überhaupt nur Vollbelastung mit Schnee in Frage. Andererseits liegen die Tragwerke gegen Witterungseinflüsse, also Regen und Sonnenbestrahlung meist geschützt. Wenn die Dachkonstruktion einmal zur Ruhe gekommen ist, sind keine größeren Formänderungen, wie dies kurz nach Fertigstellung häufig der Fall ist, zu erwarten. Es können natürlich auch Ausnahmen vorkommen, wie z. B. bei offenen Hallen im Küstengebiet (Flugzeughallen, Lagerhallen), deren inneres Holzwerk häufig Schlagregen erhält, um bald darauf wieder von der Sonne ausgeglüht zu werden. Auch in Gießereien, Glashütten und dergleichen können die Hölzer

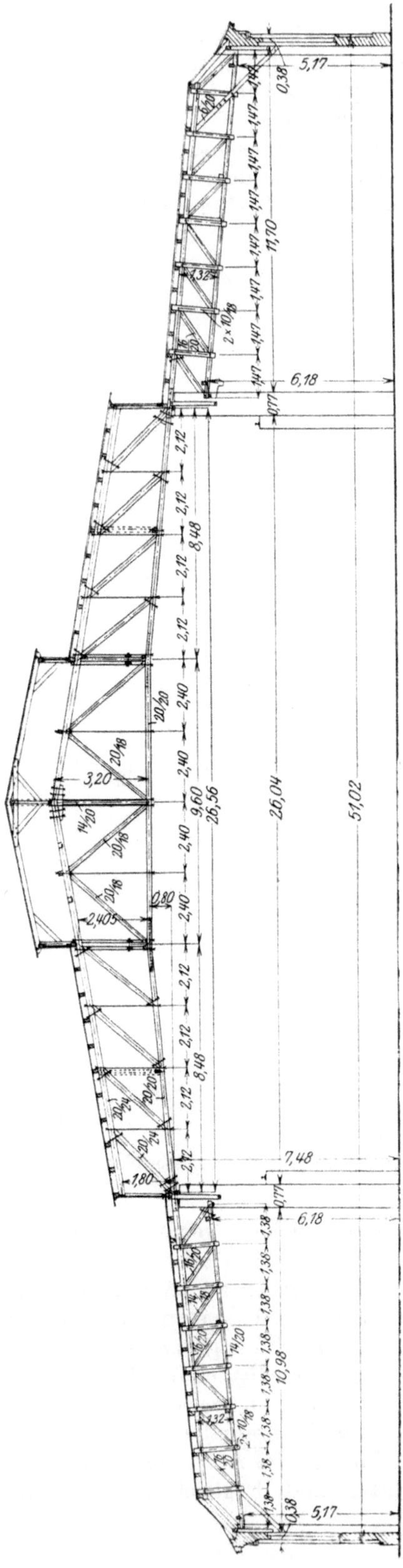

Abb. 8. Dachkonstruktion der Berlin-Borsigwalder Metallwerke A.-G. in Grüneberg an der Nordbahn.

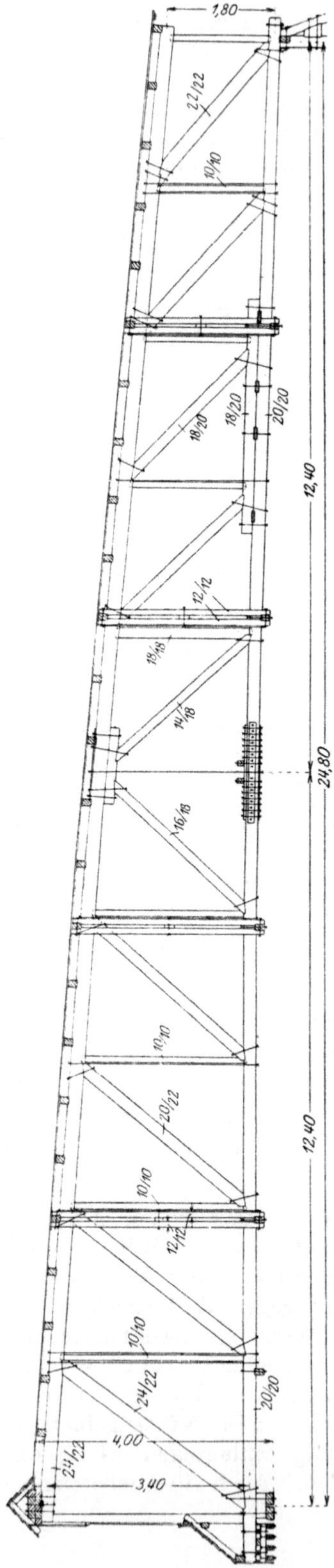

Abb. 9. Binder für eine Marine-Flugzeughalle.

infolge der großen Hitze reißen, so daß in diesen Fällen besondere Vorsichtsmaßregeln (Wärmeschutz, Lüftung) nötig sind.

Die Ausführung der Fachwerkträger geht schnell vonstatten, da eine besondere Bearbeitung der zur Verwendung gelangenden, geraden Kanthölzer nicht mehr nötig ist; es kommt höchstens das Bohren von Bolzenlöchern und die Herstellung der Versatzeinschnitte usw. in Frage. Binder und Unterzüge können vollständig auf dem Werkplatz zusammengebaut und im fertigen Zustand mit der Eisenbahn verschickt werden; bei besonderen Verhältnissen können sie aber auch unmittelbar neben der Baustelle zusammengesetzt werden. Das Richten ist einfach. Größere Hebezeuge sind in der Regel nicht erforderlich; es genügen meist Hebebäume mit Flaschenzug, Böcke und dergleichen. Ferner ist nur ein erfahrener Polier nötig, während die übrigen Hilfskräfte keine besonderen Facharbeiter zu sein brauchen. Der Eisenverbrauch für die Rundeisenpfosten, Bolzen, Stoßlaschen usw. ist nur gering und beträgt für normale Binder etwa 1—2 kg/qm Grundfläche, für schwer belastete Binder etwa bis 3 kg/qm Grundfläche. Diese Massen entsprechen etwa 5—8 v. H. des Gewichtes eines Eisenbinders gleicher Form und Belastung. Bei einem Kostenvergleich mit eisernen Tragwerken ist ferner zu berücksichtigen, daß Einheitspreis für Rundeisen, Laschen usw. meist geringer als der Einheitspreis für die verbundene

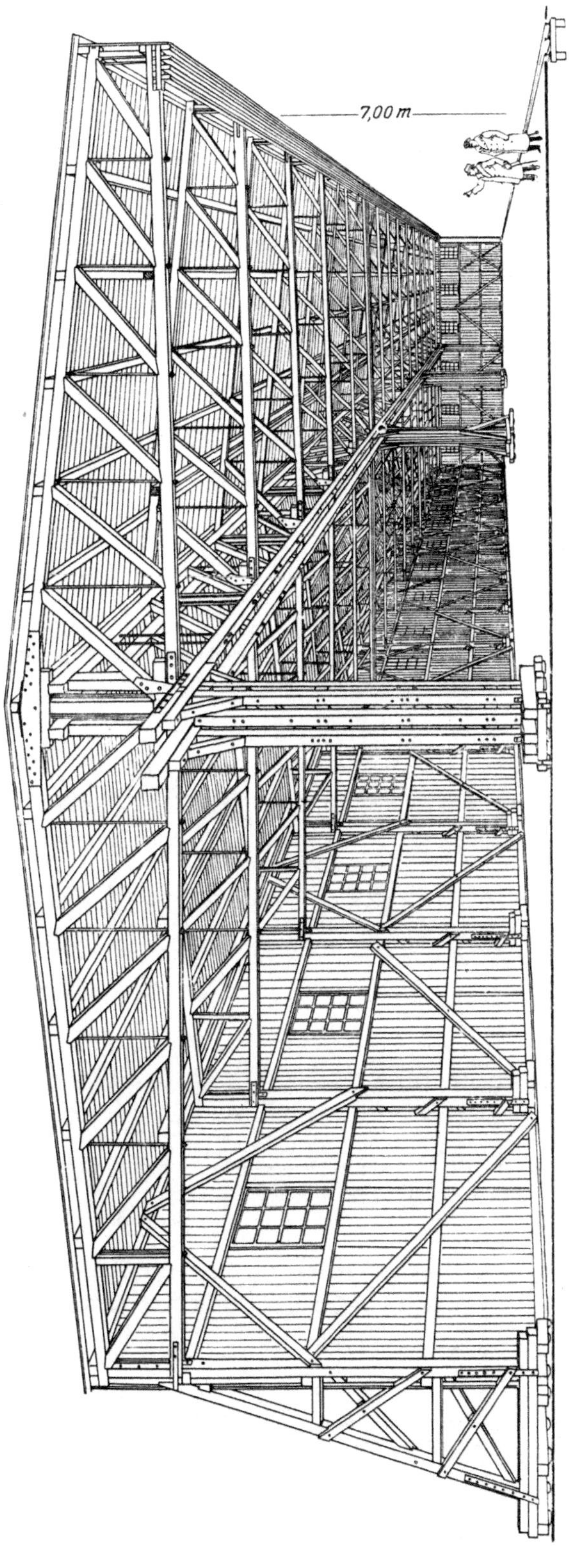

Abb. 10. Innenansicht einer Marine-Flugzeughalle.

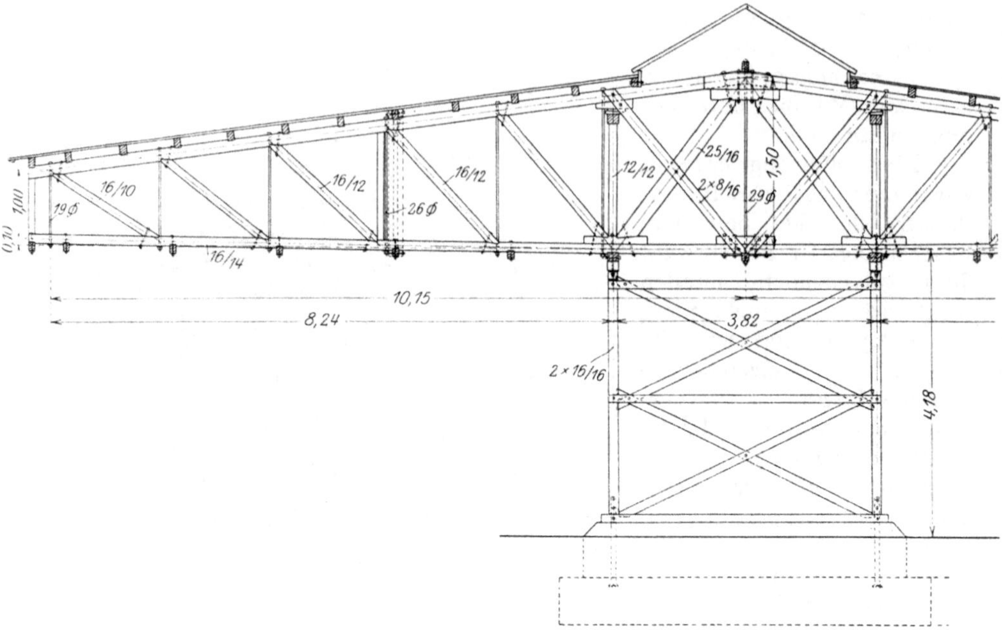

Abb. 11. Querschnitt einer Wagenhalle in Braunschweig.

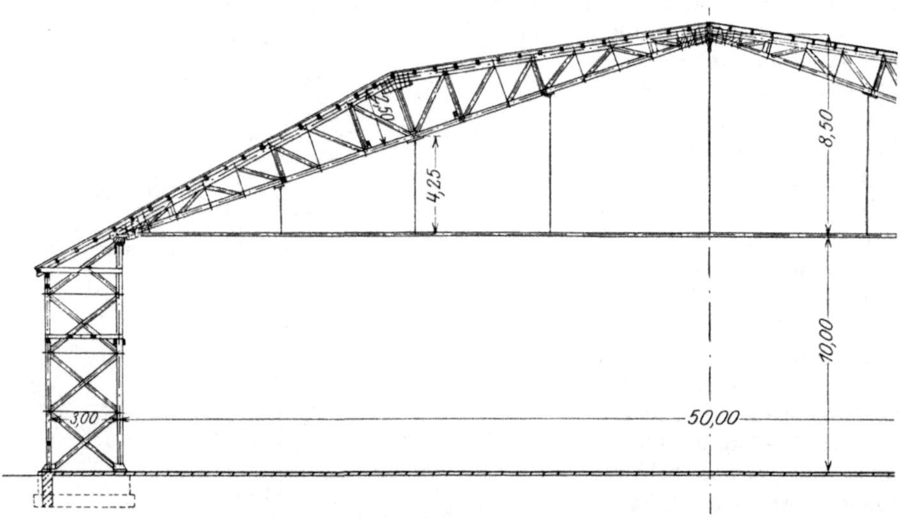

Querschnitt der Halle.

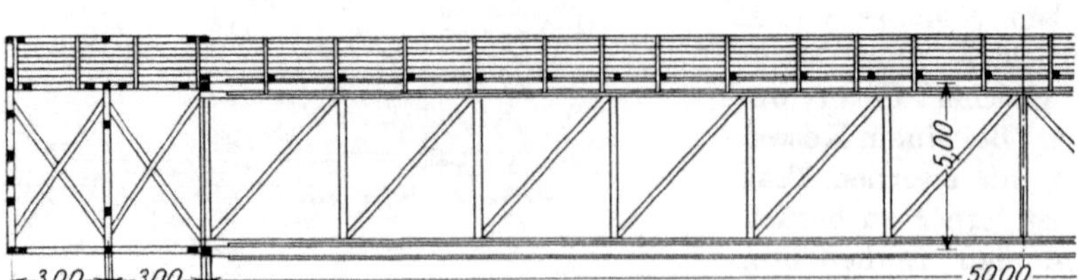

Windverband über der Eingangsöffnung.

Abb. 12. Halle in Kolmar in Posen.

Eisenkonstruktion ist. Außerdem ist im Auge zu behalten, daß die Bolzen, Laschen usw. sofort zu beschaffen sind und erforderlichenfalls in Vorrat gehalten werden können, während die Eisenkonstruktion eine mehrwöchige Werkstattarbeit erfordert.

Abb. 2 zeigt die hauptsächlichsten Binderformen, die zum Teil mehrfach zur Ausführung gekommen sind.

Ich will Ihnen nun eine Reihe der bemerkenswertesten Bauten, die nach den angegebenen Grundsätzen ausgebildet sind, vorführen und an der Hand von Lichtbildern näher erläutern[1]).

Abb. 3 zeigt die Dachbinder des Werkstattgebäudes der Deutschen Erdöl-Aktiengesellschaft, Raffinerie Fichtenhainichen. Während die normalen Binder (Abb. 3a) als Parallelträger konstruiert sind, sind die Binder in einem Teil des Gebäudes zwecks Anbringung der Transmissionen mit wagerechtem Untergurt ausgeführt (Abb. 3b).

In Abb. 4 ist die Dachkonstruktion einer Halle für das Glashüttenwerk G. m. b. H. in Finkenherd bei Frankfurt a. O. dargestellt. Die Binder besitzen eine Stützweite von 21 m und sind 1,50 m gesprengt; ihr Abstand beträgt 3,8 bzw. 4,5 m. Die Pfosten bestehen aus Holzzangen, die die Gurtungen in 3 cm Tiefe umfassen.

Einen 25 m weitgespannten Binder weist Abb. 5 auf. Er überspannt das Kesselhaus der Kursächsischen Braunkohlen-Gas- und Kraftanlage G. m. b. H., Lützkendorf.

Abb. 6 zeigt eine dreischiffige Halle für eine Gießerei in Landsberg a. W. Die Dachkonstruktion sollte zuerst in Eisen ausgeführt werden, so daß die eisernen Stützen bereits aufgestellt waren, als wegen Eisenmangel das Holzdach gewählt wurde. Die Stützenköpfe wurden entsprechend abgeändert und zur Auflagerung der Holzkonstruktion benutzt.

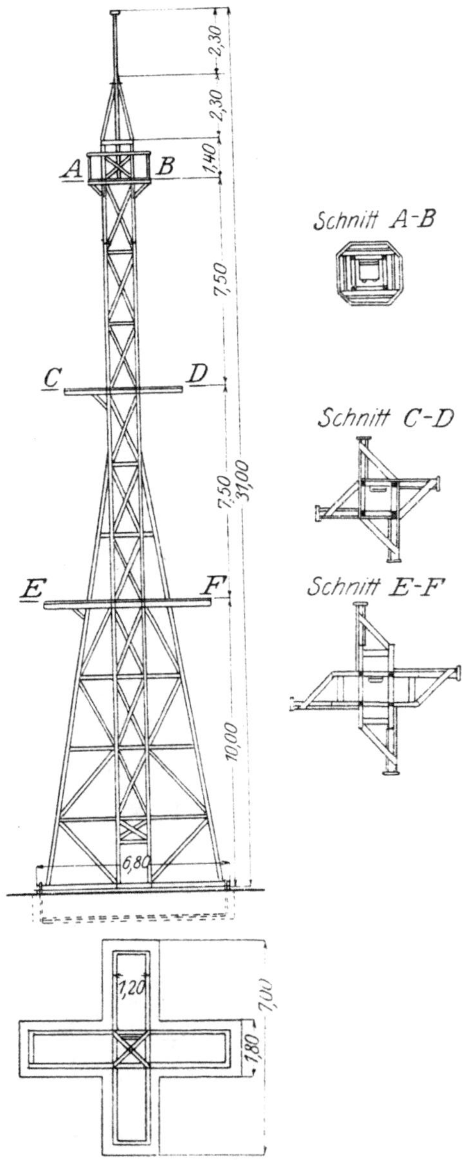

Abb. 13. Funkenturm für die Gesellschaft für drahtlose Telegraphie in Seehof.

Abb. 7 zeigt eine dreischiffige Gießereihalle der A. E. G. in Berlin-Oberschöneweide. Ferner weist eine ähnliche Ausführung, jedoch mit größeren Spannweiten, die Dachkonstruktion der Berlin-Borsigwalder Metallwerke A.-G. auf (Abb. 8).

[1]) Mehrere der Ausführungen sind in dem Werk „Dr.-Ing. Gesteschi, Hölzerne Dachkonstruktionen, ihre Ausbildung und Berechnung", Verlag von Wilhelm Ernst & Sohn, Berlin 1919, eingehend dargestellt, so daß sie hier nur kurz behandelt zu werden brauchen.

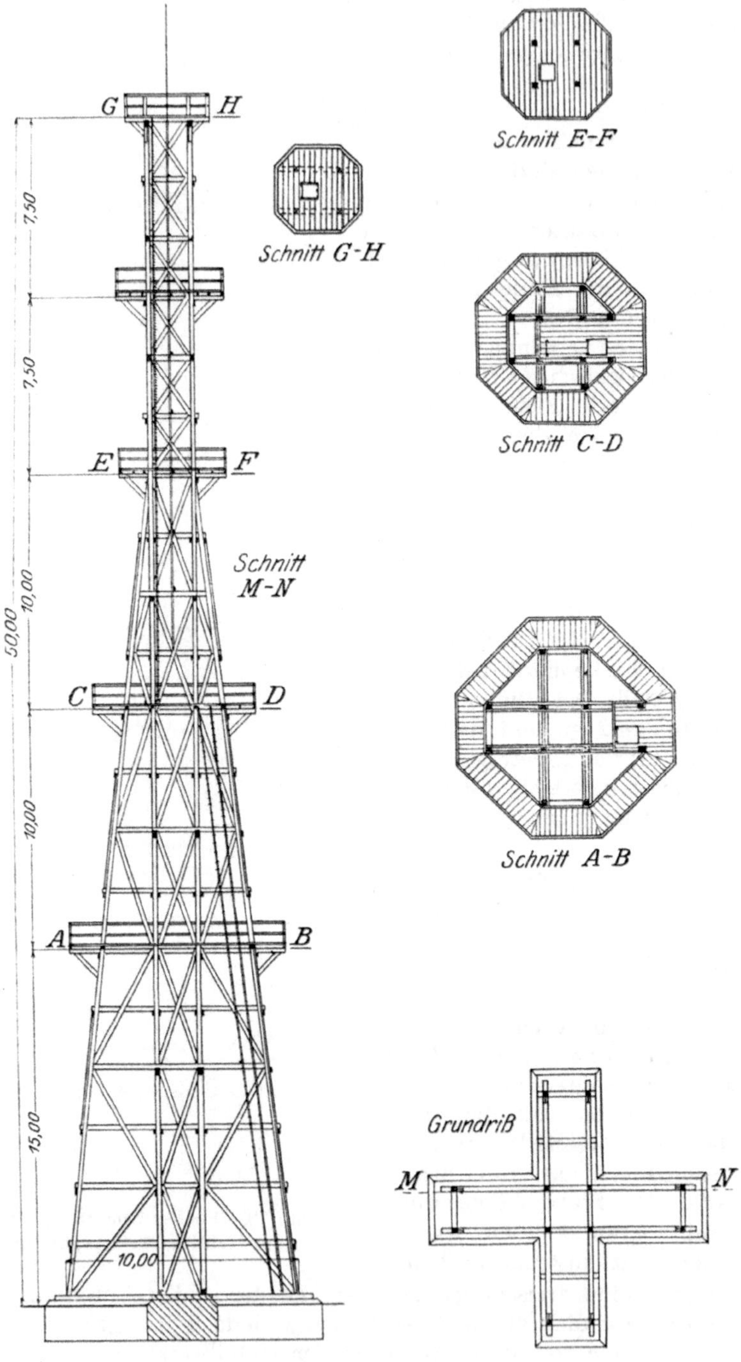

Abb. 14. Funkenturm auf Flugplatz Döberitz.

Eine Flugzeughalle mit beträchtlichen Abmessungen, insbesondere zwei Toröffnungen von je 30 m Stützweite und 7 m Höhe, stellt die Marine-Flugzeughalle Abb. 9 dar. Bemerkenswert sind vor allem die schweren Torunterzüge, deren Untergurte aus je zwei wagerecht liegenden U-Eisen NP 22 mit Futterhölzern bestehen. Die Stabquerschnitte, die sich infolge der schweren Belastung, — es kommt eine Belastungsbreite von 13 m in Frage —, bei der immerhin beträchtlichen Stützweite von 30 m ergeben, würden zur Konstruktion eines Binders von etwa 70 m Stützweite, in Form eines Dreigelenkbogens mit Zugband, bei 5 m Binderabstand, ausreichen.

Eine Flugzeughalle mit 12,5 m vorkragenden Bindern, wodurch eine Toröffnung von 76 m Weite und 7 m lichter Höhe freigehalten ist, zeigt die Innenansicht Abb. 10. Die Richtezeit der Halle betrug nur 9 Tage.

Eine ähnliche Dachkonstruktion ist bei einer mehrfach ausgeführten

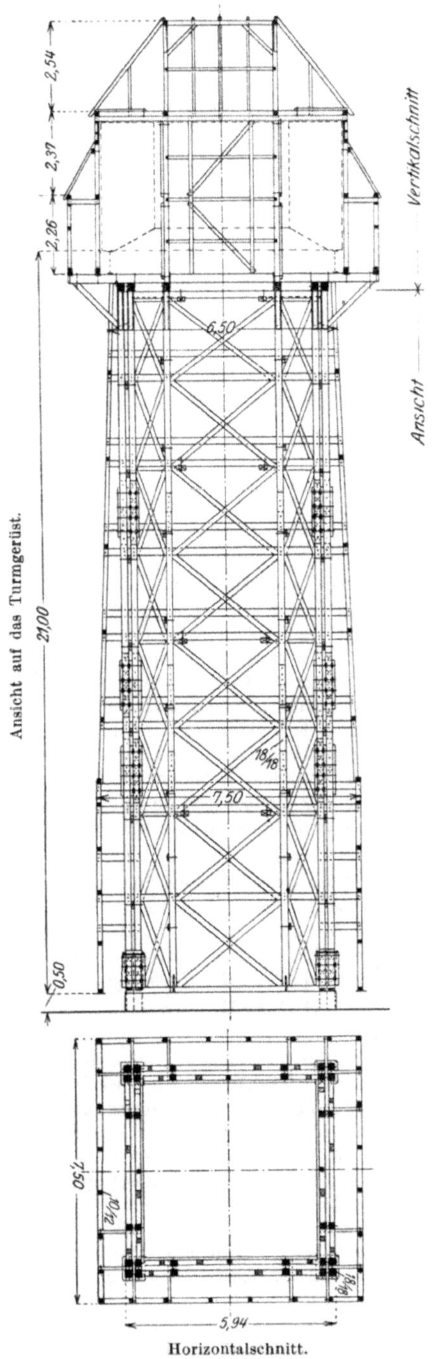

Abb. 15. Wasserturm für das Metallwerk M. Löwenberg in Grüneberg an der Nordbahn. Gesamter Holzverbrauch rd. 100 cbm.

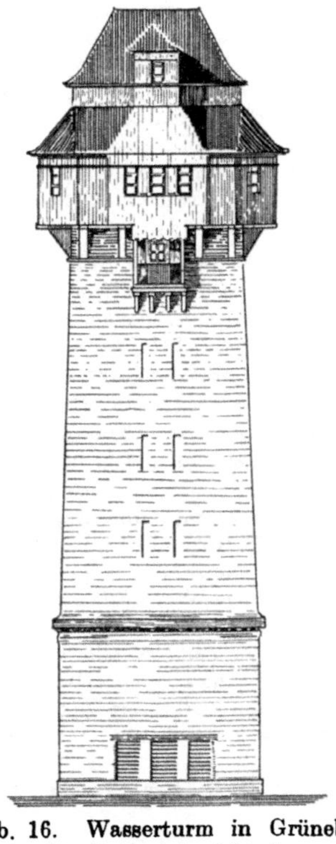

Abb. 16. Wasserturm in Grüneberg an der Nordbahn. Ansicht des ganzen Bauwerkes.

Geländewagenhalle in Braunschweig, deren Querschnitt in Abb. 11 dargestellt ist, zur Verwendung gekommen.

Ferner sei noch ein Dreigelenkbinder von 50 m Stützweite (Abb. 12) mit eisernem Zugband angeführt, der zunächst nur für eine Probehalle in Kolmar i. Pr. zur Ausführung gelangt ist.

Um noch eine andere Art von Holzkonstruktionen als die beschriebenen Dachwerke zu erwähnen, mögen zwei Funkentürme (Abb. 13 und 14) gezeigt werden, und zwar einer von rund 30 m und einer von 50 m Höhe. Der erstere ist für die Gesellschaft für drahtlose Telegraphie in Berlin-Lichterfelde ausgeführt worden; der andere war für die funkentechnische Versuchsabteilung in Döberitz bestimmt und ist infolge der politischen Umwälzung nicht mehr vollendet worden.

Schließlich sei noch ein Wasserturm (Abb. 15 und 16) vorgeführt, der einen eisernen Ringbehälter von 80 cbm Inhalt trägt und über einem Kühlwasserbehälter für die Berlin-Borsigwalder Metallwerke vor kurzem ganz in Holz errichtet worden ist. Er ist außen ganz verschalt; ebenso ist der Kühlschacht, der durch den eisernen Behälter ins Freie führt, durch Schalwände gebildet, die an dem eigentlichen Turmgerüst befestigt sind. Die Höhe des Turmgerüstes beträgt von Gelände bis Unterkante Behälter 21,5 m, die gesamte Höhe des Wasserturmes 28,2 m[1]).

In der diesem Vortrage folgenden Aussprache werden die Fragen des Herrn Direktor C. Bohnenberger, Vorstand der Hess. Eisenbahn-Akt.-Ges. Darmstadt, vom Vortragenden wie folgt beantwortet:

a) Wie werden die Holzhallen am zweckmäßigsten fundiert?

Die Gründung kann auf massiven Fundamenten, z. B. Beton oder Mauerwerk oder auf einem Schwellrost, auch Pfahlrost erfolgen. In ersterem Fall ergeben sich keinerlei Schwierigkeiten oder Bedenken bezüglich der Dauerhaftigkeit der Fundierung. Die Verankerung der Holzstiele geschieht durch eiserne Laschen, die eingemauert werden, und durch Bolzen. Bei Pfahlfundierung ist mit dem Anfaulen der Pfähle bei wechselndem Wasserstand zu rechnen. Deshalb empfiehlt es sich, die Pfähle durch Anstriche mit Teer, Karbolineum usw. gegen Fäulnis widerstandsfähig zu machen. Selbst ohne die genannten Vorsichtsmaßregeln wird der Pfahlrost immerhin 10—15 Jahre seine Schuldigkeit erfüllen. Bei Holzhallen, die keine außergewöhnlichen Belastungen der Fundamente haben, tritt im Laufe der Jahre von selbst eine Befestigung des Bodens ein, so daß, wenn auch die Pfähle nicht mehr voll tragfähig sind, ein natürlicher Gleichgewichtszustand bestehen bleibt.

b) Welche Bekleidung kommt für hölzerne Hallen in Frage?

Die Bekleidung der Holzhallen kann in althergebrachter Weise, wie bei den Fachwerkbauten, durch eine halbsteinstarke Ausmauerung in Ziegelstein erfolgen. Ferner kann die Bekleidung durch Bretterverschalung geschehen. Zuweilen empfiehlt sich die Verwendung von Brettafeln, wie sie die Firma Sommerfeld bei Flugzeughallen vielfach ausgeführt hat. Diese Brettafeln werden durch eiserne patentierte Klammern auf besondere wagerecht laufende Riegel aufgehängt.

c) Wie stellt sich die Wirtschaftlichkeit der Holzhallen in bezug auf solche aus Eisen oder Eisenbeton?

Im allgemeinen haben sich die Holzhallen in den letzten Jahren etwa 30% billiger gestellt, als solche aus Eisen oder Eisenbeton. Die Wirtschaftlichkeit tritt häufig, wie dies im Kriege der Fall war, zurück hinter die Möglichkeit, in kürzester Zeit Holzhallen bauen zu können; denn die Werkarbeit für Holzhallen beträgt nur wenige Tage, worauf der Transport nach der Baustelle und der Aufbau der Holzhallen begonnen werden kann. Die Eisenkonstruktionen erfordern hingegen meist eine mehrwöchige Werkstattarbeit. Die Hallen in Eisenbeton erfordern Aufstellung des Schalgerüstes und sorgfältige zeitraubende Herstellung der Einschalung.

In letzter Zeit ist allerdings das Holz im Preise derartig gestiegen, daß sich Holzhallen häufig ebenso teuer wie Hallen aus anderen Baustoffen stellen. Schließlich muß aber erwähnt werden, daß die Wirtschaftlichkeit zurzeit wegen des allgemeinen Materialmangels zurücktritt hinter die Möglichkeit, überhaupt Hallenbauten ausführen zu können.

---

[1]) Vgl. auch „Der Holzbau" S. 28 (Beilage der deutschen Bauzeitung 1920).

XIII. Holzbauweise Greim.

Von

Ingenieur W. Greim.

Zum Schluß der Betrachtungen über neuzeitliche Holzbauweisen möchte ich Ihnen hier noch kurz eine neuartige Knotenpunktlösung für hölzerne Fachwerke vorführen, welche ich zur besseren Kennzeichnung kurzerhand Bauweise „Greim" getauft habe.

Die ersten grundlegenden Gedanken über den Bau von hölzernen Tragwerken in neueren Formen gegenüber den bis dahin bekannten hatte ich im Jahre 1911, und zwar wurde ich angeregt durch die leichten Eisenkonstruktionen, die zu jener Zeit immer wieder mit den Sparren und der eigentlichen Dachhaut versehen werden mußten und die den Holzbau immer mehr zu verdrängen drohten. Die Binder der Firma Hetzer, welche ich damals zum erstenmale mit großem Interesse bewunderte, erschienen mir jedoch in der Herstellung zu kompliziert und kostspielig, während mir der bekannte Howesche Träger mit den langen Zugbolzen und den Gegendiagonalen zu schwerfällig erschien (Seite 162).

Um dem großen Mißverhältnis zwischen der zulässigen Schubspannung und der Druck- bzw. Zugfestigkeit des Holzes zu begegnen, mußten besondere Vorkehrungen beim Bau von Holztragwerken getroffen werden. Aus diesem Gesichtspunkt heraus haben sich wohl die meisten neuen Holzbauweisen entwickelt. Ich will Ihnen in Nachfolgendem zeigen, wie ich mich selbst mit dieser Tatsache abgefunden habe. Mein Bestreben ging auf ein klares statisches System hinaus, bei welchem alle Stäbe aus Holz gemäß allen Eigenarten der bekannten statischen Tragwerke ausgeführt werden konnten. Der Gedanke einer gleichzeitigen Normalisierung dieser Konstruktionen schien mir damals am erstrebenswertesten; ich dachte dabei an Fachwerke aus Brettern, die nicht mehr verleimt, sondern durch neue Konstruktionsteile innig gebunden werden sollten. Hierfür erschienen mir gezahnte Eisenbleche am geeignetsten, während ich mir die Bindung durch Bolzen dachte. So gelangte ich jedoch erst, nachdem ich aus dem Felde im Jahre 1916 zurückkam, zu den ersten sogenannten Brettbinderkonstruktionen. Dieselben wiesen zwar eine Reihe von Nachteilen auf, jedoch waren die Grundzüge meiner heutigen Bauweise schon klar zum Ausdruck gekommen:

1. Sämtliche Stäbe wurden zum Systempunkt geführt, um Biegungspannungen auszuschalten, welche sich durch außerhalb der Systemachse liegende Anschlüsse ergeben; durch die nahezu gelenkartige Ausbildung der Knotenpunkte war eine fast ideale Verbindung geschaffen.

2. Exzentrizitäten in bezug auf die Binderebene waren durch paarige Anordnung der Gurtquerschnitte vermieden.
3. Druck- und Zugbeanspruchungen in Holz senkrecht zur Faser waren auf ein Minimum beschränkt und
4. die Geschicklichkeit des Zimmermannes wurde in so geringem Maße nötig, daß fast jeder Zimmerer, der handwerksmäßig reißen konnte, und imstande war, einen geraden Brettschnitt auszuführen, mitarbeiten konnte. Die Besäumkreissäge, Bandsäge und elektrische Handbohrmaschine verrichteten die meiste Arbeit.

Große Nachteile jedoch waren:

1. kleine Systemteilung, die ich zur häufigen Bindung der Querschnitte gebrauchte,
2. Empfindlichkeit der Konstruktionskörper beim Transport, da die kleinen Einzelquerschnitte beim Bewegen der zu beträchtlichen Lasten angewachsenen Baukörper gegen die unvermeidlichen Stöße zu empfindlich waren, und
3. die in den für mich ausgeführten amtlichen Versuchen gefundene, erschreckend niedrige Zugfestigkeit von einzelnen schwachen Brettquerschnitten in den handelsüblichen Abmessungen und Qualitäten, worauf ich später näher eingehen werde.

Die Bindung und Sicherung der Einzelstäbe in den Knotenpunkten erfolgte durch meine sogenannte Abscherschutzscheibe, welche Sie hier im Bild (Abb. 1) sehen. Als Material verwendete ich hier S.-M.-Bandeisen, welches durch ein Härteverfahren die erforderliche Festigkeit erhalten sollte. Ich ging dann zu Federstahl über, um die in der Wölbung der Platte beabsichtigte Federung als Begegnung gegen das Schwinden des Holzes erzielen zu können. Die beiden Zahnreihen wurden durch Einschlagen in die Faserung des Holzes gedrückt, und da die Zähne nicht scharf schneidend gehalten waren, so wurde ein Zusammenpressen der Fasern

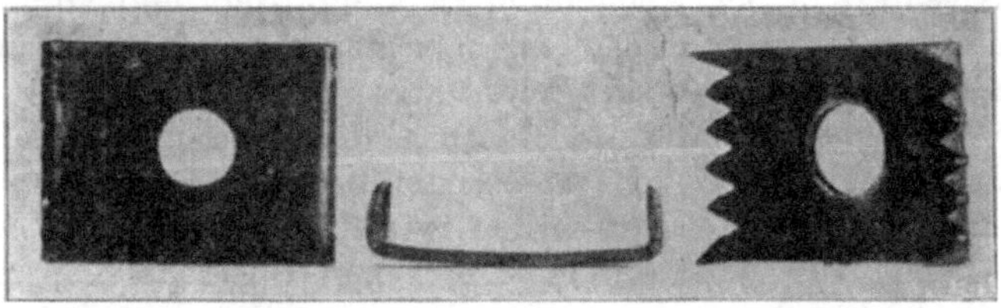

Abb. 1. Abscherschutzscheibe, hergestellt aus Bandeisen.

in den tiefer liegenden Schichten der Holzquerschnitte erzielt, wie die eigenartigen Auskämmungen des Holzes bei allen Zerreißungsversuchen zeigten. Die Eckzähne hielt ich etwas länger als die übrigen, weil diese Punkte der Scheibe am weitesten vom Bohrloch entfernt waren, und die gründliche Verankerung dieser Punkte am wertvollsten erschien.

Die amtlichen Versuchsergebnisse zeigten klar und deutlich, daß mit diesen Krallenplatten die Schattenseiten in der Ausbildung der Knotenpunkte von Holzkonstruktionen zu beseitigen waren. Ich bringe hier eine Zusammenstellung einer Auswahl dieser Versuche in einer Tabelle (Abb. 2) und habe Endergebnisse in prozentualer Wertmessung gegenübergestellt. Unter I finden Sie die Ergebnisse mit der gewöhnlichen rechteckigen Unterlagsplatte auf einem Bolzen von 16 mm Ø. Die Größenabmessungen der Unterlagsscheiben waren die gleichen wie die meiner Krallenplatte. Durchschnittsergebnis ist 2,6 t. Unter II sind für den Anschluß an

Stelle der Unterlagsscheiben 2 Krallenscheiben (50/60 mm groß) parallel mit der Faserrichtung gestellt worden. Durchschnittsergebnis aus 3 Versuchen 5,633 t, d. h. 217 % der Versuche unter 1.

Bei III wurden die unter II vorgesehenen Krallenscheiben diagonal zur Faser gestellt. Durchschnittsergebnis 6,166 t, oder 237 % der Versuche unter 1., d. h. 20 % mehr als die Versuche unter 2. Die größere Wirkung durch die Diagonalstellung der Platten ist auch wohl ohne weiteres erklärlich, da in letzterem Falle bedeutend mehr Fasern zur Wirkung herangeholt wurden. Bei Absatz IV ist die

Zusammenstellung von amtlichen Prüfungsergebnissen.

I.		II.		III.		IV.		V.	
Bolzenverbindung mit gewöhnlichen Unterlagsplatten		pro Bolzen 2 Krallenplatten 50/60 m/m gross Zähne ⊥ zur Faser		pro Bolzen 2 Krallenplatten 50/60 m/m gross Zähne ⊥ zur Faser		pro Bolzen 2 Krallenplatten 65/80 m/m gross Zähne ⊥ zur Faser		pro Bolzen 4 Krallenplatten 65/80 m/m gross Zähne ⊥ zur Faser	
1	2600	1	5000	1	6300	1	6600	1	10400
2	2600	2	6700	2	6300	2		2	10100
3		3	5200	3	5900	3		3	11500
zus	5200	zus	16900	zus	18500	zus	6600	zus	32000
1/med	2600	1/med	5633 = 217 %	1/med	6166 = 237 %	1/med	—	1/med	10666 = 410 %

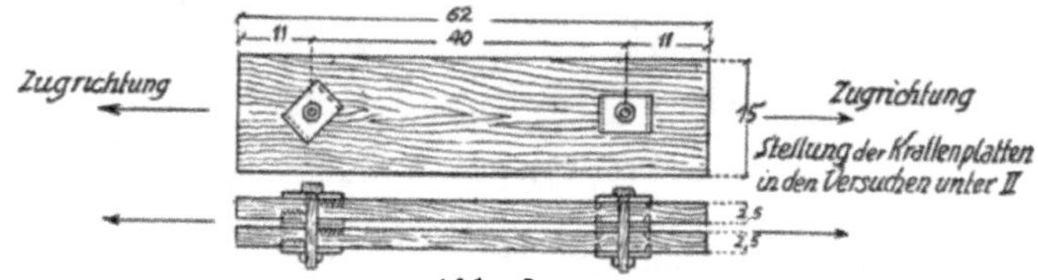

Abb. 2.

Scheibe größer gewählt worden, und zwar 65/80 mm groß. Hier ist seinerzeit nur eine Probe geprüft worden mit einer Bruchlast von 6,6 t. Der Versuch ist insofern interessant, als hierbei der Querschnitt eines Brettes vor der Bolzenverbindung zerstört wurde, wie in Abb. 3 näher zu sehen. Bei V wurden 4 größere Scheiben pro Bolzen verwendet. Durchschnittsergebnis 10,666 t, oder 410 % des Ergebnisses unter I. Wenn hier auch die Krallenplatten etwas größer sind, so ist doch mit

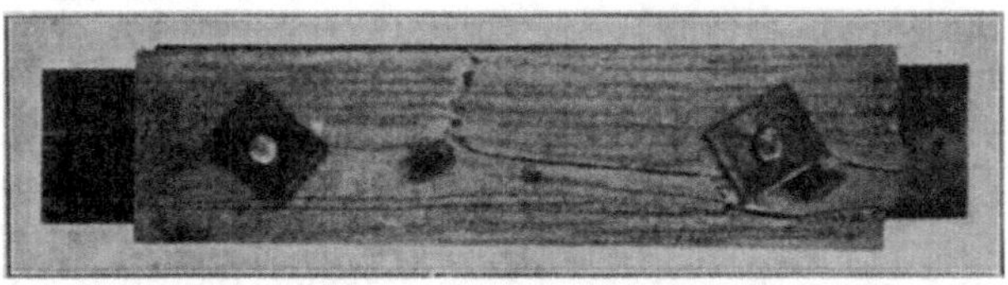

Abb. 3. Bruchverlauf einer Zerreißungsprobe.

einem 16-mm-Bolzen diese Kraft übertragen worden, ein Beweis, in welcher Weise man das Bolzenmaterial ausnützen kann. Bei allen diesen Versuchen ist Kiefernholz und zwar eine marktgängige Besäumware, aus vollen Blöcken geschnitten, verwendet worden.

Das Ergebnis aus diesen Versuchen kann also kurz folgendermaßen zusammengefaßt werden:

Die Zahnreihen erhöhen den effektiven Übertragungsquerschnitt bei der Berechnung auf Lochlaibungsdruck, was rechnerisch leicht ermittelt werden kann, und vermehren die an und für sich sehr geringe zulässige Beanspruchung auf Abscherung um ein Vielfaches.

Bei dieser alten Form der Scheibe wird der Bolzen auf Biegung beansprucht, was bekanntlich in größeren Tragwerken rechnerisch zu recht beträchtlichen Bolzenabmessungen führt. Um hier Abhilfe zu schaffen, gelangte ich zu der zweiten

Abb. 4a. Temperguß-Krallenscheibe.

Abb. 4b. Temperguß-Krallenscheibe.

Form der Krallenplatte, welche aus Abb. 4 ersichtlich wird. Das Wesen der alten Scheiben ist geblieben, jedoch ist der Bolzen jetzt durch eine Nabe geführt, welche in den Hozlquerschnitt eingebohrt wird; die Zähne müssen im Holz dübelartig wirken, und sind so gehalten, daß sie bei großer Wirkung den Holzquerschnitt möglichst wenig schwächen. Die Platten weisen an der Außenfläche zentrisch gelagerte Ringnuten bzw. Wulsten auf. Material der Scheiben ist Temperguß. Ich möchte bei dieser Gelegenheit darauf hinweisen, daß in der Abhandlung des Herrn Reg.-Bmstr. **Geißler** im Sitzungsbericht des Arbeitsausschusses zur Förderung sparsamer Bauweise[1]) eine falsche Information vorgelegen hat, da diese zentrischen Kraftübertragungsgebilde nicht erwähnt worden sind und demzufolge der Widerspruch mit meinen Angaben zutage trat.

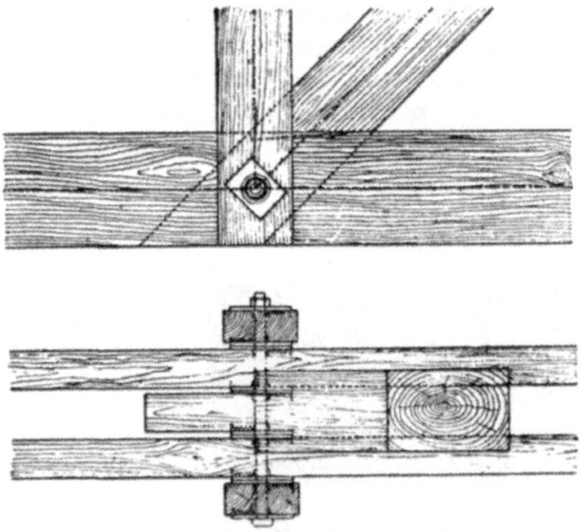

Abb. 5. Schematische Darstellung eines nach Bauart Greim entworfenen Knotenpunktes.

Betrachten wir nun den Knotenpunkt in einem hölzernen Tragwerk, bei welchem die Sicherung mit diesen Krallenanschlußplatten durchgeführt ist. Statisch haben wir hier das Bild 5: der Bolzen sitzt im Systempunkt und wird **zentrisch** beansprucht. Sämtliche Stabquerschnitte werden nach erfolgter Bohrung mit Hilfe eines Zentrumbohrers, welcher eine Lehre von der Breite des ersten Bohrloches

[1]) Jahrgang 1919, Heft 4.

trägt, um die Nabentiefe der Platte von beiden Seiten nachgebohrt, so daß nach Einbringung der Platten der Bolzen im Innern des Stabquerschnittes am Holz voll anliegt. Die Zähne der Platte werden mit einem Benzinbrennstempel, welcher als

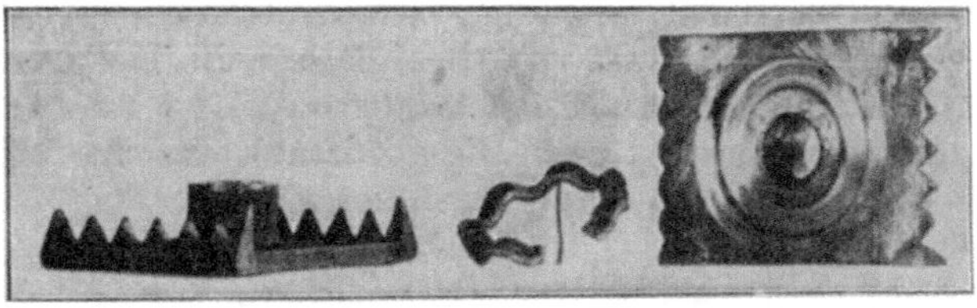

Abb. 6. Krallenplatte mit Federung.

Matrize eine Krallenplatte hat, ungefähr zur Hälfte eingebrannt. Die Zähne der Scheibe, welche, wie vorausgeschickt, aus Temperguß nach ein und demselben Modell hergestellt werden, passen genau in die vorgebrannten Narben und werden nun durch Hammerschläge fest eingetrieben. Durch das Vorbrennen ist auch die Möglichkeit gegeben, die Platte an einer astigen Stelle des Holzes einzuführen. Beim Zusammenlegen des Binders kommen nun die zentrischen Nuten und Wulste zum Ineinandergreifen; mit dieser Tatsache ist sofort die Gewähr für das glatte Durchführen des Bolzens gegeben. Das unangenehme Schlagen, Drehen und Würgen des Bolzens ist herbei also ganz vermieden; man hat beim Anschrauben der Muttern keine zerstörten Gewinde. Die Berechnung der Bolzen hat also für einen derartig ausgebildeten Knotenpunkt nur auf Lochlaibungsdruck und auf Abscherung unter Berücksichtigung der Verstärkung durch die Krallenplatten zu erfolgen, während die Biegung ausgeschaltet ist.

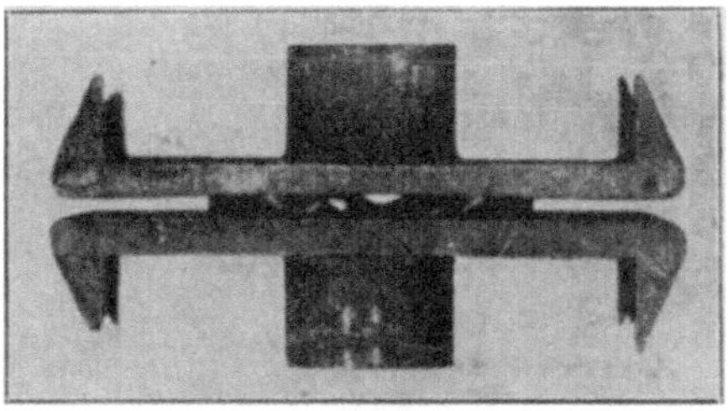

Abb. 7. Anordnung der Federung zwischen den Krallenplatten.

Abb. 8. Zerreißungsversuch bei Sicherung durch Krallenplatten.

Abb. 9. Bruchverlauf zu Versuch unter Abb. 8.

Bei einer Krallenplatte mit mittleren Abmessungen von 65×80 mm Plattengröße, welche an jeder Seite 7 Zähne aufweist, beträgt der mitwirkende Querschnitt rein rechnerisch (ohne Berücksichtigung des Bolzens):

Für die Nabe und die Zahnreihen zusammen = 13,3 qcm, d. h. für einen Gurt unter Verwendung doppelseitiger Scheiben das Doppelte = 26,6 qcm, was bei einem k_l von 80 kg/qcm rd. 2,1 t ausmacht. Wenn hierbei berücksichtigt wird, daß zum Zusammenhalten eines Tragwerkes von mittlerer Spannweite eine Bolzenmessung von 16 mm Ø bei weitem genügt, so bedeutet dies gegenüber dem aufzunehmenden Lochlaibungsdruck eines derartigen Bolzens in Holzkonstruktionen ohne diese Platten 2 Nabenlängen mit 6,4 qcm · 80,0 = 0,510 t, wobei der Bolzen erheblich auf Biegung beansprucht wird. Dies bedeutet also die Möglichkeit, allein rechnerisch eine 4 mal so große Kraft zu übertragen.

Abb. 10. Montage eines hölzernen nach Bauart Greim entworfenen Antennenmastes auf den Dächern Berlins.

Abb. 11. Untersuchung der Abspannungen eines hölzernen Antennenmastes.

Bei der Berechnung auf Abscherung kommen die Zahnseiten in der Abwicklung in Frage, d. h. bei der Krallenscheibe mit den gleichen Abmessungen, wie vorhin erwähnt, also 2 · 14,0 = 28 cm, was bei einem mittleren Abstand der Bolzenmitte vom Hirnende des Gurtes von 10 qcm und bei Betrachtung eines Stabes mit 2 Platten 2 · 280 = 560 qcm erzielt. Da wir parallel zur Faser als k 10 kg/qcm einsetzen können, so erhalten wir trotz der kurzen Bemessung des Holzüberstandes vom Systempunkt 5,6 t Beanspruchungsmöglichkeit, wobei der Bolzen und die Nabe ganz außer Betracht gelassen worden sind. Hierbei ist auch die Reibung, welche die Zahnseiten dieser Krallenplatten in den tieferliegenden Faserschichten notgedrungen verursachen müssen, gänzlich vernachlässigt. Ich möchte hierbei noch besonders auf eine Sondererscheinung der Krallenplatten aufmerksam machen, welche gerade für die Abscherung bei Holzverbindungen von großer Bedeutung sein dürfte. Bei meinen ersten Versuchen bemerkte ich, daß die für die Probe verwendeten Hölzer an den Enden, in welchen die Bolzenverbindungen saßen, aufgeplatzt waren. Die Proben ergaben jedoch eine ebenso große Bruchlast wie die ungespaltenen. In weiteren Versuchen stellte ich unter absichtlicher Verwendung gespaltener Brettproben fest, daß diese Erscheinung nicht zufällig war. Die Zähne der Platten geben für gespaltene Hölzer, selbst wenn der Riß direkt über das Bolzenloch führt, eine so gute Bindung, daß der Riß ganz ohne Einwirkung auf die Verbindung bleibt. Dieser Faktor ist für die Praxis insofern von Bedeutung, als man nicht mehr angewiesen ist, sich ängstlich vor Luft- und Windrissen des Holzes zu hüten, wie solche bei unserem Bauholz fast überall zu finden sind.

Für größere Konstruktionen, bei welchen die Querschnitte in den Knotenpunkten naturgemäß anwachsen, so daß das errechnete Schwindmaß der Hölzer

Abb. 12. Lagerhalle mit Brettbinderkonstruktionen.

quer zur Faser nicht außer Betracht gelassen werden darf, kann man zur Begegnung dieser für unsere Holzkonstruktionen so leidigen Erscheinung die in Abb. 6 und 7 vorgeführte Federung verwenden. Die Krallenplatten sind die gleichen, wie wir sie bisher kennen gelernt haben, jedoch tragen jetzt beide Platten zentrische Ringnuten, in welche sich Mäanderringfedern legen. Die letzteren sind geöffnet, und zwar um so viel, daß sie in der Strecklage schließen. Die Feder ist so stark konstruiert, daß sie erst bei zirka 400 kg Druck gestreckt wird. Der Querschnitt der Feder ist so eingerichtet, daß er auch vollständige Kraftübertragung von Platte zu Platte sichert, wenn die Feder sperrt. Durch diese Feder erübrigt sich das Nachziehen sämtlicher Bolzen einer solchen Holzkonstruktion, was ja meistens vernachlässigt wird, oder nicht immer durchführbar ist.

Ich zeige Ihnen hier nochmals eine Abbildung über einen Zerreißungsversuch (Abb. 8), wie ich ihn im Materialprüfungsamt in Lichterfelde ausführen ließ. Der Versuch wurde mit den vorhin erwähnten und näher gezeigten Tempergußscheiben vorgenommen. Die Abmessungen der Probe waren ein 30 mm starkes Brett von 15 cm Breite. Sie ersehen aus der Abbildung, wie der Bruch verlaufen ist. Die

Zerstörung erfolgte in dem auf Zug beanspruchten Mittelstück zum Teil vor und zum Teil an der Bolzenverbindung (Abb. 9). Die Bruchlast betrug 3,1 t und bedeutet, wie einwandfrei ersichtlich, eine absolute Querschnittzerstörung.

Das Holz war ungefähr ein Jahr vorher eingeschnitten, und zwar aus vollem Block, wenn auch nicht gerade feinjährig, so doch als Stammware II. Klasse anzusprechen. Wenn man nun die Zahnreihen und die Bohrung mit rd. 14 qcm in Abzug bringt, so verbleiben noch

$$45 - 14 = 31 \text{ qcm};$$

es ergibt dies ein σ von 100 kg/qcm. Ministeriell zugelassen sind bis 120 kg bei einer etwa 4—5fachen Sicherheit.

Ich erwähne nochmals, daß die Holzprobe für jeden Fachmann als einwandfrei gelten mußte, da die ganze Struktur derselben geradlinigen Verlauf zeigte, also weder schräg zur Faser geschnitten war, noch sonst aus kranken oder abgestorbenen Holzbeständen herstammte. Dieser eine Versuch allein könnte vielleicht noch als Ausnahme angesehen werden, jedoch war ich vorher schon einmal auf ein ähnliches ungünstiges Ergebnis gestoßen. Eine einwandfreie Erklärung für diese Tatsachen kann ich nicht geben.

Abb. 13. Lagerhalle in Neubabelsberg. Zweigelenkbogen von 18,25 m Spannweite. Erbaut 1920.

Zum Schluß noch einige Anwendungsarten der Holzverbindung. Darüber, wie sich tragende Holzkonstruktionen, welche allen Unbilden der Witterung ausgesetzt sind, in bezug auf die Dauerhaftigkeit verhalten, liegt wohl bisher nicht genügendes Tatsachenmaterial vor; zum mindesten sind die Ansichten sehr verschieden.

Der mehrmalige Anstrich mit Karbolineum Avenarius soll eine Lebensdauer nach den mir vorgelegten Zeugnissen auch von schwachen Holzquerschnitten von über 30 Jahren ermöglichen. Über das Rütgersverfahren liegen noch keine so alten Angaben vor; jedoch lassen die bisherigen Erfahrungen auf mindestens gleichwertige Ergebnisse schließen.

Vielleicht ist es von Interesse, zu erfahren, daß ich vor etwa 12 Jahren eine Holzkonstruktion, nur durch einen Karbolineumanstrich geschützt, in einem Telefunkenmast auf freiem Felde aufgestellt habe, die sich bis heute durchaus bewährt hat.

Hier ist ein großes Gebiet, welches zu erschließen und zu erobern noch vieler positiver Arbeit und gründlicher Erfahrung bedarf.

XIV. Die Bauweise Cabröl.

Von

Regierungsbaumeister Geißler.

Die Bauweise „Cabröl" der Firma C. Brösel, Cassel, die uns in ihrer heutigen Form als eine der jüngsten Neuerungen auf dem Gebiete der Holzbauweisen entgegentritt, reicht in ihren Anfängen bereits um über 11 Jahre zurück. Sie ist allmählich herausgewachsen aus den Versuchen, größere freitragende Konstruktionen als Fachwerke in Zimmerkonstruktion herzustellen. Brösel hat insbesondere für

Abb. 1. Chlorkalium-Magazin der Gewerkschaft Heiligenroda. Spannweite der Binder 27,0 m; Hallenlänge, 100,0 m.

die Anlagen von chemischen Fabriken und sonstige Bauten der Kalisalz-Bergwerke seit einer Reihe von Jahren größere Schuppen und Hallenbauten ausgeführt. Eine Sonderaufgabe, der die Firma sich oft zu unterziehen hatte, bildeten schwer belastete Tragwerke, sowie solche mit wechselnder Belastung, z. B. Unterkonstruktionen von Behältern, von Transportanlagen, Brücken u. dgl. Aus dem Arbeitsgebiete ist in den Abb. 1 bis 11 eine Reihe von Bauten vorgeführt, die teilweise bereits recht bemerkenswerte Lösungen darstellen.

Abb. 2. Rohsalzschuppen der Gewerkschaft Gebra. Spannweite der Binder 30,0 m; Hallenlänge 80,0 m.

Abb. 3. Chlorkalium-Magazin der Akt. Ges. Bismarckshall. Spannweite der Binder 26,0 m; Länge der Halle 80,0 m.

Abb. 1 bietet die Außenansicht vom Bau eines Chlorkaliummagazins der Gewerkschaft Heiligenroda bei Dorndorf von 27,0 × 100,0 m, und Abb. 2 eine ebensolche vom Bau eines Rohsalzschuppens der Gewerkschaft Gebra bei Obergebra von 30,0 × 80,0 m, deren Ausführungen 1913 von der Firma E. & S. Fischer, Wernshausen, vorgenommen wurden. Die Binder dieser Hallen sind als Zweigelenkrahmen ausgebildet und berechnet, und zwar liegen die Binderfüße in un-

Abb. 4. Bau eines Magazins der Werksanlage Holungen.

gleichen Höhen zueinander. Die Fachwerkkonstruktion zeigt hier zum Teil noch alte Holzverbindungen, Versatz, Verkämmung, Bolzen, Verlaschung usw. In der Mitte des Hallenbaues war ein über die ganze Länge des Gebäudes hinwegführender laternenartiger Aufbau vorzusehen, in dem Transportanlagen von ziemlichem

Abb. 5. Deckstation auf Werksanlage Holungen.; Dachbinder mit seitlichen Zwischenbindern.

Gewicht untergebracht wurden. Die Binderform ist dem Raumbedarf solcher Schuppen, in denen die Salze in langgestreckten Haufen gelagert werden, angepaßt. Nach derselben Grundform sind eine große Anzahl von Rohsalz- und Fabrikatschuppen errichtet worden, die seit ihrer Erbauung keinerlei Ausbesserungen notwendig machten. Die Innenansicht eines im Bau begriffenen Chlorkaliummagazins von 26,0 × 80,0 m aus dem Jahre 1917 für die Aktiengesellschaft Bismarckshall zeigt Abb. 3. Die obere Bühne lagert auf den Untergurten und ist für die im

Binderfachwerk einzubauende automatische Hängebahn bestimmt. Der Binderabstand beträgt 5,0 m. Eine ähnliche Ausführung während der Montage ist durch Abb. 4 dargestellt.

Eine andere Dachbinderform einer Deck- und Trockenstation ist in Abb. 5 wiedergegeben. Die Dachbinder besitzen hier eine Spannweite von 26,0 m und haben einen 5,0 m breiten durchlaufenden Firstaufbau, sowie im Innern des Gebäudes zwei Hängebahnstränge zu tragen. Durch Zwischenbinder sind die Hauptbinder seitlich nochmals unterstützt.

Abb. 6. Kühlhalle der Akt. Ges. Bismarckshall.

Die Binderkonstruktionen einer Kühlhalle zeigen die Abb. 6 und 7. Die gesamte Anlage ist in mehrere getrennte Gruppen aufgelöst. Jede der einzelnen Gruppen besitzt eine Breite von 18,0 m und eine Länge von etwa 150,0 m. Die 18,0 m langen Hauptbinder sind an den Traufen, sowie an dem First durch Zwischenbinder unterstützt, die sich über drei Binderfelder frei spannen. Ein Bild des freien Innenraumes zeigt Abb. 7. Auch die in den Bindern eingebauten Rinnenbrücken, Bedienungsstege, sowie die untergehängten Hängebahnstränge sind in diesem Bilde zu erkennen.

Abb. 7. Kühlhalle der Akt. Ges. Bismarckshall (Innenansicht).

Einige schwer belastete Konstruktionen, Teile von Fachwerkträgern im Innern von Fabrikgebäuden (Abb. 8), enthalten recht beachtenswerte Laschenverstär-

Abb. 8. Schwerbelasteter Fachwerkträger (120,00 t) im Löschhaus der Werksanlage Holungen.

kungen einzelner Fachwerkstäbe, mit denen die Aufnahme und Übertragung der Stabkräfte an den Anschlußstellen ermöglicht ist[1]).

Abb. 9. Montagehalle der Gewerkschaft Heringen (Vorderansicht).

Die Ausführung einer Montagehalle von 36,0 × 40,0 m für die Gewerkschaft Heringen in Heringen a. d. W. ist in den Abb. 9 und 10 dargestellt. Die Halle

[1]) Die Ausführung der in Abb. 3 bis 8 dargestellten Konstruktionen geschah durch die Firma Encke, Staßfurt.

ist dreischiffig. Die seitlichen Binderspannweiten betragen je 12,0 m; die mittlere Spannweite beträgt 16,0 m. Die Binderentfernung ist 6,0 m. Die hölzernen, 10,0 m hohen Wandstützen (Abb. 10) sind für den aufzunehmenden Winddruck der umschließenden 13 m starken Steineisenwände biegungsfest ausgebildet. Die Kran-

Abb. 10. Montagehalle der Gewerkschaft Heringen (Seitenansicht).

gleisträger daselbst sind ebenfalls Holzkonstruktionen, die jedoch bei Aufnahme der Lichtbilder noch nicht verlegt waren. Die mittleren Stützen nebst Krangleis-

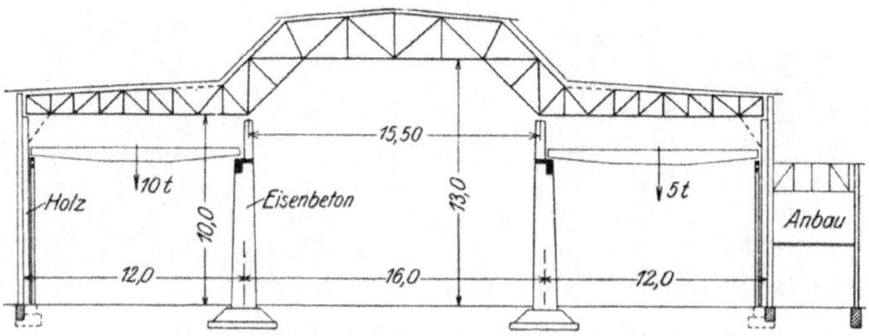

Abb. 11. Querschnittszeichnung von der Montagehalle Heringen.

träger wurden — wegen anliegender Schmiedefeuer — in Eisenbeton ausgeführt. In Abb. 11 ist die Binderkonstruktion der Halle wiedergegeben. Die konstruktive Durchbildung des Binders erfolgte als Kraggelenkträger derart, daß der Mittelschiffbinder Kragenden erhielt, in welche die Binder der Seitenschiffe eingehängt wurden. Als Gelenkpunkt wurde ein Stabknoten des Untergurtes betrachtet und der darüber befindliche Obergurt am nächsten Knoten verschieblich angeschlossen.

Bei der Ausführung dieser verschiedenartigen Konstruktionen bildeten sich dann ganz von selbst die Forderungen und Grundlagen heraus, auf denen die

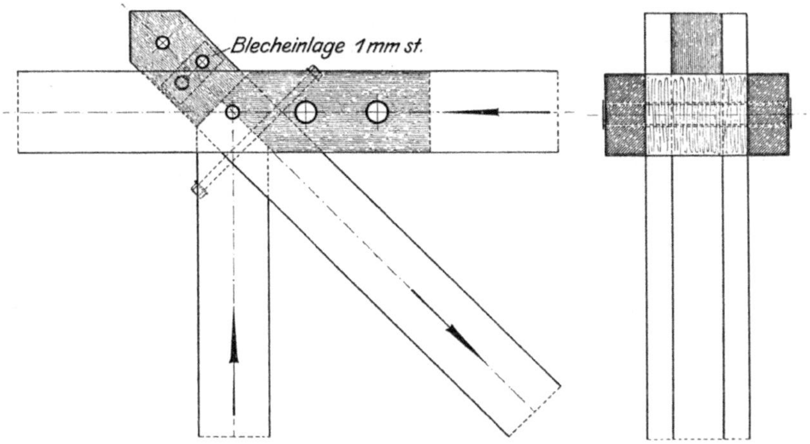

Abb. 12. Einfacher Fachwerkknoten.

heutige Konstruktionsmethode der Bauweise „Cabröl" beruht. Diese Forderungen sind:

1. Das Vermeiden von Nebenspannungen in den Holzverbindungen,
2. Möglichste Verringerung der Handarbeit,
3. Möglichste Verringerung des Holzverbrauchs und
4. Rücksichtnahme auf die natürlichen Veränderungen, denen das Holz infolge von atmosphärischen Einflüssen unterworfen ist.

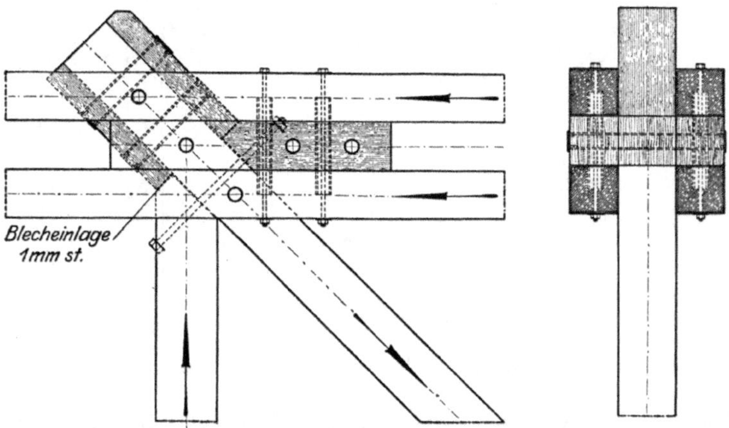

Abb. 13. Fachwerkknoten mit 4teiligem Obergurt.

Die erste dieser Forderungen ist nur zu erfüllen, wenn sämtliche Stäbe mit ihrer Achse auf den ideellen Systempunkt geführt werden, und wenn andererseits in diesem Punkte die einzelnen Kräfte nicht nur in den Stabachsen, sondern auch wirklich im Querschnittszentrum des Stabes aufgenommen werden, so daß **jede exzentrische Belastung der Fachwerkstäbe mit Sicherheit ausgeschaltet** wird. Eine altbekannte Verbindung, welche auf diese Art des Anschlusses hinzielt, ist der Bolzen. Derselbe ist an sich eine ganz gute Verbindung, reicht jedoch in seiner herkömmlichen Form meist nur für kleine Kräfte aus, da er für größere Kräfte meist zu hohe Lochlaibungsdrücke und zu geringe Biegungsfestigkeit ergibt. Brösel verwendet daher an seiner Stelle biegungsfeste Rohrdübel aus Eisen oder Stahl. Er erhält so für eine beliebige Anzahl anzuschließender Hölzer ein einziges, alle Stäbe durchdringendes Kraftaufnahme- und Übertragungselement,

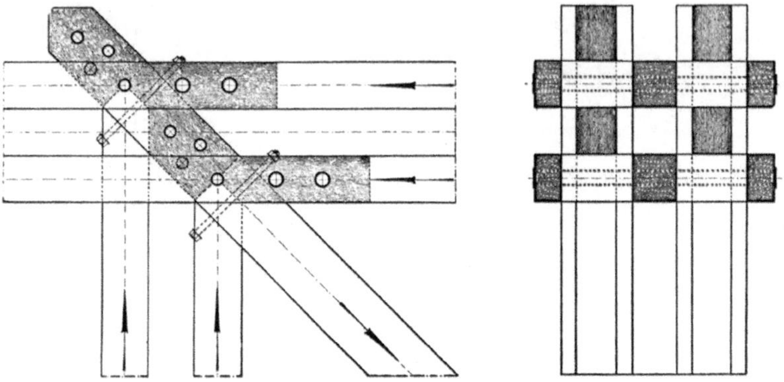

Abb. 14. Fachwerkknoten mit 6 teiligem Obergurt für größere Tragwerke.

welches sämtliche Stabkräfte direkt aufnimmt, und zwar jede Stabkraft genau im Querschnittszentrum des einzelnen Stabes, so daß Nebenspannungen nicht entstehen können. Insbesondere wird hier auch vermieden, daß einzelne Kräfte erst mittelbar durch das Holz der Nachbarstäbe übertragen werden. Voraussetzung ist natürlich,

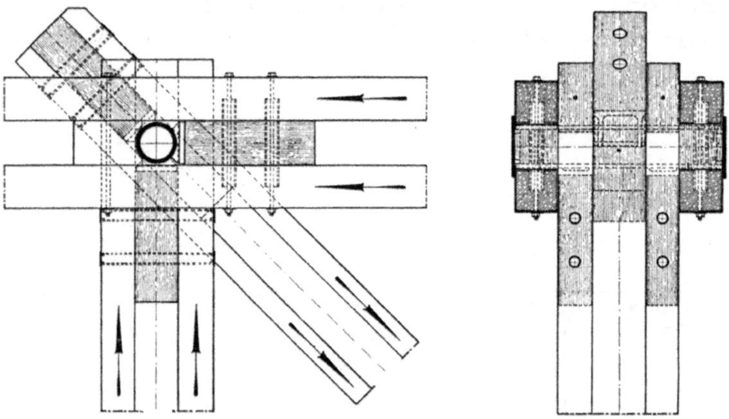

Abb. 15. Knotenverbindung durch Gelenkdübel (bei wechselnden Stabkräften).

hier wie bei anderen Systemen, daß bei der Konstruktion sämtliche Stäbe symmetrisch zur Binderebene angeordnet werden.

Der an zweiter Stelle genannten Forderung nach Verminderung der Arbeit ist hierbei ebenfalls Rechnung getragen; denn die Binder werden an Ort und Stelle zusammengelegt die Bolzenlöcher für jeden Knoten in einem einzigen Arbeitsgange gebohrt und die Rohrdübel eingezogen, worauf die Konstruktion zum Aufstellen fertig ist. Abbund und probeweises Zusammenlegen kommen also in Wegfall. Das Bohren der Bolzenlöcher wird maschinell mit elektrischen, transportablen Bohrmaschinen betrieben[1]); der zum Betrieb notwendige Strom pflegt auf allen Baustellen, wo größere Anlagen errichtet werden, ohnehin zur Verfügung zu stehen. Es liegt also hier eine tatsächlich erhebliche Arbeitsersparnis vor.

Hinsichtlich des Holzverbrauches gewährt jedoch die einfache Rohrdübelverbindung keinen Vorteil. Als Nachteil haftet der Rohrdübelverbindung, wie

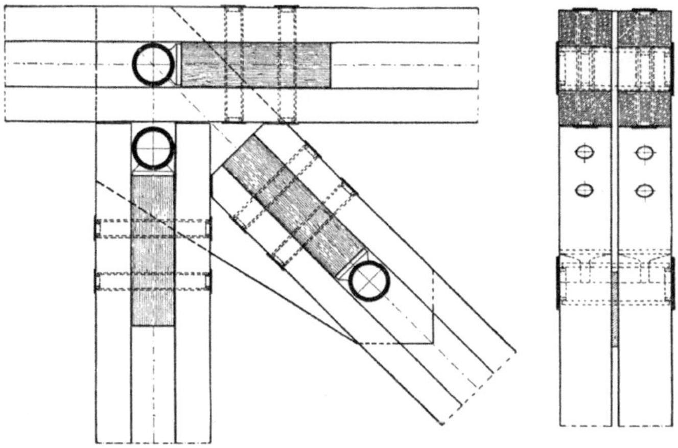

Abb. 16. Knotenverbindung durch Gelenkdübel mit eisernem Knotenblech (bei gleichgerichteten Stabkräften).

jedem Bolzen oder rundem Dübel, eine gewisse Keilwirkung an, durch die Zugspannungen senkrecht zur Holzfaser hervorgerufen werden, die zu Rissebildungen, zum Auseinandertreiben der Hölzer führen können.

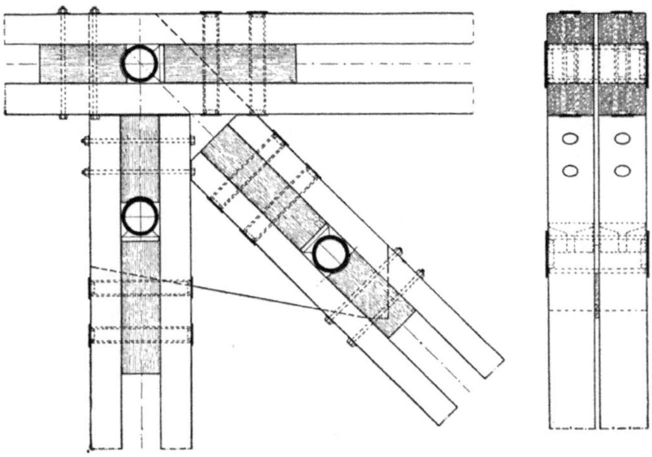

Abb. 17. Knotenverbindung durch Gelenkdübel mit eisernem Knotenblech (bei wechselnden Stabkräften).

Die Bewegungsfreiheit des Holzes beim Schwinden, Quellen, Werfen und Verziehen ist derjenigen aller übrigen Verbindungen mindestens gleichwertig.

Einige Lösungen von Obergurtknoten unter Verwendung von Rohrdübeln (Abb. 12, 13 und 14) mögen zur Erläuterung dienen. Abb. 12 zeigt eine Knoten-

[1]) Vgl. den Anhang, Abbildungen 27 und 28.

verbindung für gewöhnliche Verhältnisse. Die Schwächung des Querschnittes der Zugdiagonale durch die Rohrdübel beträgt hier etwa 20%. Gegen etwaige Rißgefahr bei der Keilwirkung der runden Dübel kann z. B. eine 1 mm starke Blecheinlage am Ende der Diagonale vorgesehen werden, falls man nicht einen dünnen Quer-

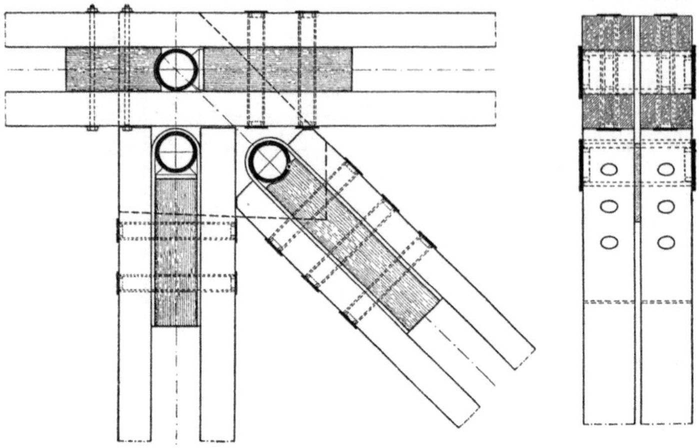

Abb. 18. Knotenverbindung durch Gelenkdübel mit Gelenkschleifen und eisernem Knotenblech (bei wechselnden Stabkräften).

bolzen daselbst wählen wollte. — Eine Knotenverbindung für weit gespannte Konstruktionen stellt Abb. 13 dar. Als bemerkenswert wäre hier die gedrungene Bauart des Knotens zu erwähnen.

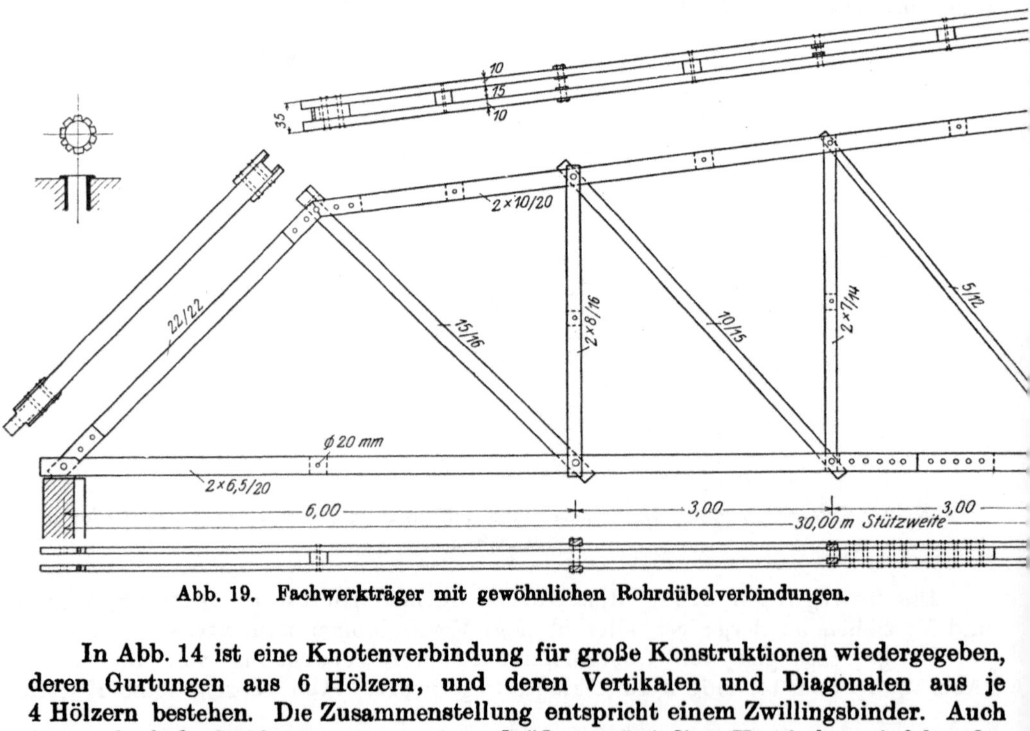

Abb. 19. Fachwerkträger mit gewöhnlichen Rohrdübelverbindungen.

In Abb. 14 ist eine Knotenverbindung für große Konstruktionen wiedergegeben, deren Gurtungen aus 6 Hölzern, und deren Vertikalen und Diagonalen aus je 4 Hölzern bestehen. Die Zusammenstellung entspricht einem Zwillingsbinder. Auch für wechselnde Stabkräfte von gewisser Größe genügt diese Verbindung infolge der eingezogenen, schrägliegenden Bolzen. Im übrigen dienen die schräg durch die Verbindung hindurchgezogenen einfachen Bolzen lediglich Montagezwecken, insbesondere dem Festhalten der an diesem Knoten nur lose eingesetzten Vertikalen. Die in Rechnung zu ziehende Querschnittsschwächung der Zugdiagonale beträgt hier nur etwa 16—20%. Bei allen drei Konstruktionen ist auf streng zentrischen Anschluß der Kräfte geachtet. Die Zerlegung der Kräfte ist aus den Abbildungen ohne weitere Erklärung ersichtlich. Vielfach ist es bei der Verwendung der Rohrdübel nicht notwendig, die Dübel durch die Hölzer vollständig hindurchgehen zu lassen. In diesem Falle wird er schon mit Rücksicht auf die geringere Holzschwächung entsprechend kürzer gewählt. Die einzelnen Dübel erhalten einen Endverschluß zum Zusammenziehen bzw. Zusammenhalten der verbundenen Hölzer. Entweder ist das Rohrende ringsum durch Einschnitte eingekerbt, und die so entstehenden einzelnen Eisenstreifen werden auseinandergedrückt und nietartig eingeschlagen; oder es werden besondere Verschlußstücke mittels eines im Innern des

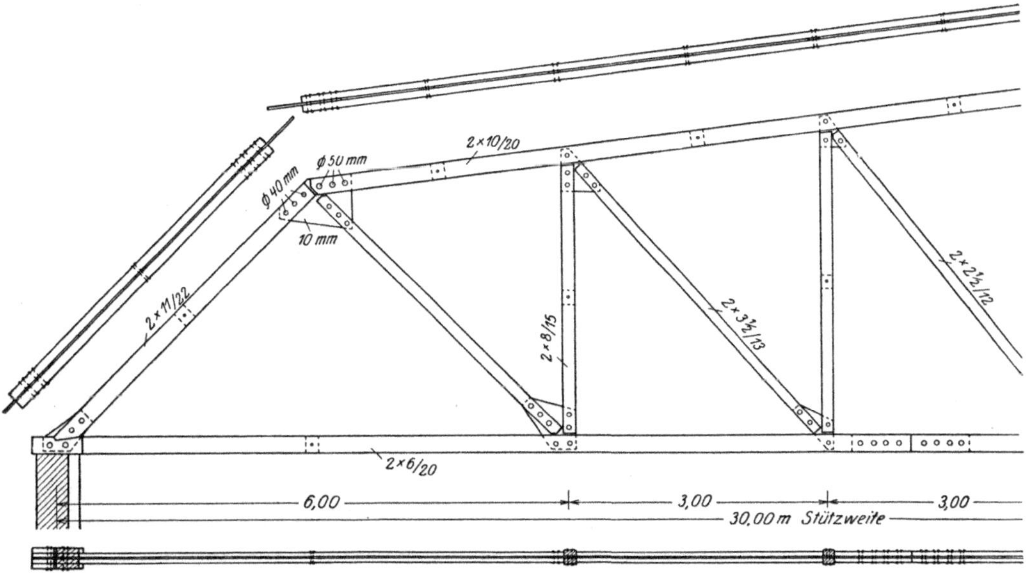

Abb. 20. Fachwerkbinder mit eisernen Knotenblechen.

Rohres eingedrehten Gewindes aufgeschraubt, oder es wird ein besonderer dünner Bolzen mit Scheiben angeordnet.

Ein weiterer Fortschritt in der Ausbildung der Knotenpunktsverbindung wurde dann von Brösel dadurch erreicht, daß er auf die Dübel Aufsatzplatten aufschob, die ähnlich einem verkleinerten Kipplager ausgebildet sind. Auf diese Platte wird der anzuschließende Stab frei aufgesetzt; dadurch erhält das Holz vollständig freie Bewegungsmöglichkeit; die Stäbe sind in keiner Weise mehr eingespannt, und es wird vermieden, daß sich, wie beim Werfen eingespannter Stäbe infolge von inneren Spannungen, Längsrisse bilden. Auf diese Platten setzt Brösel die einzelnen Hölzer nicht direkt auf, sondern er bedient sich besonderer Zwischenstücke, die zur Kraftübertragung auf die Platten zwischen die durchgängig doppelt genommenen Hölzer eingelagert werden[1]).

[1]) Die zwischen der Fa. Brösel in Cassel und Kübler-Stuttgart schwebenden Patentstreitigkeiten hinsichtlich der Verwendung von Zwischenstücken bleiben in diesem rein technisch interessierenden Zusammenhange unerörtert.

Hierdurch wird der Holzverbrauch und vor allen Dingen der Querschnittsverlust in den Verbindungsstellen erheblich vermindert. Auch die Keilwirkung der runden Dübel ist ausgeschaltet. Diese Art der Verbindung stellt hinsichtlich ihrer statischen Klarheit und der Rücksichtnahme auf die Eigenart des Holzes

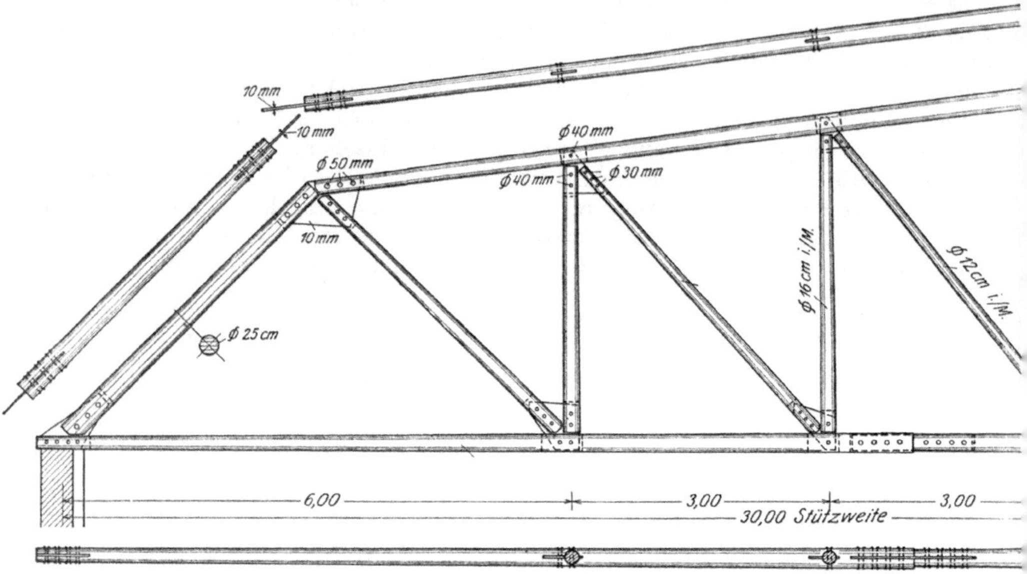

Abb. 21. Fachwerkbinder in Rundholz mit eisernen Knotenblechen.

wohl die theoretisch am klarsten entwickelte Verbindung unter den heutigen Knotenpunktsverbindungen für Hölzer dar und dürfte sich auch praktisch bewähren. Die Rohrdübelverbindung mit aufgeschobenen Platten, die meist für größere Konstruk-

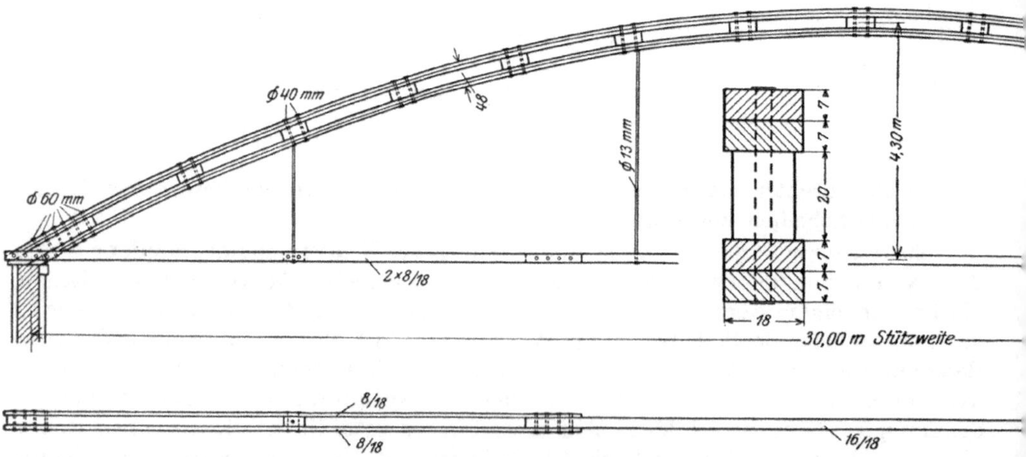

Abb. 22. Bogenbinder mit Zugband.

tionen gewählt wird, ist in den Abb. 15—18 dargestellt, und zwar zeigt Abb. 15 einen Knotenpunkt für ein System mit wechselnden Belastungen. Die Hauptstabkräfte sind mit Gelenkdübel und Platte angeschlossen. Für die geringeren, nur gelegentlich auftretenden, entgegengesetzten Kräfte sind die Platten weggelassen;

die Kräfteübertragung wird lediglich durch die Zwischenstücke bewerkstelligt. Bei allen diesen Konstruktionen sind die aufgeschobenen Platten lediglich bei dem Hauptdübel, der sämtliche Systemkräfte aufzunehmen und zu übertragen hat, vorgesehen. Die Übertragung der Stabkräfte von den einzelnen Teilquerschnitten auf die Zwischenstücke erfolgt durch einfache Rohrdübel.

Die Abb. 16—18 zeigen drei Knotenverbindungen unter Verwendung eiserner Anschlußbleche, wobei die beiden in Abb. 17 und 18 dargestellten Knoten für Systeme mit wechselnden Belastungen bestimmt sind. Bemerkenswert bleiben die Gelenkschleifen beim Anschluß der Vertikal- und Diagonalstäbe in Abb. 18, die unmittelbar auf dem Gelenkdübel aufliegen und zwischen Futterstücke und Stabhölzer eingebaut sind, dabei den Zweck erfüllend, das Knotenblech möglichst klein zu halten. Allerdings besteht in diesem Falle der vollkommene Gelenkanschluß,

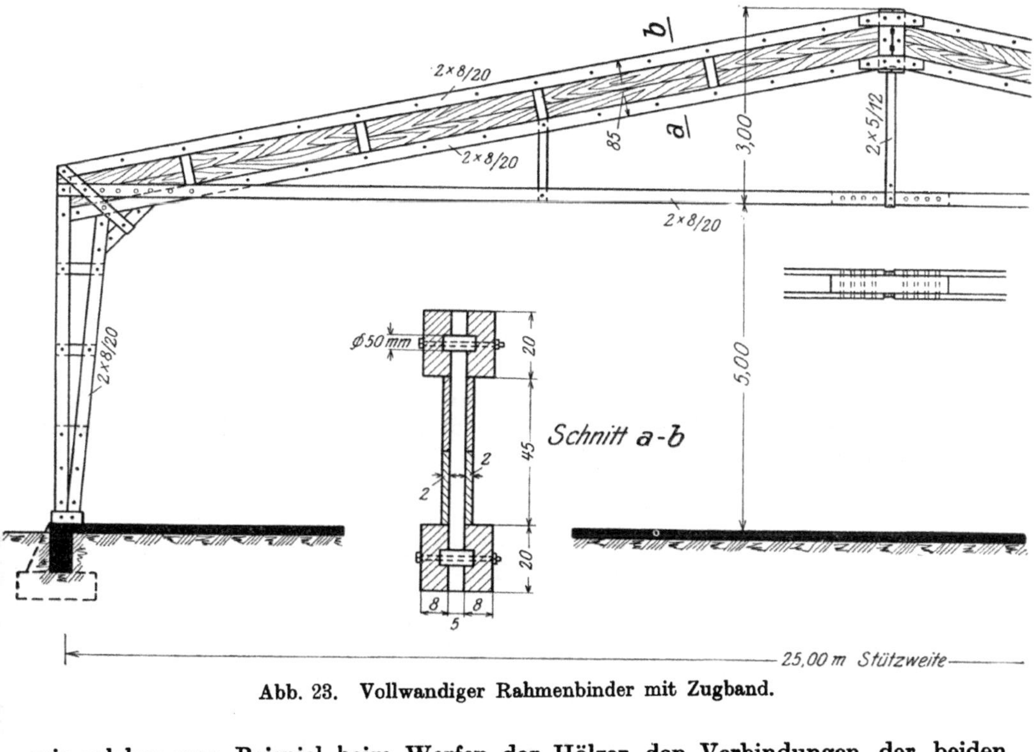

Abb. 23. Vollwandiger Rahmenbinder mit Zugband.

wie solcher zum Beispiel beim Werfen der Hölzer den Verbindungen der beiden anderen Abb. 16 und 17 eigen ist, nicht mehr.

Früher verwendete man zum Anschluß der Stäbe an diese Knotenbleche meistens mehrere Bolzen oder andere Verbindungsmöglichkeiten. Dies ist jedoch nicht einwandfrei, da Holz und Eisen sich in bezug auf Elastizität und Wärmeausdehnung verschieden verhalten, und außerdem sich das Holz bei wechselnder Feuchtigkeit der Luft verändert. So kann es leicht eintreten, daß beide Stoffe nicht nur verschieden, sondern geradezu gegeneinander arbeiten. In diesem Falle wird nach kurzer Zeit die Wirksamkeit mehrerer Bolzen oder sonstiger Anschlußmittel an ein und demselben Stabe aufhören, indem die Bolzenlöcher stark deformiert werden, und infolgedessen immer nur ein Teil der Bolzen in den Laibungen fest anliegt. Es ist daher Brösels Bestreben, bei neueren Fachwerken mit Knotenblechen zum Anschluß eines jeden Stabes möglichst nur einen Dübel zu verwenden, einen zweiten nötigenfalls nur für Montagezwecke und zur Erhöhung der Stabilität bei einzelnen Stäben. Wird jeder Stab nur mit einem Dübel an das Knotenblech angeschlossen, so ist eine Ungenauigkeit in den Bohrungen zwischen Holz und Blech weder praktisch noch theoretisch von Belang.

Die Verwendung der beiden Verbindungselemente des einfachen Rohrdübels und des Gelenkdübels mit aufgeschobener Platte gestattet die einwandfreie Ausbildung jeder beliebigen Fachwerk- oder vollwandigen Trägerform.

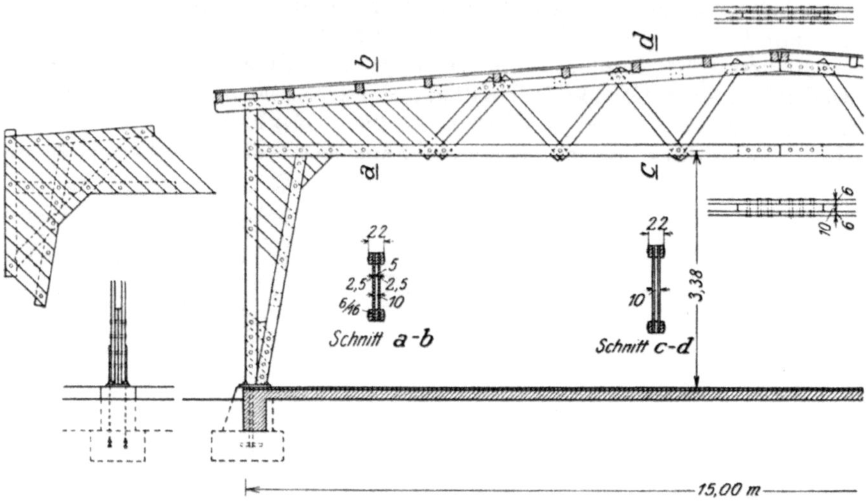

Abb. 24. Rahmenbinder mit steifen Eckausbildungen aus Unterkonstruktionen.

Die Abb. 19, 20 und 21 zeigen ein einfaches Dachbindersystem, dessen Stäbe in Abb. 19 nur durch Rohrdübel, in Abb. 20 und 21 durch Rohrdübel und Knotenbleche verbunden werden. Im letztgenannten Bilde tritt jedoch an Stelle der Kant-

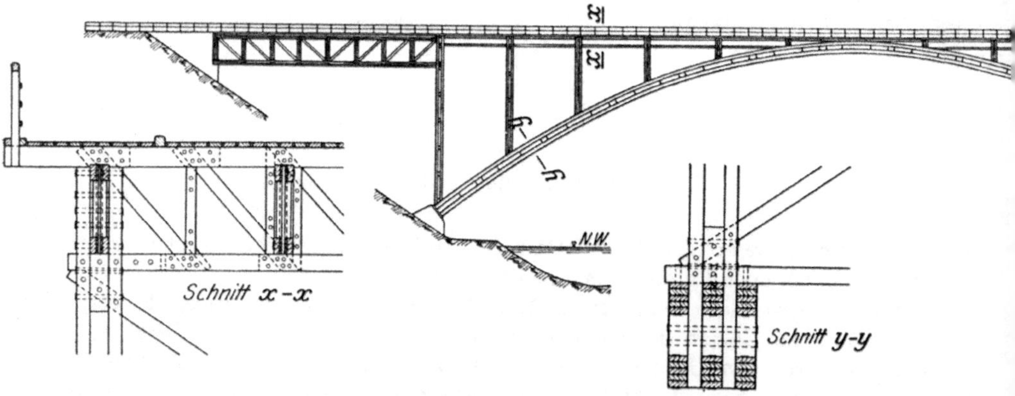

Abb. 25. Bogenbrücke für große Spannweiten.

holzstäbe das Rundholz. Bei diesem werden die Schlitze zum Einschieben der Knotenbleche mit der Kreissäge oder mit einer Pendelsäge hergestellt. Im allgemeinen wird diese Rundholzkonstruktion meist für untergeordnete oder vorübergehende Bauten in Anwendung kommen; gleichwohl ist sie statisch und konstruktiv als durchaus vollwertig und den sonst üblichen Fachwerken ebenbürtig anzusehen.

Einen einfachen Bogenbinder in Parabelform mit Zugband bringt Abb. 22. Die Gurtabstände des Bogens sind durch Zwischenstücke festgelegt; Diagonalverbände werden angesichts der unbedeutenden Querkräfte vermieden. In den Abb. 23 und 24 werden Rahmenkonstruktionen in teils vollwandiger, teils fachwerkartiger Form nach den Entwürfen der Fa. C. Brösel gezeigt, von denen insbesondere die steifen Eckausbildungen der Abb. 24, die als fertige Unterkonstruktionen zwischen die Gurte geschoben werden, hervorzuheben sind. Bei all diesen Konstruktionen sind die Verbindungen der einzelnen Hölzer sowohl bei den Fachwerken wie auch bei den Vollwandkonstruktionen mit Rohrdübeln vorgesehen.

Der Entwurf einer größeren Bogenbrücke (Abb. 25) nimmt — jedoch ebenfalls unter ausschl. Verwendung der Rohrdübel als Verbindungselemente — Konstruktionsgedanken der älteren Bogenbrücken wieder auf.

Die hier gebrachten verschiedenen Konstruktionsmöglichkeiten dürften erkennen lassen, auf welche vielseitige Art die Holzbauweisen „Cabröl" der Durchbildung und Formgebung beliebiger Baukonstruktionen in Holz Rechnung tragen können.

XV. Die Bauweise Kaper.

Von

Architekt Otto Kaper.

Die Holzbauweise Kaper umfaßt verschiedene Ausführungsmöglichkeiten, und zwar:

Träger- und Säulenkonstruktionen,
Binderkonstruktionen, Hallen- und Wohnhausbaugerippe,
Umwandungen, Bedachungen.

Die für die Binderkonstruktionen zu verwendenden Hölzer (Kiefer, Tanne, Fichte) werden als Rund- oder Kanthölzer so verarbeitet, wie sie die nachstehenden Abbildungen 1 bis 12 veranschaulichen.

Charakteristisch für diese Bindersysteme sind zunächst die Träger nach Abb. 1. — Sie werden aus Kant- oder Rundhölzern hergestellt, und zwar so, daß das Holz geschlitzt, sodann gespreizt und innerhalb der Spreizung fest ausgefüllt wird. An den Enden bleibt das Holz unaufgeschlitzt; am Beginn der Spreizung

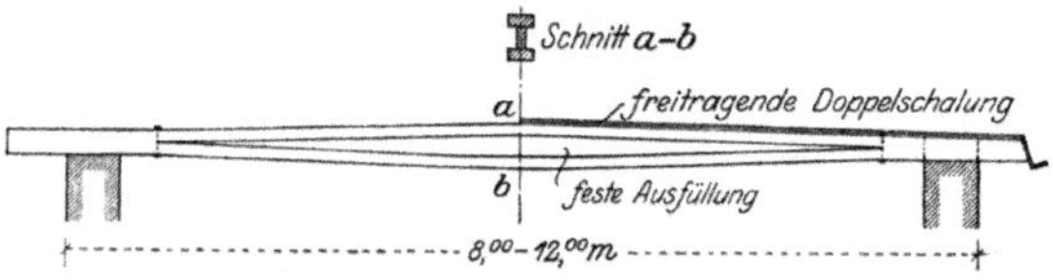

Abb. 1. Träger, Bauweise Kaper, mit freitragender Doppelschalung.

an jedem Ende ist dasselbe gegen Reißen gesichert. Die Scherkräfte werden, wie ersichtlich, an den Enden durch den natürlichen Zusammenhang der Spreizgurte des Trägers aufgenommen, im übrigen durch die Verbindung der elastischen Spreizgurte mit der zwischenbefindlichen festen Ausfüllung. Die Gurte haben von vornherein das Bestreben, sich fest gegen die Ausfüllung zu pressen. Die Pressung nimmt zu, jemehr der Träger belastet wird.

Durch solche Ausführungsart sind vollwandige Träger mit I-förmigen Querschnitten — nach der Mitte zu — gegeben, die den Beanspruchungen entsprechend geformt sind. Diese Träger, durch D. R.-Patent als neue Erfindung gekennzeichnet, haben in der Fachwelt eine gute Beurteilung erfahren; sie sind auch verschiedentlich preisgekrönt worden (Intern. Baufach-Ausstellung Leipzig 1913 Goldene Medaille und seitens des Reichsverbandes zur Förderung sparsamer Bauweise). — Der hohe wirtschaftliche Wert dieser Träger ist leicht erkennbar an den verschiedenen, nachstehend mitgeteilten Binderbeispielen[1]). Nach Abb. 1 ist das Dach einfach durch die auf die Umfassungswände aufliegenden Träger mit darüberliegender Dachhaut gebildet. Gemäß den Ermittelungen der statischen Berechnung erhält der Träger bei einer freien Länge von $\sim 11{,}0$ m einen Binderabstand von 4,0 m und Belastung durch Eigengewicht und Schnee $55 + 75 = 130$ kg/m² einen Balken von 20/20 cm, welcher innerhalb der Schlitzung in der Mitte (im gefährlichen Querschnitt) eine Spreizung von 28 cm besitzt. Jeder Gurt ist hiernach 14 cm gebogen — eine verhältnismäßig nicht starke Biegung der Gurte bei ihrer Länge von ca. 9,50 m und Dicke von 10 cm. Hieraus

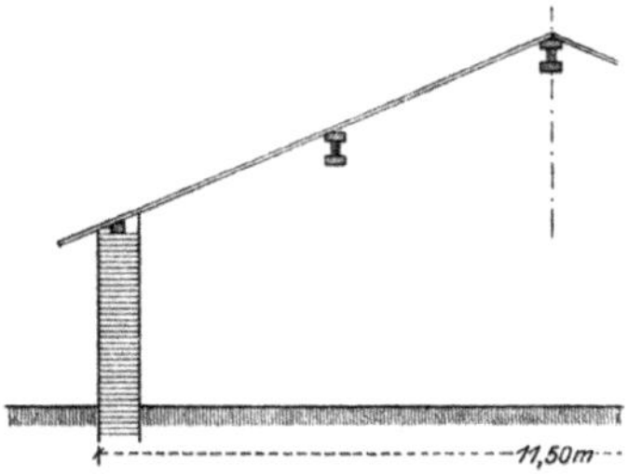

Abb. 2. Gebäudequerschnitt. Dach mit Trägerrähmen nach Bauweise Kaper.

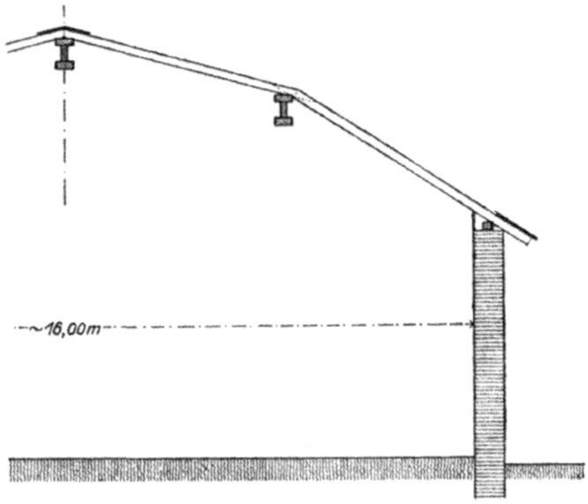

Abb. 3. Gebäudequerschnitt. Dachwerk mit Trägerrähmen.

ergibt sich auch, daß Überspannungen am Beginn der Spreizung namentlich dann nicht auftreten können, wenn bei der Ausführung das Holz an genannter Stelle genäßt wird.

Die Aufnahme der Scherkräfte zwischen den inneren Gurt- und Stegflächen erfolgt durch eigenartige (Schnell-) Breitnageldübelung, soweit sie nicht durch die aneinandergepreßten rauhen Sägeflächen gegeben ist. Über Zusammensetzungen der Träger aus kürzeren Hölzern siehe die spätere Abb. 9.

Abb. 2 und 3 zeigen die Verwendung der Träger als Rähme mit darüberliegenden Sparren für verschiedene Dachformen.

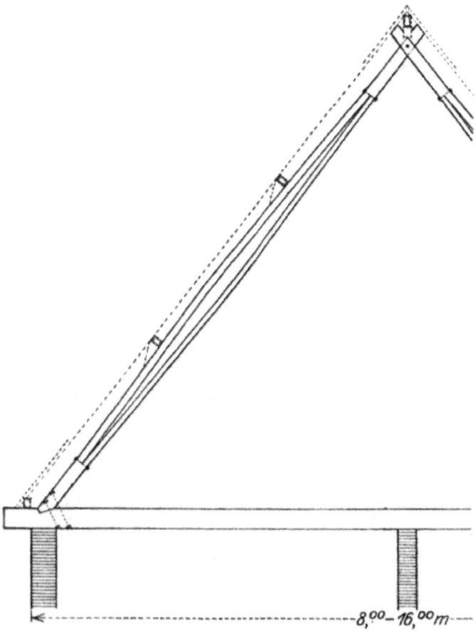

Abb. 4. Freier Dachbinder, gebildet durch zwei Träger.

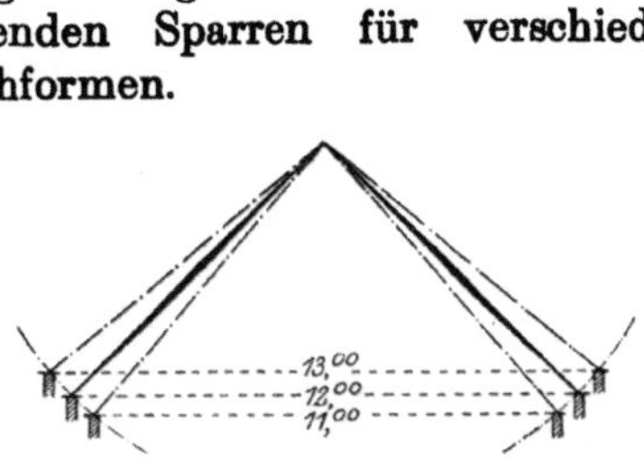

Abb. 5. Durch 2 Träger gebildete Binder (nach Abb. 4) für verschiedene Spannweiten.

Abb. 4 zeigt einen Dachbinder, der einfach durch zwei sich gegeneinander stützende Träger gebildet ist. Als besonderer Vorzug dieses völlig freien Binders

[1]) Die für diesen Aufsatz verwendeten Abbildungen sollen lediglich dazu dienen, das tatsächlich Charakteristische der Kaperschen Bauweise zu kennzeichnen. Aus diesem Grunde ist von einem genauen Eingehen auf Einzelheiten der Knotenpunkte (Anschlüsse usw.) abgesehen worden.

ist hervorzuheben, daß er unter Beibehaltung gleicher Trägerlängen mit Leichtigkeit in seiner Spannweite vergrößert oder verkleinert werden kann (vgl. Abb. 5). Die Träger für eine Dachspannweite von beispielsweise 12,00 m können hiernach ohne wesentliche Veränderung des Dachcharakters auch für geringere Spannweiten —

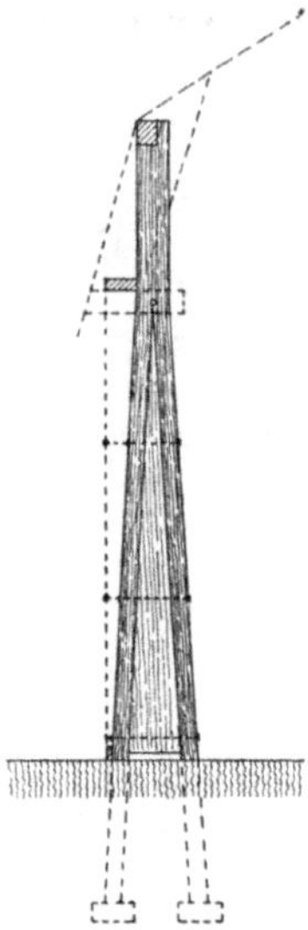

Abb. 6. Gespreizte Säule (D.R.P.) mit Betonfundament.

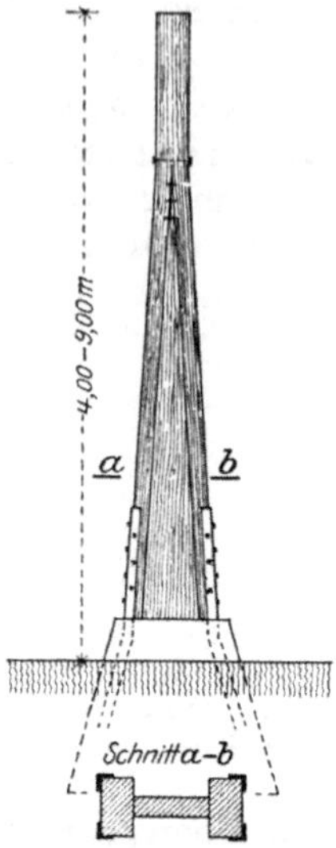

Abb. 7. Gespreizte Säule (D.R.P.) ohne besonderes Fundament.

beispielsweise von 11,00 m oder 11,50 m — oder größere Spannweiten, beispielsweise von 12,50 und 13,00 m — verwendet werden. Daß bei den Bindern Aufschnürungen auf einem besonderen Bretterboden — nach Art der Aufschnürungen für die zusammengezimmerten Binder — nicht erforderlich sind, bedeutet eine weitere Vereinfachung bei der praktischen Herstellung: es kann nach Schmiegen, Schablonen gearbeitet bzw. es können Träger in Normallängen für typische Dachspannweiten auf Lager, für den Versand, fertig zum Abruf, hergestellt werden. Für die statischen Berechnungen und Konstruktionszeichnungen ergeben sich insofern Vereinfachungen, als nach gewissen Normalberechnungen — Tabellen und Normalzeichnungen — die Bemessungen für die verschiedenen Fälle der Bauausführungen gegeben werden können.

Abb. 8. Binder mit gespreizten Säulen.

Ebenfalls charakteristisch für die neue Holzbauweise sind die patentierten gespreizten Säulen nach Abb. 6 und 7. Letztere werden ebenfalls aus Kant- oder Rundhölzern hergestellt; sie werden auch, wie die Träger, geschlitzt, wobei ebenfalls der obere Teil des Säulenholzes unaufgeschlitzt bleibt und gegen Reißen entsprechend gesichert, sodann gespreizt und mit stegartigem Holz oder dergl. innerhalb der Schlitzung fest ausgefüllt wird. Die Säulen besitzen — nach unten zu —

I-förmigen Querschnitt, wie aus der Querschnittszeichnung unten links am Säulenfuß, Abb. 8, zu ersehen ist. Die Säulen sind gemäß den Beanspruchungen geformt und werden unten am Säulenfuß völlig standsicher eingespannt. Angewendet werden verschiedene einfachere Einspannungsmethoden. Für gewisse Bindertypen sind auch die Säulen mit der Spreizung nach oben gestellt.

Anwendungen dieser gespreizten Säulen zeigen die nachstehenden Binder. Wie ersichtlich, sind bei Anwendung der Säulen besondere raumstörende Verstrebungen der Bauwerke überflüssig. Man vergleiche z. B. Abb. 8.

Der Binder der Abb. 9 zeigt, wie der Rahmenbinder aus vier gleichen, gespreizten Rundholzträgerteilen (bzw. Säulen) in billiger Weise zusammengesetzt wird. Man beachte, wie die Bohle (über dem Binder) sparsam für die Träger und

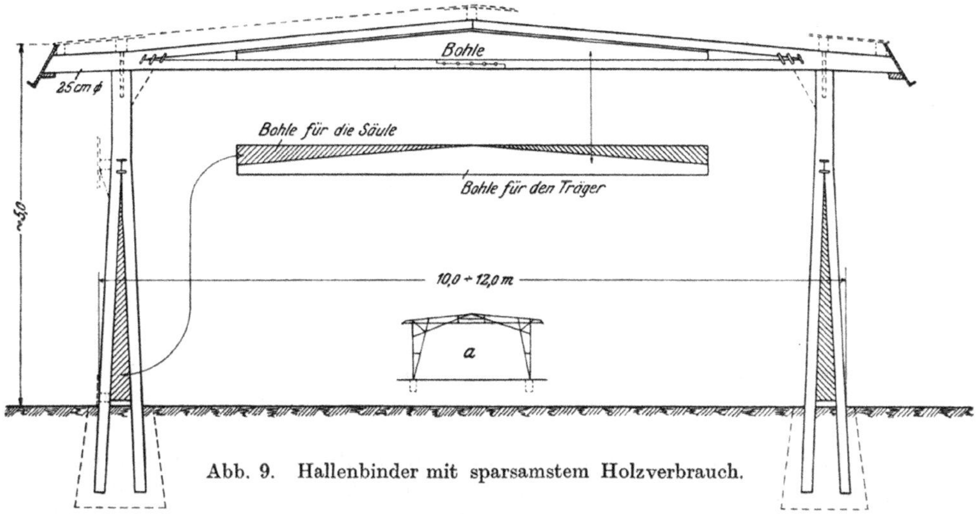

Abb. 9. Hallenbinder mit sparsamstem Holzverbrauch.

die Säulen in drei entsprechende Stegteile zerlegt wird. Der zum Vergleich herangezogene übliche Binder (Abb. 9a) zeigt in seinen vielen Knotenpunkten den beträchtlichen Mehraufwand an Holz.

Der Binder in Abb. 10 für 20,0 m Spannweite hat gleiche Träger wie Binder Abb. 4; sie ruhen auf einem weittragenden Firstträger auf.

Es ist zweckmäßig, noch darauf hinzuweisen, daß die vorstehend beschriebenen Träger nach dem Wortlaut der Patentschrift folgende Merkmale haben:

1. Die statische Berechnung des Trägers kann in einwandfreier Weise durchgeführt werden.

2. Die Scherkräfte können über den ganzen Träger, d. h. an jeder Querschnittsstelle aufgenommen werden, weil die inneren Sägeflächen der Gurte und die anliegenden Flächen der Ausfüllung sich scharf und unverschieblich aneinanderlegen.

3. Deshalb kann auch die Spreizung bis an das Auflager herangerückt werden.

4. Der Querschnitt ist an allen Stellen als voll oder in sich geschlossen anzusehen, so daß das Widerstandsmoment überall voll ausgenutzt werden kann.

5. Einzellasten können an beliebiger Stelle übertragen werden.

In gleicher Weise wirkt auch das Spreizen von Stützen günstig in statisch-konstruktivem und wirtschaftlichem Sinne, da durch die Spreizung das Widerstandsmoment des Querschnittes innerhalb der Spreizzone sehr erheblich vergrößert und der Anschluß der Säule an seinen Fundamentkörper erleichert wird, besonders dann, wenn zwischen die gespreizten Teile der Stütze obere Teile des Fundamentkörpers sich keilförmig schieben, wodurch zugleich eine Einspannung der Stütze erzielt wird. Alsdann können auch die bei Hallenbauten oft lästigen, den Raum beengenden und die Arbeitsvorrichtungen hindernden seitlichen Streben in Fortfall kommen. Je nach der Biegungsbeanspruchung bzw.

der Höhe der Säule kann eine geringere oder größere Spreizung vorgenommen werden, wobei eine gute wirtschaftliche Ausnutzung des Holzes in jedem Falle gewahrt wird, da nach oben zu, wo die Biegungsmomente immer geringer werden, das Holz ungespreizt und die Säule dünn bleiben kann.

Die Einfachheit und Einheitlichkeit der Konstruktionen zeigt sich nicht nur bei der Herstellung der Träger und Säulen selbst, sondern auch bei der Zusammensetzung der einzelnen Träger und Säulen zu größeren Konstruktionen, z. B. Dreigelenkbögen usw. So zeigt Abb. 11 die geschlitzten halben Träger für einen Binder in flacher, angenehm wirkender Mansarddachform für Bauwerke mit bedeutenderer Spannweite. Die vier Binderteile der biegungsfesten Gelenkbogenträger sind gleich-

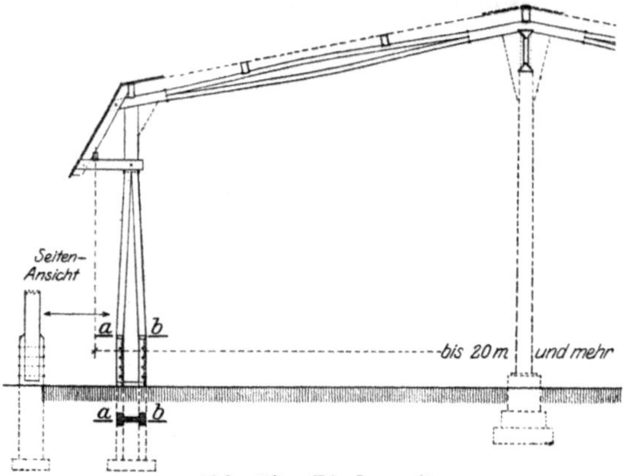

Abb. 10. Binder mit Firstträger.

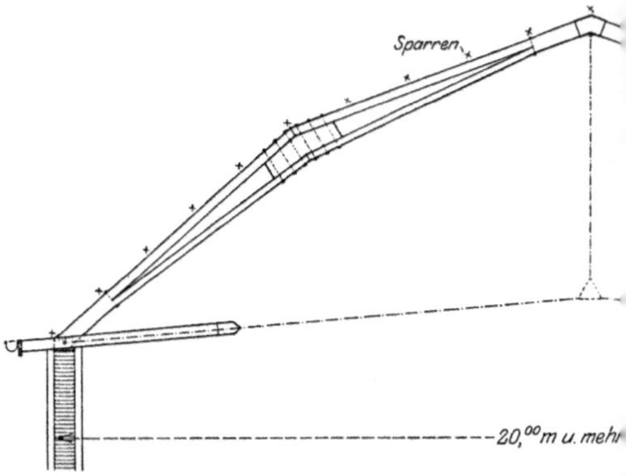

Abb. 11. Binder mit geschlitzten halben Trägern. (Aus 4 gleichen Binderteilen zusammengesetzt.)

mäßig in ihren Abmessungen und in ihrer Herstellungsweise; sie werden durch das eiserne oder hölzerne Zugband an den Binderfüßen mit Aufhängestangen zur Aufnahme des Horizontalschubes zusammengehalten. — Abb. 12 zeigt noch den Binder einer dreischiffigen Halle, bei welcher der Binder in Abb. 11 Anwendung

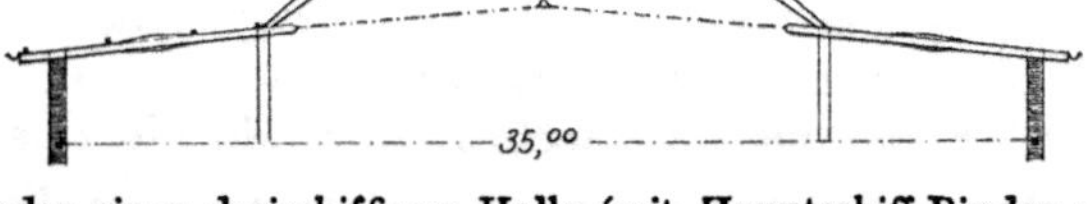

Abb. 12. Binder einer dreischiffigen Halle (mit Hauptschiff-Binder nach Abb. 11).

gefunden hat und die Binderträger der Seitenschiffe Zangen mit dazwischenliegenden Spreizträgern bilden.

Zum Schluß sei noch darauf hingewiesen, daß sich mit den Trägern und Säulen sehr verschiedenartige Dachformen und architektonisch wertvolle Gebäudegestaltungen in vereinfachter Weise, ohne besondere Auffütterungen, ausführen lassen. Man vgl. z. B. den in Abb. 13 angedeuteten Zentralbau mit Kronenbindern. Daß Vollträger und Vollsäulen im allgemeinen einen höheren architektonischen Wert haben, als z. B. Gliederträger, wurde mit Recht gelegentlich anderer Vorträge der Holzwoche betont.

Die Kostenersparnisse der bis jetzt erläuterten Konstruktionen haben ihre Begründung: 1. im geringeren Holzverbrauch; 2. in vereinfachten Arbeitsvorgängen; 3. in Ersparnissen an Umfassungswänden, bedingt durch Ersparnisse an Konstruktionshöhe der Träger; 4. in geringeren Kosten für den Transport, da die Holzkonstruktionen verhältnismäßig wenig Holz erfordern; 5. in der besseren Möglichkeit einer Normalisierung der Zeichnungen und Berechnungen.

Neuere Träger und Säulen (System Westermayer-Kaper), bei welchen das Holz in besonders sparsamer Weise ausgenutzt wird, sind noch in der nachstehenden Abbildung gegeben. Nach dieser Abbildung wird ein Balken durch einen Diagonalschnitt *s* in zwei Dreikanthölzer getrennt. Diese Dreikanthölzer werden als Gurte verwendet, wie die Abbildung der Trägerzeichnung zeigt. Zwischen den Dreikantgurten ist eine Hochkantbohle oder ein Brett mittels Keilspundung eingefügt.

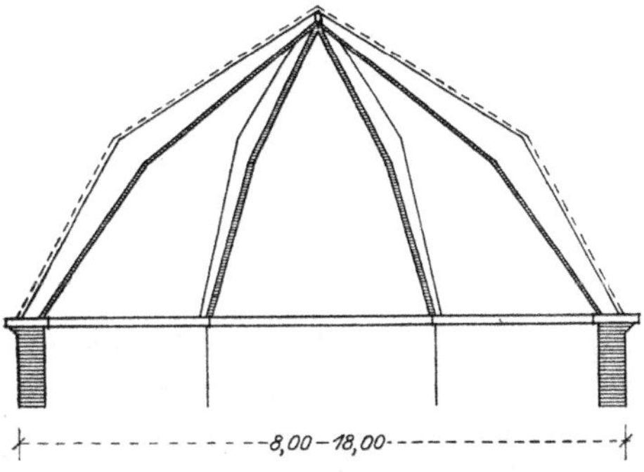

Abb. 13. Zentralbaukuppel mit Kronenbindern.

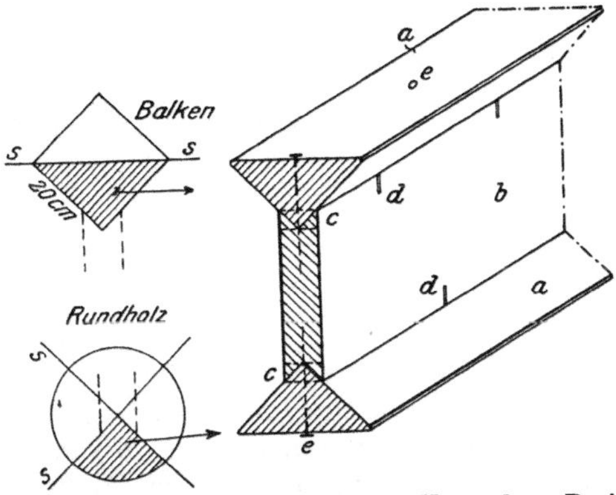

Abb. 14. Bauweise Westermayer-Kaper [*a* = Dreikantgurte, *b* = Stegbohle, *c* = Keilspundung, *d* = hochkantige Bandeisendübel, *e* = Schlüsselschraube].

In die Keilspundung sind quer hochkantige Eisenblechdübel (aus Bandeisen geschnitten) eingesetzt. Außerdem werden für die Verbindung der Gurte mit der Stegbohle Verschraubungen mit Schlüsselschrauben u. dgl. vorgenommen. Ein besonderer Vorteil dieser Träger ist es, daß die Ansammlung größerer Querschnittsmassen in den äußeren Querschnittsteilen gegeben ist. Auch Rundhölzer werden, wie die Abb. 14 ebenfalls zeigt, vorteilhaft für die Gurte ausgenutzt.

Statt der Stegbohle werden auch Gliederwerke aus Eisen zwischen Ober- und Untergurt eingefügt. An den Enden, wo die größten Scherbeanspruchungen auftreten, werden auch Zackenbleche, die fest in die Gurte als Stegbleche eingreifen, angewendet.

XVI. Die Verwendung der Dachpappe und ihre volkswirtschaftliche Bedeutung.

Von

Dr. Lewe, Geschäftsführer des Verbandes Deutscher Dachpappenfabrikanten.

Wenn über die Verwendung der Dachpappe und ihre volkswirtschaftliche Bedeutung im Rahmen einer Vortragsfolge über Holzbauweisen gesprochen werden soll, so scheint es zunächst an der inneren Beziehung hierzu zu fehlen; und doch sind die Beziehungen zwischen Dachpappe und Holzbauweise sehr zahlreich vorhanden und, man kann wohl sagen, recht eng. Holz und Dachpappe gehören als Baustoffe beinahe unzertrennlich zusammen. Der eine muß die notwendige Ergänzung des anderen bilden. Zunächst bezieht sich das schon auf die verbreitetste Anwendung der Dachpappe, die aus ihren Namen hervorgeht, als Dachdeckungsmittel.

Mit dem Begriff der Dachpappe als Dachdeckungsstoff ist der Begriff des flachen Daches fast unzertrennlich; denn die Teerdachpappe wird in erster Linie und fast ausschließlich zur Eindeckung flacher Dächer verwendet, mit geringem Neigungswinkel gegen die Horizontale. Es ist dies in der Natur der Dachpappe, in ihrer Zusammensetzung begründet. Das flache Dach ist im allgemeinen als eine besonders leichte Dachkonstruktion zu bezeichnen, die es geeignet macht, auch dort verwendet zu werden, wo andere Dachdeckungsstoffe vollständig versagen würden, z. B. beim Häuserbau in Moorgegenden, wo schwere Bauten ständig der Gefahr eines Tiefersinkens ausgesetzt sind. Das flache Dach ist deshalb beinahe als die naturgemäße Krönung des gleichfalls im Verhältnis zur massiven Bauweise leichten Holzbaues zu bezeichnen. Hinzu kommt, daß das flache Pappdach eine Holzkonstruktion als Unterlage voraussetzt, eine Eigenschaft, die es freilich auch mit anderen Eindeckungsarten teilt, jedoch mit dem Unterschied, daß durch das flache Pappdach erheblich weniger an Holz gebraucht wird, als durch jene anderen Eindeckungsarten. Diese sich z. T. durch die flache Neigung erklärende Ersparnis ist so beträchtlich, daß das Mehr an verbrauchtem Holz bei dem steilen Ziegeldach sich gegenüber dem Pappdach bis auf 75 % beläuft.

Die Unterhaltungskosten des flachen Daches sind außerdem verhältnismäßig gering. Dazu hat das flache Pappdach den Vorzug, daß zu seiner Unterhaltung nicht unbedingt gelernte Arbeiter erforderlich sind, während dies bei dem Ziegeldach im allgemeinen der Fall ist. Besonders auf dem Lande spielt dieser Umstand eine nicht zu unterschätzende Rolle, wo bei der Auswahl billiger Dachdeckungsstoffe noch hinzukommt, daß die Dachpappe gegenüber anderen Dachdeckungsmaterialien den großen Vorzug einer stärkeren Feuersicherheit besitzt.

Früher ist das flache Dach vielfach als in ästhetischer Beziehung nicht befriedigend und nicht der Eigenart des deutschen Landschaftsbildes entsprechend bekämpft worden. Heute sind diese Stimmen doch mehr und mehr verstummt. Man hat nicht nur eingesehen, daß in erster Linie heute wirtschaftliche Gesichtspunkte berücksichtigt sein wollen, sondern die Erkenntnis hat sich wohl auch mehr und mehr Bahn gebrochen, daß weder das hohe noch das flache Dach an sich schön oder häßlich ist, sondern daß es auf die gesamte Architektur des Gebäudes ankommt, die auch mit der Dachform in harmonischem Einklang stehen muß. Es ist heute mehrfach schon offen ausgesprochen worden, daß auch das flache Pappdach von Künstlerhänden durchaus in völlig befriedigender Weise gemeistert werden kann.

Ebenso wie von oben muß die Dachpappe auch von unten dem Hause, insbesondere dem Holzhause, Schutz gewähren, und zwar gegen sonst eindringende Bodenfeuchtigkeit, das Grundwasser. Mit der Dachpappe können hiergegen vollkommene Abdichtungen erzielt werden. Aus diesem Grunde ist die Verwendung der Dachpappe als Dichtungsmittel gegen Grundwasser schon recht verbreitet geworden.

Aber auch an den Seiten gewährt die Dachpappe dem Holzbau Schutz gegen die Nässe. Gleichzeitig dient sie als vorzügliches Isoliermittel und Wärmeschutzmittel. Die Verwendung der Dachpappe erfolgt hierbei vielfach in der Weise, daß zwischen zwei Holzwänden eine Dachpappenlage, zum Teil gefaltet, angebracht wird. Die Bedeutung der Dachpappe als Wärmeschutzmittel dürfte heute allgemein anerkannt werden, und gerade bei den heutigen Sparbauweisen wird diese Verwendung der Dachpappe eine hervorragende Rolle spielen, abgesehen von der schon seit langem bekannten Verwendung sogenannter Falzbaupappen in Form von Falzbautafeln.

Die Beziehung der Dachpappe zu den oben erwähnten Sparbauweisen ist ohne weiteres dadurch gegeben, daß die Dachpappe sowohl in volkswirtschaftlicher wie privatwirtschaftlicher Hinsicht als ein vorzüglicher sparsamer Baustoff anzusprechen ist.

Es ist schon gesagt worden, daß das flache Dach eine Ersparnis an Holz begünstigt, gleichzeitig aber auch eine Ersparnis an Steinen, indem das Giebel- und Sparrenwerk des steilen Daches in Fortfall kommt. Die so erzielten Ersparnisse sind recht erheblich. Weiterhin aber ist mit dem flachen Dach der Vorzug gerader, nicht abgeschrägter Räume in den oberen Stockwerken verbunden und ferner der, daß jederzeit leichter ein neues Stockwerk aufgesetzt werden kann. Gerade dieser Umstand verdient heute besondere Berücksichtigung, da jetzt vielfach Häuser einstöckig gebaut werden müssen, und man wegen der großen Wohnungsnot dazu übergehen muß, auch Bodenräume zu Wohnungszwecken einzurichten.

Schon vor dem Kriege war die Dachpappe im Verhältnis zu anderen Baustoffen sehr billig. Dieses Verhältnis hat sich während des Krieges noch mehr zugunsten der Dachpappe verschoben. Ein einfaches Doppelpappdach mit Schalung stellte sich im Frieden auf 4,30 M., ein zweilagiges Klebedach mit Kiesschicht und Schalung auf 3,75 M., dagegen ein Falzziegeldach mit Lattung auf 5,75 M., und ein Biberschwanzdoppeldach mit Lattung auf 6,80 M. für den Quadratmeter. Charakteristisch ist nun die Preissteigerung, welche diese einzelnen Dachdeckungsarten durch den Krieg erfahren haben. Dies dürfte als Ausgangspunkt auf den verschieden großen Verbrauch an Kohlen und auf den eingetretenen Mangel an Rohstoffen und, daraus folgend, auf die ungeheuerliche Preissteigerung aller Rohstoffe und auch der Löhne bei den einzelnen Baustoffen zurückzuführen sein. Zur Herstellung der Ziegel werden ganz enorme Kohlenmengen benötigt, während die Dachpappe durch ihre Herstellung ein kohlesparender Baustoff ist. Mit der fortschreitenden Steigerung der Kohlenpreise mußte sich dies auch in den Preisen für die verschiedenen Dachdeckungsmaterialien ausdrücken. Während gegenüber dem Friedensstande die Preissteigerung bei dem Biberschwanzdoppeldach nahezu 250 %, bei dem Falzziegeldach sogar beinahe 300 % beträgt, ist bei dem Doppelpappdach mit Schalung eine Preissteigerung gegenüber dem Friedensstande von nicht ganz 100 %, bei dem zweilagigen Klebedach mit Kiesschicht und Schalung nicht ganz 150 % zu verzeichnen[1]).

Hierbei ist zu berücksichtigen, daß diese Preise einschließlich Unterhaltungskosten auf die Dauer von 30 Jahren berechnet sind.

Die Frage liegt nahe, warum die Dachpappe im Gegensatz zu den anderen Baustoffen so billig bleiben konnte. Die Erklärung liegt darin, daß zu der Herstellung von Dachpappe heimische Roh- und Abfallprodukte benötigt werden. Die Grundstoffe der Dachpappe sind die Rohdachpappe und der bei der Teerverarbeitung gewonnene Tränkungsstoff. Die Rohdachpappe setzt sich erstlich zusammen aus Lumpen und Altpapier. Der Tränkungsstoff wird aus dem Teer gewonnen, der als Nebenprodukt bei der Verarbeitung der Kohle zu Koks und Gas, zwei hochwertigen Heizstoffen, entsteht. Auch dem Teer werden noch weitere wichtige Stoffe, insbesondere für Betriebs- und Heizzwecke, wie Benzol, Heiz- und Treiböl, entzogen. Die Destillation des Teeres kann soweit gehen, daß nur noch Pech zurückbleibt, dessen Hauptverbraucher neben der Brikettindustrie die Dachpappen-Industrie ist. Das Pech wird mit anderen Produkten der Teerdestillation bzw. mit dem bis zu einem gewissen Grade abdestillierten Teer vermengt zur Tränkung der Rohdachpappe zu Dachpappe verwendet. Hierbei ist es im Interesse der Verbilligung des Fertigfabrikates und der gerade heute besonders wichtigen Kohlenersparnis bemerkenswert, daß die Dachpappenfabrikation vielfach im Zusammenhang mit der Teerdestillation betrieben wird, so daß es möglich ist, die heiße Destillationsmasse ohne vorherige Erwärmung zur Imprägnierung der Dachpappe zu verwenden und die sonst noch nötige Wärme durch Abdämpfe der Teerdestillation zu erhalten. Bei dem Preise der Dachpappe spielt das natürlich eine große Rolle. Gleichzeitig ist dies von großer volkswirtschaftlicher Bedeutung, indem nicht nur heimische Roh- und Abfallstoffe durch die Dachpappenfabrikation aufs höchste ausgenutzt werden, sondern auch der Verbrauch an Kohle nur sehr gering ist. Auch in dieser Beziehung steht die Dachpappe gegenüber den anderen Baustoffen sehr günstig da.

Alle diese Gründe sind bestimmend für die Billigkeit der Dachpappe und ihre Eigenschaft als sparsamer Baustoff. Sie haben auch den Reichskommissar für das Wohnungswesen zu der nachstehend wiedergegebenen Stellungnahme gegenüber der Dachpappe veranlaßt:

„Die Isolier- und Dachpappe ist zur Herstellung hygienisch einwandfreier Wohnungen für den Kleinhausbau unentbehrlich, weil sie die aufsteigende und die seitlich eindringende Feuchtigkeit in die Häuser verhindert. Auch bei Anordnung sparsamer Bauweisen wird sie als Wärmeschutzmittel gegen eindringende Nässe und zur Vermeidung starker Wärmeverluste dringend gebraucht. Dazu ist die Dachpappe das willkommenste Dacheindeckungsmaterial bei Ausführung raumersparender, flacher Dächer."

---

[1]) Diese Angaben beziehen sich auf den Herbst 1919.

Anhang.

Im folgenden sollen noch einige Ausführungen bemerkenswerter Holzbauten zur Besprechung gelangen, die — gleichsam als Ergänzung des bisher Vorgetra-

Abb. 1. Kunstindustriehalle auf der Dresdener Kunstgewerbeausstellung 1906.

genen — in bester Weise geeignet sind, mit Zeugnis abzulegen von dem hohen Stande unserer modernen, ingenieurmäßig betriebenen Holzbautechnik.

Abb. 1 bietet zunächst eine Innenaufnahme der Kunstindustriehalle auf der III. Deutschen Kunstgewerbeausstellung, Dresden 1906 (Ausführung: Baumeister Ernst Noack, Dresden). Die parabolischen Bögen — aus rauhen Pfosten und Brettern hergestellt — haben rd. 16 m Stützweite und sind in ihrer konstruktiven Ausbildung eine Vereinigung von Gitterträgern Emyscher und de l'Ormescher Bauweise. Die Kämpfer der Bögen liegen 4,40 m über dem Fußboden der Halle. Das Dach hat die Form einer steilen Mansarde, deren Unterdachflächen

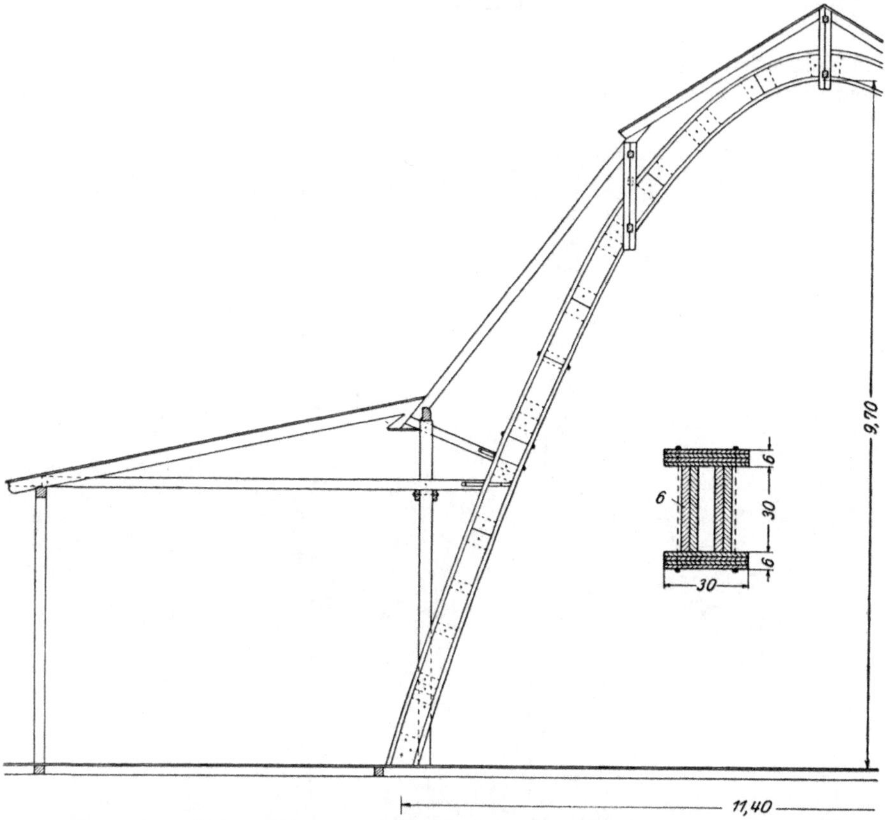

Abb. 2. Kunstindustriehallen auf der Dresdener Kunstgewerbeausstellung 1906, nordwestlicher Anbau.

verglast sind. Die Halle gelangte während des Winters zur Ausführung und blieb dann noch zwei Jahre stehen. Formänderungen oder merkliche Senkungen sind nicht wahrnehmbar gewesen[1]).

Einen Schnitt durch den nordwestlichen Anbau jener Kunstindustriehalle zeigt die nächste Abbildung 2. Die parabolischen Spitzbögen haben 11,40 m Spannweite und 9,70 m lichte Pfeilhöhe, bei nur 42 cm Querschnittshöhe.

Abb. 3 veranschaulicht den Querschnitt der Hallen auf der Hygieneausstellung Dresden, 1911 (Ausführung Baumeister Ernst Noack, Dresden). Die Hallen für den Vortragssaal (i. d. Mitte) und den Bäderraum (links) wurden nach

[1]) Vgl. auch Böhm, Handbuch der Holzkonstruktionen 1911, S. 525 (Verlag von Julius Springer, Berlin).

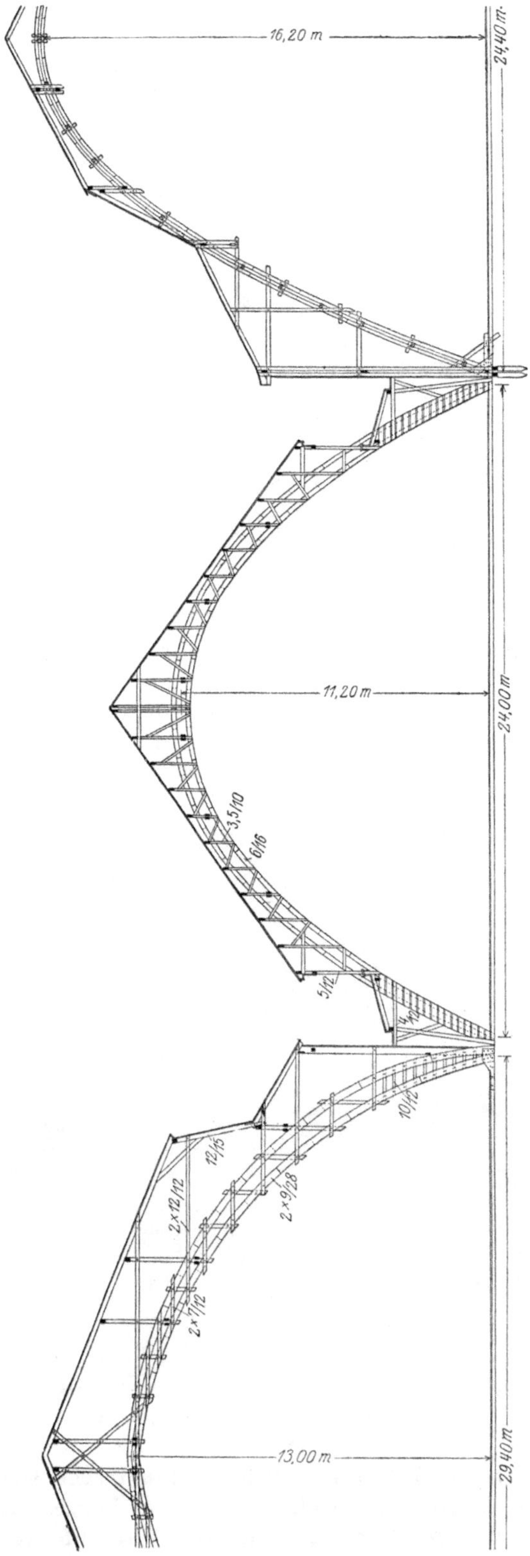

Abb. 3. Hallen der Hygiene-Ausstellung Dresden 1911.

Beendigung der Ausstellung sorgfältig abgebrochen und gelangten 1912 zur Wiederaufstellung. Die Repräsentationshalle (rechts) fand als Halle für Lagerzwecke Wiederverwendung. Vgl. auch Architekton. Rundschau 1911, Heft 8.

Abb. 4. Festhalle vom XII. Deutschen Bundesschießen in Dresden, 1900. Ansicht der im Bau befindlichen Halle.

Ab. 4 zeigt eine Bauaufnahme der Festhalle vom XIII. Deutschen Bundesschießen in Dresden, 1900 (Ausführung: Baumeister Ernst Noack, Dresden).

Abb. 5. Modell des Binders der Abb. 6.

Die Halle erforderte bei rd. 7900 qm bebauter Grundfläche 1350 cbm Kantholz, also etwa 0,17 cbm f. d. qm. Die Halle hat 115 m Länge, bei 50,2 m Spannweite der Binder. Jeder einzelne Holzquerschnitt ist aus Pfosten- bzw. Brettquer-

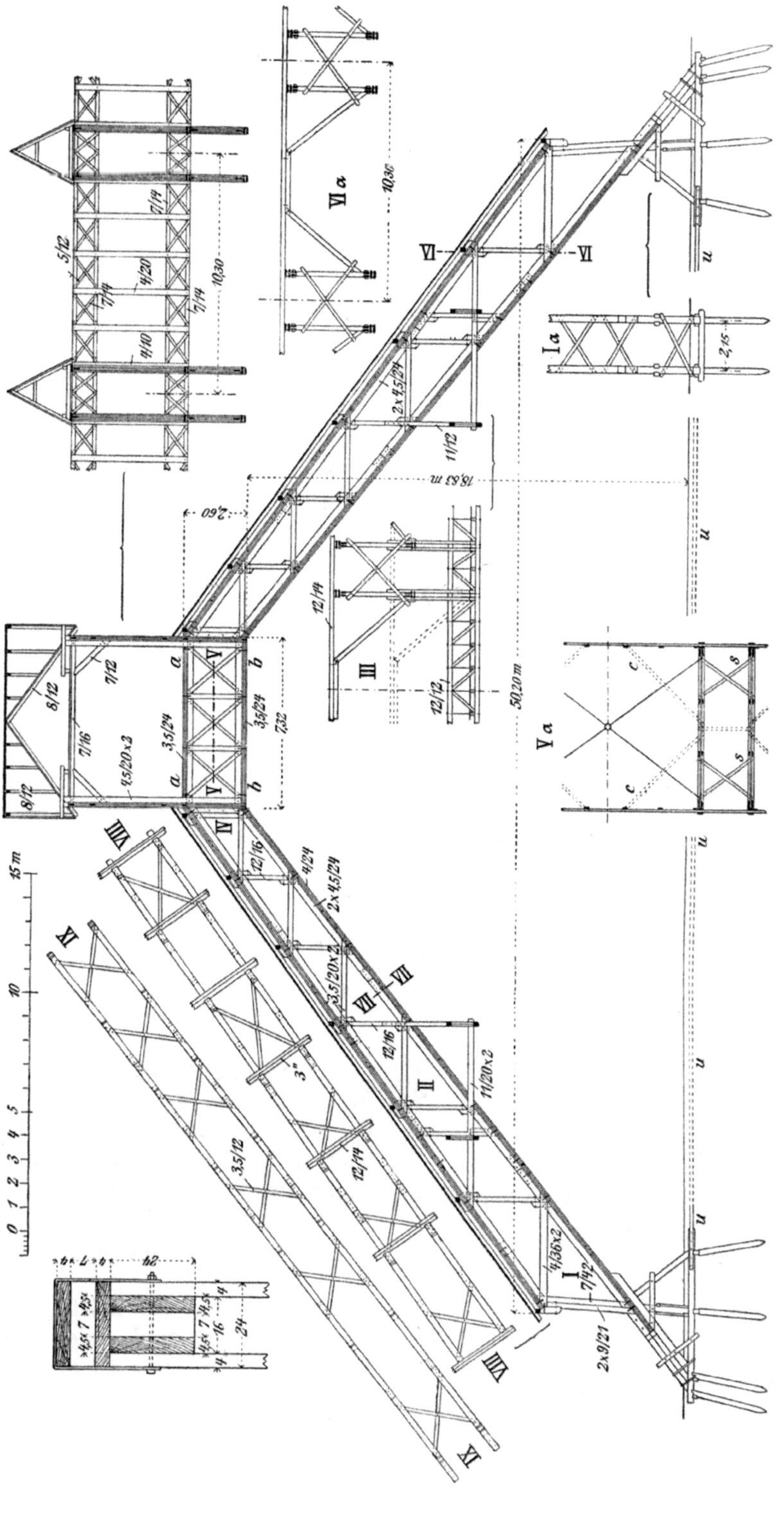

Abb. 6. Einzelheiten zu der in den Abb. 4 und 5 gezeigten Festhalle in Dresden.

schnitten zusammengesetzt (vgl. Abb. 6). Die einzelnen Binderpaare zeigen 10,30 m Entfernung voneinander. Die Fußpunkte sind unter sich durch eine hölzerne Zugstange verbunden. In halber Höhe der Halle zieht sich an beiden Längsseiten eine Galeriekonstruktion hin (Fahnengalerie), die sich der Binderkonstruktion organisch einfügt und im Modellbild Abb. 5 gut zu erkennen ist. Die Längswände des Laternenaufbaues sind verglast. Näheres vgl. **Böhm**, Handbuch der Holzstruktionen, S. 517 und 695.

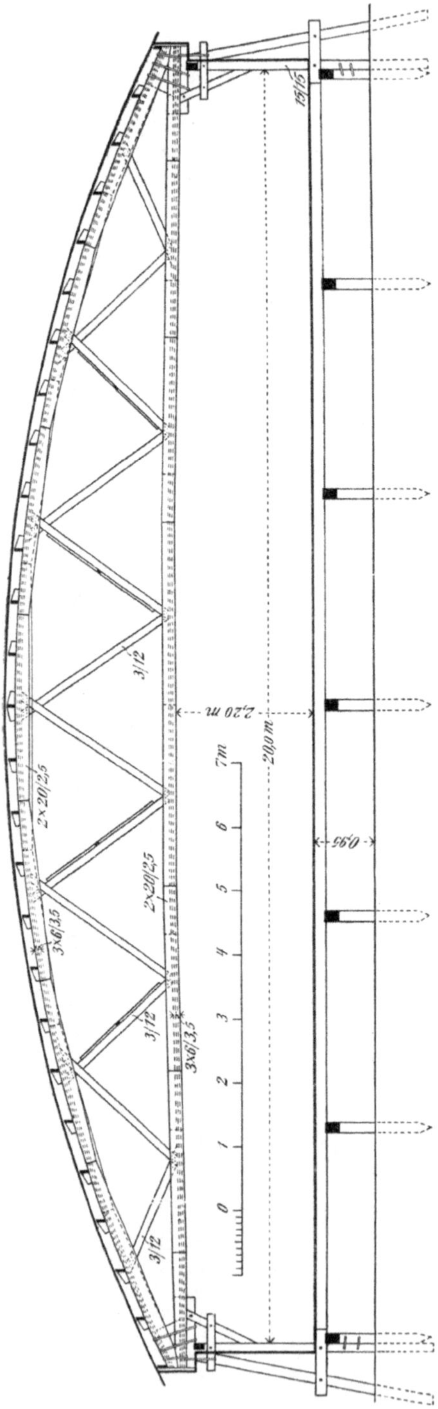

Abb. 7. Arbeitshalle für den Bau der 5. Elbebrücke in Dresden.

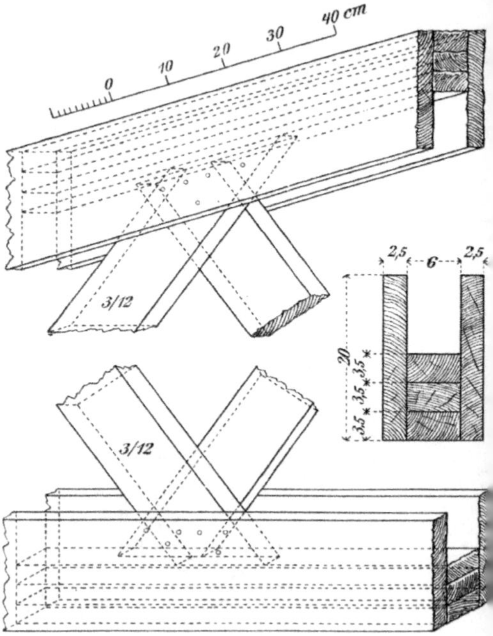

Abb. 8. Einzelheiten zum Binder der in Abb. 7 dargestellten Arbeitshalle.

Als letztes Beispiel Noackscher Ausführungen sei die in Abb. 7 veranschaulichte **Überdachung eines Arbeitsbodens** für die beim Bau der 5. Elbbrücke in Dresden tätigen Steinmetzen angeführt. Die Gurtung des Sichelträgers besteht aus Brettern nach vereinigter de l'Ormescher und Emyscher Art.

Abb. 8 zeigt einen Schnitt durch die untere Gurtung und eine isometrische Darstellung der Befestigung der Gitterstäbe zwischen den senkrecht stehenden, nur 2,5 cm starken Bogenbrettern. Vgl. auch **Böhm**, Handbuch der Holzkonstruktionen, 1911, S. 378.

Auf die Tatsache, daß die neuzeitlichen Holzbauten namentlich auch für Salzlagerhallen in Frage kommen, ist in dem Buche schon mehrfach hingewiesen worden. Abb. 9 veranschaulicht die Binderausführung eines Rohsalzschuppens für die staatliche Bergwerksdirektion in Leopoldshall. Der Binderabstand beträgt 4,86 m, die Gesamtlänge der Halle 73,0 m. Entwurf und Ausführung: Friedrich W. Lohmüller in Güsten, Anhalt.

Lehrreich erscheint die Gegenüberstellung der beiden Abbildungen 10 und 11. Für einen Holzlagerschuppen in Holm bei Danzig lagen dem Bauherrn zwei

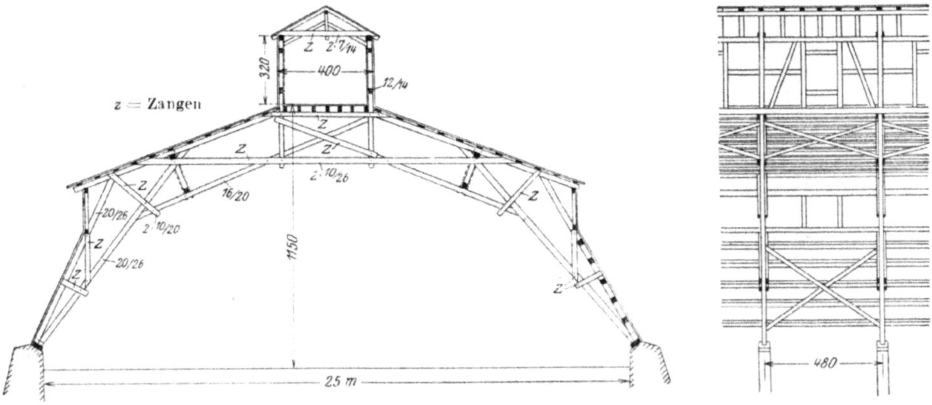

Abb. 9. Rohsalzschuppen in Leopoldshall.

Entwürfe vor, eine Ausführung mit 2 Mittelstützen nach Abb. 10 und eine Ausführung ohne Mittelstütze. Die beiden Kostenanschläge ergaben eine nur geringe Erhöhung der Baukosten bei Verwendung freitragender Fachwerksbinder, etwa 4% der gesamten Bausumme. Bestimmend für die Ausführung der freitragenden Binder war jedenfalls die ungeteilte Ausnutzungsmöglichkeit des überdeckten

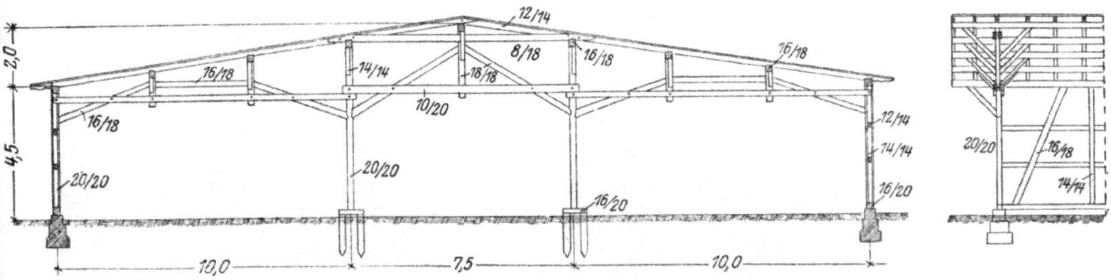

Abb. 10. Vorentwurf für die in Abb. 11 dargestellte Halle.

Raumes. Die Spannweite der Binder beträgt 27,0 m. Zur Verwendung gelangte astfreies Kiefernholz. Höchstspannungen $\sigma_{zul} = 120$ kg/qcm bei Biegung und Zug, 80 kg/qcm bei Druck, 15 kg/qcm bei Abscheren parallel zur Faser und 70 kg/qcm bei Abscheren rechtwinklig zur Faser. — Entwurf und Ausführung: Fritz Hackbarth & Co., G. m. b. H., Berlin W 9.

In Ergänzung der auf S. 90 gegebenen Ausführungen soll in der folgenden Abb. 12 ein von der Firma „Holzbau-SystemMeltzer“ erbauter Hochspannungsmast von 17 m Höhe veranschaulicht werden.

Die Schweiz steht der neuzeitlichen Holzbauweise besonders wohlwollend gegenüber. Bereits auf S. IV ist darauf hingewiesen worden, daß schon vor dem Kriege die Generaldirektion der schweizerischen Bundesbahnen durch Runderlaß

Abb. 11. Holzlagerschuppen in Holm bei Danzig.

Abb. 12. Hochspannungsmast nach Bauweise Meltzer.

eine häufigere Verwendung des Holzbaues bei den verschiedenen Bahnsteig- und Hallendächern empfahl. Insbesondere haben die Hetzerschen Ausführungen in der Schweiz — im Hoch- und Brückenbau — eine große Verbreitung gefunden, dank der Umsicht und Tatkraft der ersten Patentinhaber, der Ingenieure Terner und Chopard in Zürich. Sie haben in richtiger Erkenntnis der dem Hetzerschen System innewohnenden Vorzüge die Verwertung desselben von Anfang an auf streng wissenschaftliche Basis gestellt und, wie die Abb. 13 bis 26 zeigen, in jeder

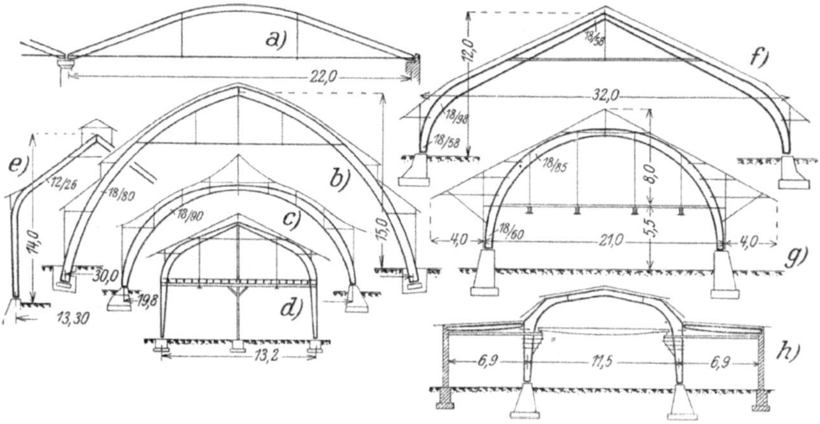

Abb. 13. Hallen in Hetzer-Bauweise (Ing. Terner und Chopard, Zürich):

Beziehung Mustergültiges geschaffen. Die weiteren Bauausführungen in der Schweiz hat die dem genannten Ingenieurbüro nahestehende „Schweiz. A.-G. für Hetzersche Holzbauweisen Zürich" übernommen. Im folgenden sollen einige der in den

Abb. 14. Werkhalle in Arbon am Bodensee.

letzten Jahren in der Schweiz ausgeführten Holzbauweisen, durchweg nach Entwürfen von Terner und Chopard, anhand von Bildern und schematischen Zeichnungen kurz beschrieben werden.

Abb. 13 zeigt zunächst die Formgebung einiger Hochbauten. Vielfach wurden Flachbögen mit Zugstangen nach Maßgabe der Darstellung *a* ausgeführt (vgl. auch

Abb. 5 und 6 auf Seite 71). *b* zeigt die Binderform für eine im Jahre 1911 errichtete Sängerfesthalle in Küssnacht bei Zürich. Die Dreigelenk-Bogenbinder hatten 30 m Spannweite und waren, durch Einlagen eines verschobenen Zugbandes einfach statisch unbestimmt. Die Binder wurden in je 5 m Abstand mittels eines fahrbaren Gerüstes aufgestellt. — Auch die Binder der Reithalle in St. Moritz (Abb. 13c) sind Dreigelenkbogen; sie haben eine Spannweite von rd. 20 m. Die Dachsparren sind wellig gebogen und tragen eine mit Dachleinwand überspannte Holzschalung. — In Abb. 13d ist ein über bestehenden Fundamenten errichteter Holzlagerschuppen mit Ziegeleindeckung dargestellt, der eine Zwischendecke für 1200 kg/qm Belastung aufweist. — Eine Halle von bedeutender Höhenentwicklung ist durch Binderskizze *e* gekennzeichnet. Demgegenüber weist Halle *f* eine ganz bedeutende Breiten-

Abb. 15. Maschinenhalle in Olten (Schweiz).

entwicklung auf: bei 32 m Außenmaß nur 8 m freie Raumhöhe. — Die in Darstellung *g* gezeichnete Zwischendecke wurde erst später eingebaut. Binder gleicher Art zeigt auch Abb. 14 (Werkhalle der Automobilfabrik Saurer, A.-G., in Arbon.) — Bemerkenswert ist schließlich noch die Binderzeichnung *h* einer 60 m langen, dreischiffigen Halle für die Maschinenfabrik Landquart in Olten. Die Stützen der Mittelhalle mußten für einen Auflagerdruck von 12 t einer Kranbahn berechnet werden. Die vornehm-ruhige Innenwirkung dieser Halle wird durch Abb. 15 gekennzeichnet. Es steht außer Zweifel, daß gerade die vollwandigen Rahmenbinder in ästhetischer Beziehung weit mehr befriedigen können, als es die fachwerkartig gegliederten Konstruktionen tun, eine Tatsache, die schon durch die Abbildungen der Seite 73 bewiesen wurde und die außerdem noch durch die in Abb. 16 wiedergegebene Innenaufnahme des Kuppelbaues der Lebensmittelhalle auf der Landesausstellung Bern 1914 gekennzeichnet werden soll. Der Durchmesser dieses Baues betrug auf Bodenhöhe 31 m, und seine Gerüsthöhe 22 m. Die anschließenden Seitenhallen hatten 18 m Spannweite. Die Formgebung dieses Kuppelbaues ist derartig leicht-gefällig, daß man zunächst annehmen möchte, es mit einem feingegliederten Eisenbau zu tun zu haben.

Hetzersparren von 13,5 m freier Stützweite zeigt die in Abb. 17 gebotene Dachkonstruktion einer Konservenfabrik.

Abb. 16. Kuppelbau der Lebensmittelhalle auf der Landesausstellung Bern 1914.

Abb. 18 und 19 veranschaulichen die Anwendung der Hetzerschen Bauweise für den Bau von Bahnsteigüberdachungen (in Visp und Gossau). Es sei an dieser Stelle auf Abb. 16 der Seite 77 zurückverwiesen.

Neuartig erscheint die Verwendung Hetzerscher Binder für Lehrgerüstbauten, wie solche die Abb. 20 kennzeichnet. — Eine Bauaufnahme des in Abb. 20a dargestellten Lehrgerüstes zu einer steinernen Bogenbrücke bei Göschenen an der Schöllenenbahn über die Reuß ist in Abb. 23 wiedergegeben. Die Brücke wurde 1916 erbaut. — Das in Abb. 24 schematisch dargestellte Montagegerüst für ein eisernes Walzenwehr über den Fluß Arc in Savoyen mußte für eine Verkehrslast von 300 kg/qm berechnet werden. Die Eigenlast des Walzenwehres betrug 100 t.

Abb. 17. Sparrendach einer Konservenfabrik.

Im Gegensatz zu diesem Bogen mit aufgesattelter Fahrbahn stellt die bereits in Abb. 17 auf Seite 77 veranschaulichte Brücke über die Wiese bei Basel einen

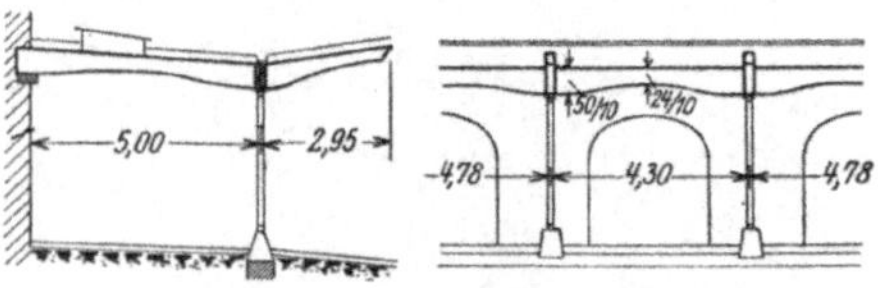

Abb. 18. Bahnsteigüberdachung in Visp.

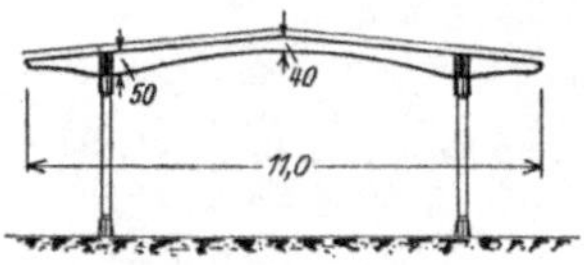

Abb. 19. Bahnsteigüberdachung in Gossau.

parabolischen Zweigelenkbogen mit aufgehobenem Horizontalschub und angehängter Fahrbahn dar. Die Stützweiten beider Brücken sind nach Ausweis der Abb. 22

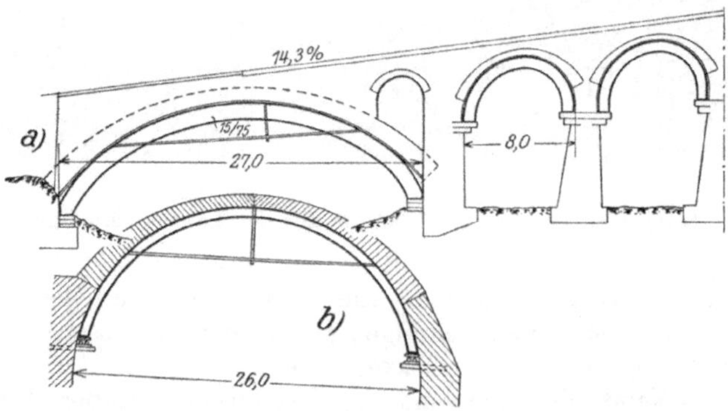

Abb. 20. Lehrgerüstbauten mit Hetzerschen Bindern.

und 23 dieselben: 33 m. Zu der Wiesebrücke sei noch ergänzend bemerkt, daß die imprägnierten und zweimal mit Karbolineum gestrichenen Gurtungen einen oberen Abschluß aus galvanisiertem Eisenblech erhielten. Die Brücke wurde 1910 erbaut und hatte ohne die Widerlager 6200 Fr. gekostet, annähernd die Hälfte des für eine entsprechende Eisenkonstruktion verlangten Betrages.

Ein in seinen Abmessungen kleineres Brückenwerk stellt der Fußgängersteg in Beaulieu bei Lausanne dar (Abb. 24), im Jahre 1910 zur Verbindung der zwei durch eine Straße getrennten Teile der eidgen. landwirtschaftlichen Ausstellung errichtet. Bei einer Probebelastung (einseitige Belastung mit 350 kg/qm) wurden als größte bleibende Einsenkung nach völliger Entlastung nur 1,4 und 2,2 mm gemessen. Hingewiesen sei auch auf Abb. 7 der Seite 72, die den Querschnitt der Hallen der Lokomotivremise auf dem Aebigut in Bern zeigte, ebenfalls eine Ausführung

Abb. 21. Lehrgerüst zu einer steinernen Bogenbrücke bei Göschenen.

nach Entwurf und Berechnung der Ingenieure Terner und Chopard. Bereits auf S. 72 ist davon gesprochen worden, daß auf Veranlassung der Schweizerischen Bundesbahnen eine Belastungsprobe vorgenommen wurde. Es wurden für diese Probe zwei Versuchsbinder verwendet, die in bezug auf Spannweite, Höhe und Achsenführung eine Nachbildung der wirklichen Bogenbinder der Lokomotivremise im Maßstab 1 : 3 darstellten. Die Belastung geschah mittels Eisenbahnschienen, die nach und nach auf ein Hängegerüst aufgebracht wurden. Die Aufhängepunkte sind in Abb. 25 vermerkt worden. Die Belastung des einen Binders wurde bis auf die sechsfache Normalbelastung gesteigert. Die Ergebnisse der Bruchprobe sind in der Schweizerischen Bauzeitung 1913 veröffentlicht und können wie folgt kurz zusammengefaßt werden:

1. Die Annahme einer zulässigen Höchstspannung von 80 kg/qcm auf Biegung kann einer vier- bis fünffachen Bruchsicherheit gleichgestellt werden.

2. Die Berechnung der Binder als Dreigelenkbogen darf praktisch als richtig bezeichnet werden.

Weitere Versuche am gleichen Bauort betrafen die Ermittelung der Schubfestigkeit von Hetzerbalken. Der Behörde erschien es wichtig, zu wissen, wie groß

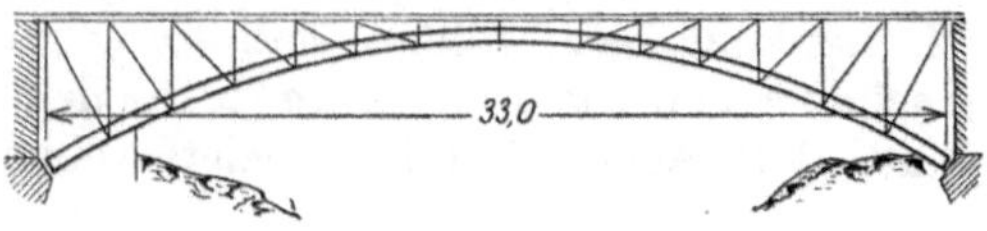

Abb. 22. Brückenartiges Montagegerüst für ein eisernes Walzenwehr über den Arc in Savoyen.

die Schubfestigkeit angenommen werden darf und ob die Zeit, während der die zu verleimenden Lamellen in der Presse gelassen werden, oder die Breite der Lamellen von Einfluß auf die Größe der Schubfestigkeit ist. Die Versuchsanordnung dieser

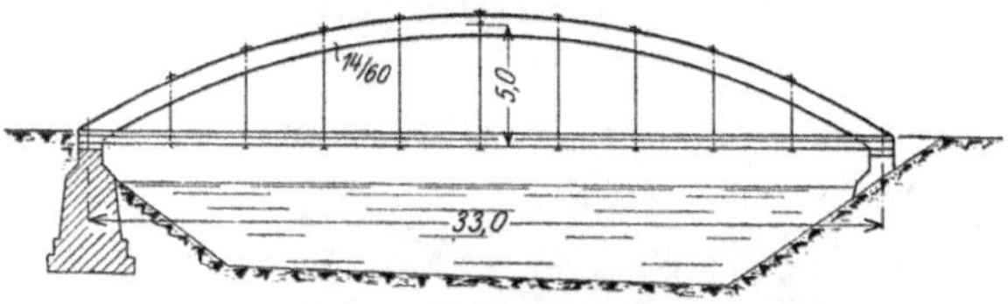

Abb. 23. Brücke über die Wiese bei Basel (vgl. Seite 77).

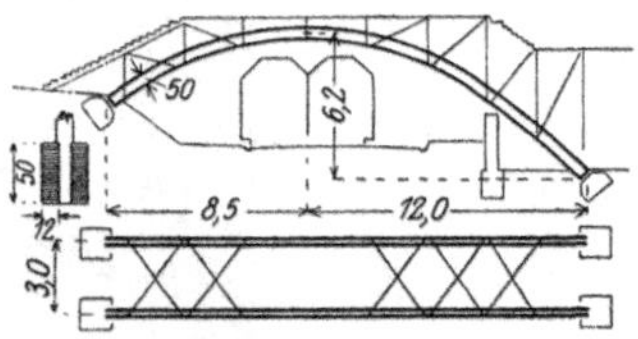

Abb. 24. Fußgängersteg bei Lausanne.

Proben ist in Abb. 26 dargestellt. Die Druckwirkung erfolgte durch eine hydraulische Winde. Es konnte durch diese Versuche festgestellt werden, daß es unbedenklich sei, die Schubfestigkeit bei Balken bis zu etwa 10 cm Breite zu min-

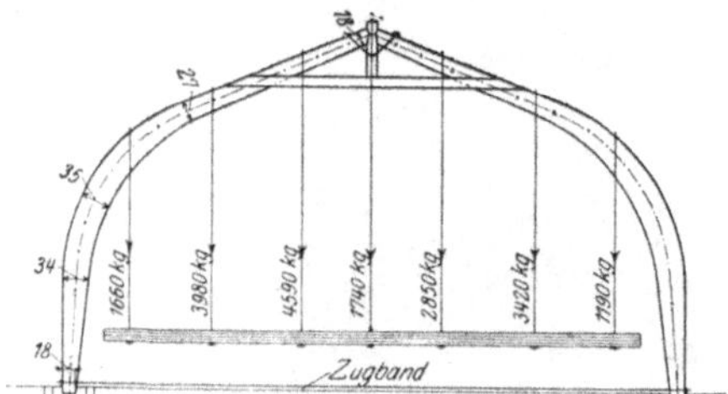

Abb. 25. Bruchprobe an einem Hetzer-Versuchsbinder.

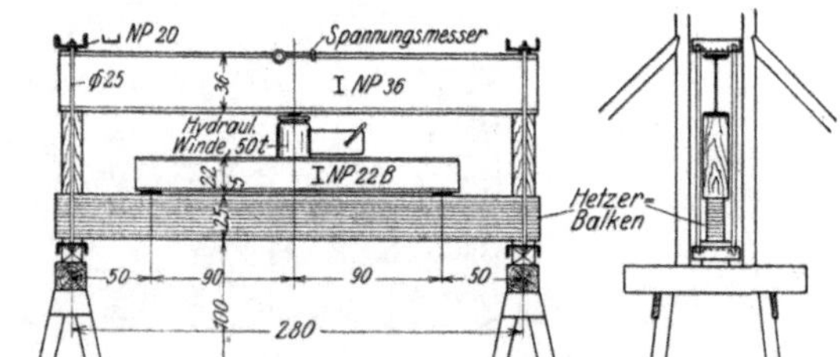

Abb. 26. Versuchsanordnung zur Ermittlung der Schubfestigkeit von Hetzerbalken.

destens 40 kg/qcm, bei breiteren Balken ebenfalls nicht höher als 35 kg/qcm anzunehmen, und daß einer sorgfältigen Bearbeitung der Bretter in den Leimfugen eine besondere Bedeutung beizumessen sei. Auch über diese bemerkenswerten Versuche wird in der Schweizerischen Bauzeitung, Jahrgang 1913, eingehender berichtet. Weitere Versuche größeren Umfanges sind im Gange und sollen ebenfalls in der genannten Zeitschrift veröffentlicht werden.

Abschließend sei noch durch die Abb. 27 und 28 die Verwendung der elektrisch betriebenen Holzbohrmaschine veranschaulicht, und zwar handelt es sich um eine von der Allgemeinen Elektrizitäts-Gesellschaft, Berlin, in den Handel gebrachten Maschine, die es ermöglicht, die Arbeit des Bohrens besonders bequem und schnell auszuführen. Ein Bohren mit Hand mit den gebräuchlichen Zimmermannsbohrern ist bekanntlich sehr zeitraubend und anstrengend. Abb. 27 zeigt uns, wie die fertig zugelegten Trägerkonstruktionen und Binder auf der

Abb. 27. Vertikalbohrung mit elektrisch betriebener Bohrmaschine der A. E. G.

Abb. 28. Horizontalbohrung mit elektrisch betriebener Bohrmaschine der A. E. G.

Zimmermannszulage gebohrt werden. Dem Bohren folgt dann sogleich das Verschrauben; ein besonderes Anzeichnen, Auseinandernehmen, Bohren und Wiederzusammenpassen ist nicht erforderlich. Auch die Ausführung einer Horizontalbohrung bereitet nach Ausweis der Abb. 28 keinerlei Sonderschwierigkeiten. Die Maschine selbst besteht aus einem Elektromotor, der für alle Stromarten und spannungen ausgeführt wird, und einem Zahnradvorgelege zur Herabminderung der Motordrehzahl auf die für den Bohrer erforderlichen Umdrehungen. Die ganze Maschine wiegt 13 bis 15 kg.

Kersten.

Sachverzeichnis.

(Die Zahlen geben die Seiten des Buches an.)

GPSR Compliance

The European Union's (EU) General Product Safety Regulation (GPSR) is a set of rules that requires consumer products to be safe and our obligations to ensure this.

If you have any concerns about our products, you can contact us on ProductSafety@springernature.com

In case Publisher is established outside the EU, the EU authorized representative is:

Springer Nature Customer Service Center GmbH
Europaplatz 3
69115 Heidelberg, Germany

Batch number: 10704713

Printed by Printforce, the Netherlands